普通高等教育电气工程自动化系列教材

# 检测与转换技术

主　编　管雪梅

副主编　黄建平　王铁滨

参　编　魏艳秀

主　审　张佳薇

机械工业出版社

本书的内容主要包括传感器基础知识、检测与转换基本理论、电阻式传感器、电感式传感器、电容式传感器、热电式传感器、检测技术中的硬件电路、测控系统实用抗干扰技术、虚拟仪器测试技术等。

全书共14章，分别介绍了常见物理量的检测用传感器，包括温度检测、力及压力检测、位移检测、速度和加速度检测、流量及流速检测、光电检测、气体成分及湿度检测。此外，本书还对传感器的相关检测知识、电路转换及信息处理技术、传感器网络进行了阐述，每部分内容都力求通俗、简明、实用、操作性强，每章后配有习题。

本书可作为自动化、测控技术与仪器等专业的教材。使用本书时可以根据专业要求、实验条件和其他实际情况，对相应章节的内容进行取舍。

本书可供高等院校本科生使用，同时也适合于高职高专学校电类专业学生及传感器相关领域技术人员使用。

**图书在版编目（CIP）数据**

检测与转换技术/管雪梅主编 . —北京：机械工业出版社，2020.7
普通高等教育电气工程自动化系列教材
ISBN 978-7-111-65588-6

Ⅰ . ①检…　Ⅱ . ①管…　Ⅲ . ①自动检测–高等学校–教材②传感器–高等学校–教材　Ⅳ . ①TP274②TP212

中国版本图书馆 CIP 数据核字（2020）第 079656 号

机械工业出版社（北京市百万庄大街22号　邮政编码100037）
策划编辑：王雅新　责任编辑：王雅新　杨晓花　王　荣
责任校对：潘　蕊　封面设计：严娅萍
责任印制：常天培
北京捷迅佳彩印刷有限公司印刷
2020 年 9 月第 1 版第 1 次印刷
184mm×260mm · 16.5 印张 · 409 千字
标准书号：ISBN 978-7-111-65588-6
定价：45.00 元

电话服务　　　　　　　网络服务
客服电话：010-88361066　机 工 官 网：www.cmpbook.com
　　　　　010-88379833　机 工 官 博：weibo.com/cmp1952
　　　　　010-68326294　金 书 网：www.golden-book.com
**封底无防伪标均为盗版**　机工教育服务网：www.cmpedu.com

# 前　　言

传感技术是信息科学领域的源头技术。在利用信息的过程中，首先要解决的问题是如何获取准确的信息，其次还要为信息的传输与处理提供可靠的基础数据，而传感器即是获取信息的必要途径和手段。

作为人体感觉器官的延伸，传感器已应用于生活、生产、航空航天、科研等各个领域，是各种信息检测系统、自动测量系统、自动报警系统和自动控制系统必不可少的信息采集的"感觉器官"，在现代科学技术和工程领域中占有极其重要的地位。随着传感技术的飞速发展，其应用领域更为广泛，传感器知识和技术已成为相关领域技术人员的必备知识。

传感器是将各种非电量（包括物理量、化学量、生物量等）按一定规律转换成便于处理和传输的另一种物理量的装置。随着现代测量、控制和自动化技术的发展，传感器开发和应用的综合技术，越来越受到重视。

通过本书的学习，学生可以获得比较全面而系统的传感器知识，包括传感器的基本概念、基本理论、基本结构和传感器测量方法，并逐步培养学生熟练的电路分析能力、综合设计能力、整体思维能力、相互协作能力和自学能力；为学生学习后继专业课程，进一步学习新理论、新知识以及新技术打下扎实的基础。

本书由管雪梅主编，张佳薇主审。管雪梅编写第1、9～14章，黄建平编写第2～4章，王铁滨编写第5～7章及第8章部分内容，第8章其余内容由魏艳秀编写。

本书是编者在多年的教学实践基础上，结合自己的教学经验和科研经历，在力求通俗易懂、简明扼要的指导思想下编写而成的。本书的编写工作得到了许多同行的热情帮助，也得到了编者所在院校领导的关心和支持，在此一并表示衷心感谢。

由于编者水平有限，书中难免存在不足之处，敬请读者予以批评指正。

编　者

# 目　　录

VI

# 第1章 绪 论

我国拥有世界最大的高等教育体系，随着国家走新型工业化道路以及科学技术的发展，技能型专门人才缺口增大，工科高等教育的重要性不断凸显，对工科高等教育教学效果的要求也逐渐提高。现代信息技术基础包含三个主要模块和步骤，分别是前端的信息采集模块、中间的信息传输模块以及最后的信息处理模块。其中检测与传感技术作为信息采集的主要技术手段，依靠的器件为传感器，其信息采集的准确与否关系到整个系统的准确性，也是整个系统信息采集的关键环节和最前端，是后续信息传输及信息处理环节的数据来源。

## 1.1 "检测与转换技术" 课程的本科教学现状

"检测与转换技术" 是测控技术与仪器自动化等专业的主干课程，它涵盖了传感器的结构与原理、传感器的应用、传感器的测量转换电路三个方面的内容，是一门综合能力与实践能力要求较高的课程，对学生职业能力的培养有着非常重要的作用。

在当前高等教育中，学生除了要熟练掌握专业知识以外，还必须有一定的实践动手能力，在学习传感器基本概念及基本理论的基础上，将其检测技术引入工程应用的实践中，利用相关知识进行硬件实物的制作，并且随着新产品研发需求，尝试研究新的检测技术。目前，"检测与转换技术" 教学主要存在以下问题。

1) 理论教学内容陈旧，实践教学内容落后。传统理论教学介绍了检测技术的基本理论、传感器的基本特性及基本理论。以传感器的工作原理为分类形式，分别详细介绍了各种传感器的工作原理、结构特性及转换电路，这些内容的学习以数学、物理、电子技术学等相关知识为基础。课堂上学生经常感到授课内容理论性强，但是比较空洞粗糙。而传统的实践教学主要是在实验室进行，也只是通过实验对理论进行验证，很少有综合性的实验，即使有，也仅仅是简单地对一些传感器技术的综合，而且由于实验环节教学时限，实验编排也仅仅是老师给学生演示，然后学生根据老师的要求对传感器工作原理和性能参数进行测试和验证。在这个实验过程中缺少系统综合设计，学生调试、设计方面的能力还是不能在实践教学中得到真正的锻炼。

2) 教学方法和模式比较僵化。传统的教学方式是老师在课堂上讲授课本知识，基本按照课程教材的编排进行讲授，学生被动接收知识。在这种教学环节中，缺乏老师与学生的互动，学生也没有自主思考的空间和时间。学生学习只是为了应付考试、修够学分，所以在学完课程之后，几乎把理论知识都忘记了，达不到期望的教学效果。

3) 能力培养无专业特点。大多数高等院校电气和自动化专业同用一本教材，讲授的内容没有侧重点。对电气专业学生，应该更加侧重于电气测试技术，研究传感器应用技术在电气专业领域的应用，并突出应用实例。

从上述对课程特点及存在问题的分析出发，本书从教学内容、教学手段及实践环节的设计三个方面进行了一些调整和改革，对"检测与转换技术"的教学改革进行了一些初步的探索。

## 1.2 传感器的作用与地位

传感器是检测和自动控制应用中的首要部件。检测技术中通常把测试对象分成两大类：电参量的测量和非电参量的测量。电参量有电压、电流、电阻、功率、频率等，这些参量可以表征设备或系统的性能；非电参量有机械量（如位移、速度、加速度、力、扭矩、应变、振动等）、化学量（如浓度、成分、气体、pH 值、湿度等）、生物量（酶、组织、菌类）等。过去，非电参量的测量多采用非电测量的方法，如用尺子测量长度、用温度计测量温度等，而现在非电参量的测量多采用电测量的方法，其中的关键技术是如何利用传感器将非电参量转换为电参量。

当今，传感器已广泛应用于工业、农业、商业、交通、环境监测、医疗诊断、军事科研、航空航天、现代办公设备、智能建筑和家用电器等领域，是构建现代信息系统的重要组成部分。那么到底什么是传感器呢？其实，只要细心观察就可以发现，在日常生活中使用着各种各样的传感器，如电冰箱、电饭煲中的温度传感器，空调中的温度和湿度传感器，煤气灶中的煤气泄漏传感器，电视机和影碟机中的红外遥控器，照相机中的光传感器，汽车中的燃料计和速度计等。传感器已经给人们的生活带来了很多便利和帮助。

目前传感器设计的领域包括现代流程工业、宇宙开发、海洋探测、军事国防、环境保护、资源调查、医学诊断、智能建筑、汽车、家用电器、生物工程、商检质检、公共安全甚至文物保护等。

在基础学科研究中，传感器有更突出的地位，传感器的发展往往是一些边缘学科开发的先驱，如宏观上的茫茫宇宙、微观上的粒子世界、长时间的天体演化、短时间的瞬间反应，超高温、超低温、超高压、超高真空、超强磁场、弱磁场等极限技术研究。

现代流程工业化生产尤其是自动化生产过程中的质量监控或自动检测，需要用各种传感器来监视和控制生产过程的各个参数，传感器是自动控制系统的关键性基础器件，直接影响到自动化技术的质量和水平。

在航空航天领域里，宇宙飞船飞行的速度、加速度、位置、姿态、温度、压力、磁场、振动等参数的测量都必须由传感器完成，例如，"阿波罗 10 号"飞船需要对 3295 个参数进行检测，其中应用温度传感器 559 个、压力传感器 140 个、信号传感器 501 个、遥控传感器 142 个。整个宇宙飞船就是高性能传感器的集合体。

在机器人研究中，最重要的内容是传感器的应用研究，其中机器人外部传感器系统包括平面视觉传感器和立体视觉传感器；非视觉传感器有触觉、滑觉、热觉、力觉传感器等。可以说，机器人的研究水平在某种程度上代表了一个国家的传感器技术和智能化技术的水平。工业智能机器人模型如图 1-1 所示。

在智能建筑系统中，计算机通过中继器、路由器、网络、网关、显示器，控制管理各种机电设备的空调制冷、给水排水、变配电系统、照明系统、电梯等，而实现这些功能需要使用的主要传感器包括温度传感器、湿度传感器、液位传感器、流量传感器、压差传感器、空气压力传感器；安全防护、防盗、防火、防燃气泄漏可采用电荷耦合器件（Charge Coupled

Device，CCD）监视器（俗称电子眼）、烟雾传感器、气体传感器、红外传感器、玻璃破碎传感器；自动识别系统中的门禁管理主要采用感应式集成电路（Integrated Circuit，IC）卡识别、指纹识别等方式，这种门禁系统打破了人们几百年来用钥匙开锁的传统。智能建筑中的指纹门禁系统如图1-2所示。

图1-1　工业智能机器人模型

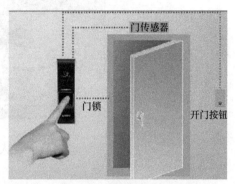

图1-2　指纹门禁系统

　　传感器在医疗诊断、汽车传感系统、家用电器、环境监测等方面的应用也很多，图1-3为传感器的应用实例。

a）医疗诊断

b）汽车传感系统

c）家用电器

d）环境监测

图1-3　传感器的应用实例

　　21世纪是信息技术的时代，构成现代信息技术的三大支柱是传感器技术、通信技术与计算机技术。在信息系统中它们分别完成信息的采集、传输及处理，其作用可以形象地比喻为人的"感官""神经"和"大脑"。人们在利用信息的过程中，首先要获取信息，而传感器是获取信息的重要途径和手段。世界各国都十分重视这一领域的发展，科学正在努力实现很多从前无法实现的梦想。图1-4为无人自动驾驶汽车，无人自动驾驶汽车通过车载传感器感知道路环境，自动规划新车路线并控制车辆到达预定目标。无人自动驾驶汽车未来将全面商业化,不仅提升驾驶安全问题,而且在云计算中心的统一规划下,可以有效解决道路拥堵。

图1-4　无人自动驾驶汽车

## 1.3　传感器的现状和发展趋势

据统计,目前全世界约有40多个国家从事传感器的研制、生产和开发,研发机构有6000余家。其中美、日、俄等国实力较强,这些国家建立了包括物理量、化学量、生物量三大门类的传感器产业,产品有20000余种,其中大企业的年生产能力达到几千万个到几亿个,2017年全世界传感器市场销售额已达1900多亿美元。

近年来,我国的传感器技术及产业也取得了较快发展,目前有1700多家传感器研发机构,产品约6000种。今天,传感器已成为测量仪器、智能化仪表、自动控制系统等装置中必不可少的感知元件。然而传感器的发展历史远比近代科学古老得多,如利用液体的热膨胀特性进行温度测量在16世纪前后就实现了。自产业革命以来,传感器极大地提高了机器性能,如瓦特发明"离心调速器"实现了蒸汽机车的速度控制,实质是把旋转速度转换为位移。20世纪60年代,世界各国主要研究以电量为输出的传感器,70年代以后传感器得到飞速发展,现在讨论的传感器均指具有电量输出的传感器。

几十年来,传感技术的发展分为两个方面:一是提高与改善传感器的技术指标;二是寻找新原理、新材料、新工艺。为改善传感器性能指标采用的技术途径有差动技术、平均技术、补偿修正技术、隔离抗干扰抑制、稳定性处理等。

现代传感器利用新的材料、新的集成加工工艺使传感器技术越来越成熟,传感器种类越来越多。除了早期使用的半导体材料、陶瓷材料外,光纤以及超导材料的发展为传感器的发展提供了物质基础。未来还会有更新的材料,如纳米材料,更有利于传感器的小型化。现代传感器的基本构成如图1-5所示。

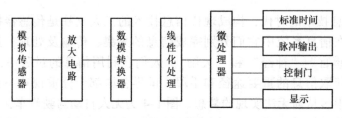

图1-5　现代传感器的基本构成

# 1.4　传感器技术

## 1.4.1　传感器技术学科特点

传感器技术是当今世界令人瞩目的发展迅猛的高新技术之一，也是当代科学技术发展的一个重要标志，它与负责信息传输的通信技术、担负信息处理的计算机技术构成现代信息技术的三大支柱，是现代信息化的基础技术。没有传感器提供的可靠、准确的信息，通信和计算技术将成为无源之水。

以往，人们将传感器技术仅仅定位在测量科学研究上。实际上，从学科角度看，传感器技术是多学科的融合、多种应用技术的最佳结合，它涉及物理、化学、生物、材料、医学、微电子学和精密机械学等。

传感器的相关研究几乎涵盖了从面向具体测量问题的测量系统到面向具体敏感机理的全部，越靠近测量系统，研究工作的工程性越强，越靠近敏感机理，研究工作的科学性越强。虽然传感器技术经过多年的研究发展，已经有了许多共性的理论基础，但毕竟敏感机理是传感器的根本，传感器的性能受变换原理和变换方式或者构造影响，传感器的属性仍处于被支配地位。现实的研究状况是：由于几乎任何学科方向的原理或工艺都可能在传感器领域有所体现，因而传感器的研究群体中包含了各个研究领域的专家。这种现状要求传感器的研究者与应用者不仅具备多学科的知识与工程设计能力，而且要有对新的基础研究成果与新技术、新工艺的敏锐洞察力。

下面介绍传感器主要涉及的三大学科知识：材料科学、检测技术和加工工艺技术。

## 1.4.2　传感器的材料

传感器的敏感原理是一些物理现象或化学现象，而传感器的具体实现则是依靠一些能有效表现这些现象的材料。由于制作一种传感器有很多种材料可供选择，同时一种材料有可能对很多信息具有敏感特性，因此传感器所涉及的材料问题错综复杂，传感器材料的定义和分类至今没有统一和标准化。

传感器材料大致可分为敏感材料和辅助材料两大类。例如，电阻应变计主要需要四种材料：电阻敏感栅、基底、黏结剂和引出线。电阻敏感栅属于敏感材料，其他三种属于辅助材料。

敏感材料是传感器材料的核心，它决定了传感器的作用机理。敏感材料的品种繁多，性能要求严格。按照敏感材料的材质分类，可分为半导体材料、敏感陶瓷材料、金属与合金材料、无机材料和有机材料、生化材料等。

辅助材料是传感器不可缺少的组成部分，辅助材料的选择与应用是否合理将直接影响传感器的特性、稳定性、可靠性和寿命。应根据传感器不同的应用场合，选择符合特殊要求的辅助材料。例如，传感器用的保护材料就有耐腐蚀材料、抗核辐射材料、抗高温氧化材料、抗电磁干扰材料、抗耐磨冲刷材料、防爆材料等。

### 1.4.3 检测技术与课程

检测技术是根据传感器工作时所依据的物理效应、化学反应、生物反应等机理,对信号采集、处理的技术。它涉及电子技术、半导体技术、激光技术、光纤技术、声控技术、遥感技术、自动化技术、计算机应用技术等。

"检测与转换技术"课程是一门综合性的课程,内容涉及物理、化学的一些原理性的知识,同时也和电路设计、单片机等课程内容息息相关,是构建一个完整的控制系统的数据采集部分,可以称为控制系统数据的源头,与计算机技术、自动控制技术、通信技术一起构成了信息技术。课程涵盖内容很广,包含机、光、电等综合知识,在测控技术与仪器、自动化、电气工程及其自动化、电子信息等不同专业,都将其设置为重要的专业课程。

"检测与转换技术"课程教学内容包括检测技术基本知识、传感器原理和接口电路设计、现代检测技术。通过本课程的学习,使得学生能够掌握常用传感器的原理、接口电路的分析,并进一步根据实际需求,选择合适的传感器,设计相应的接口电路,同时能够对检测系统进行设计、分析和调试。

### 1.4.4 加工工艺技术

加工工艺是传感器从实验室走向实用的关键。由于传感器研究的跨学科性,现代加工制造技术中的各种工艺手段在传感器领域都有所体现。尤其是以多个零部件组装而成的结构型传感器,如应变电阻式传感器、涡街流量传感器、电涡流传感器等,其敏感原理早已为人们所熟知,而加工工艺则各有千秋。传感器的性能,尤其是温度稳定性、可靠性等指标,也有很大差异。因此各个生产厂家大都有自己独特的加工工艺,对关键技术往往讳莫如深。传感器的结构尺寸变化范围很大,几乎所有的现代加工技术都在传感器领域中得到了不同程度的应用。微机械加工技术以及集成电路生产工艺在传感器领域的应用,为传感器的小型化、微型化乃至智能化提供了重要手段,可以实现大批量生产小型、可靠的传感器,已经成为传感器生产的重要工艺手段。

传统的机械量传感器,如位移、压力、流量传感器,其敏感元件的尺寸一般比较大,且往往由多个零部件组合而成,因此也有人称之为结构型传感器,其生产过程的自动化程度依靠生产批量而定。这类传感器(即使是那些大批量生产的传感器)的加工工艺一般都包括人工调整环节。大量的生产厂家仍然采用机械加工结合手工调整的方式进行。

下面以电阻应变式传感器为例,对结构型传感器的加工工艺进行介绍。

电阻应变式传感器因结构、材料、选用器件、量程和用途的不同,以及生产厂家工艺装备、检测手段、标定设备的差异,使其不可能有统一工艺。但其原理和组成基本相同,都少不了弹性体、应变计和测量电路。总体来说,传感器的加工工艺可以概括为:原材料的物理化学分析与力学性能测试工艺→弹性体的锻造、机械加工及热处理工艺→弹性体的稳定化处理工艺→防潮密封工艺→性能检测与标定工艺。

## 1.5 本书结构

本书共分三个部分。第一部分讲述传感器的基本构造、原理、种类和检测理论的基本原理，包括第1章绪论，第2章检测与转换的基本理论，第3章传感器及其基本特性，第4章电阻应变式传感器，第5章电感式传感器，第6章电容式传感器，第7章压电式传感器，第8章热电式传感器。

第二部分主要介绍检测技术和检测原理，包括第9章检测技术中的硬件电路、第10章测控系统实用抗干扰技术、第11章虚拟仪器测试技术。

第三部分侧重于应用和工程实践，讲述了传感器和检测技术在实际工程案例中，尤其是物联网和林业中的一些实际应用，包括第12章检测系统工程案例分析、第13章检测技术在物联网中的应用、第14章检测技术在林业中的应用。

# 第2章　检测与转换的基本理论

检测技术是以研究检测与控制系统中信息的提取、转换及处理的理论和技术为主要内容的一门应用技术学科。在工程实践和科学实验中提出的检测任务是正确及时地掌握各种信息，大多数情况下是要获取被测对象信息的大小，即被测量的大小。这样，信息采集的主要含义就是测量、取得测量数据。

测量系统是传感器技术发展到一定阶段的产物。在工程实践中，需要有传感器与多台仪表组合在一起，才能完成信号的检测，这样便形成了测量系统。尤其是随着计算机技术及信息处理技术的发展，测量系统所涉及的内容也不断得以充实。

为更好地掌握检测技术相关应用，需要掌握自动检测系统的基本组成、检测系统的类型、检测技术的基本方法、测量误差以及数据处理等方面的检测技术基本知识。

## 2.1　自动检测系统的基本组成

非电量的检测多采用电测法，即首先将各种非电量转变为电量，然后经过一系列的处理，将非电量参数显示出来。自动检测系统的原理框图如图2-1所示。

1. 传感器

传感器是指能感受被测量并按照一定的规律转换成可用输出信号的器件或装置。

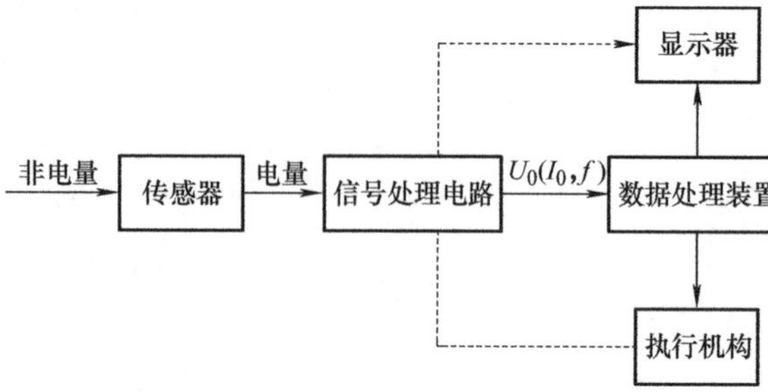

2. 信号处理电路

信号处理电路的作用是把传感器输出的电量转换成具有一定驱动和传输能力的电压、电流或频率等信号，以推动后级的显示器、数据处理装置及执行机构。

图2-1　自动检测系统的原理框图

3. 显示器

目前常用的显示器有四类：模拟显示器、数字显示器、图像显示器及记录仪等。

1）模拟量是指连续变化量。模拟显示器是利用指针对标尺的相对位置来表示读数，常见的有毫伏表、微安表、模拟光柱等。

2）数字显示器目前多采用发光二极管（LED）和液晶显示器（LCD）等，并以数字的形式来显示读数。前者亮度高、耐振动、可适应较宽的温度范围；后者耗电小、集成度高。目前还研制出了带背光板的LCD，便于在夜间观看LCD的显示内容。

3）图像显示器是用CRT或点阵LCD来显示读数或被测参数的变化曲线，有时还可用图表或彩色图等形式来反映整个生产线上的多组数据。

4）记录仪主要用来记录被检测对象的动态变化过程。常用的记录仪有笔式记录仪、高速打印机、绘图仪、数字存储示波器、磁带记录仪和无纸记录仪等。

**4. 数据处理装置**

数据处理装置用来对测试所得的实验数据进行处理、运算、逻辑判断、线性变换，对动态测试结果做频谱分析（幅值谱分析、功率谱分析）和相关分析等，这些工作主要采用计算机来完成。

数据处理结果通常送给显示器或执行机构，以显示运算处理的各种数据或控制各种被控对象。在不带数据处理装置的自动检测系统中，显示器和执行机构由信号处理电路直接驱动（见图 2-1 中虚线）。

**5. 执行机构**

所谓执行机构通常是指各种继电器、电磁铁、电磁阀门、电磁调节阀、伺服电动机等，它们在电路中起通断、控制、调节、保护等作用。许多检测系统能输出与被测量有关的电流或电压信号，作为自动控制系统的控制信号，以驱动执行机构。

## 2.2 检测技术的基本方法和检测方法的选择原则

### 2.2.1 检测技术的基本方法

一个物理量的检测可以通过不同的方法实现。检测方法选择的正确与否，直接关系到检测结果的可信赖程度，也关系到检测与控制系统的经济性和可行性。检测方法的分类形式有多种，从不同的角度看有不同的分类方法。下面介绍几种常见的分类方法。

**1. 按测量手段分类**

按测量手段分类有直接测量、间接测量和组合测量。

（1）直接测量

直接测量是将被测量与标准量直接比较，或用预先经标准量标定好的测量仪器或仪表进行测量，从而直接测得被测量的数值。例如，用弹簧管式压力表测量流体压力就是直接测量。直接测量的优点是测量过程简单、迅速，缺点是测量精确度较低。该方法是工程上广泛采用的测量方法。

（2）间接测量

被测量本身不易直接测量，但可以通过与被测量有一定函数关系的其他量（一个或几个）的测量结果求出（如用函数解析式的计算、查函数曲线或表格）被测量数值，这种测量方法称为间接测量。例如，导线的电阻率 $\rho$ 的测量，根据电阻 $R = \rho \dfrac{4l}{\pi d^2}$，得

$$\rho = \frac{\pi d^2 R}{4l} \tag{2-1}$$

式中，$l$、$d$ 分别表示导线的有效长度和直径。该方法先利用直接测量法得到导线的 $R$、$l$、$d$ 的值，代入 $\rho$ 的表达式，经过计算可得到需要的结果值。间接测量的测量过程烦琐，时间较长，但与直接测量相比，可以获得较高的精确度。该方法多用于科学实验的测量，工程中也

有应用。

（3）组合测量

如果被测量有多个，而且被测量又与某些可以通过直接或间接测量得到结果的其他量存在着一定的函数关系，则可先测量这几个量，再求解函数关系式组成的联立方程组，从而得到多个被测量的值。显然，组合测量是一种兼用直接测量和间接测量的方式。例如，在研究导体的电阻 $R_t$ 随温度 $t$ 变化的规律时，在一定的温度范围内有

$$R_t = R_{20} + \alpha(t - 20) + \beta(t - 20)^2 \tag{2-2}$$

式中，$R_{20}$ 是电阻在 20℃ 时的电阻值；$\alpha$、$\beta$ 为电阻的温度系数。$R_{20}$、$\alpha$、$\beta$ 是三个待定的量。依据此关系式，测量出在 $t_1$、$t_2$、$t_3$ 三个不同的测试温度下导体的电阻 $R_{t_1}$、$R_{t_2}$、$R_{t_3}$，得联立方程组

$$\begin{cases} R_{t_1} = R_{20} + \alpha(t_1 - 20) + \beta(t_1 - 20)^2 \\ R_{t_2} = R_{20} + \alpha(t_2 - 20) + \beta(t_2 - 20)^2 \\ R_{t_3} = R_{20} + \alpha(t_3 - 20) + \beta(t_3 - 20)^2 \end{cases} \tag{2-3}$$

求解此方程组即可得 $R_{20}$、$\alpha$、$\beta$。

上述三种测量方法中，直接测量法快捷简便，间接测量和组合测量相对复杂、费时。间接测量和组合测量仅在缺乏直接测量仪器、不便于直接测量或直接测量时涉及的其他因素较多等情况下采用，故多用于科学实验和一些特殊的场合。

2. 按测量方式分类

按测量方式分类有偏差式测量、零位式测量和微差式测量。

（1）偏差式测量

在测量过程中，用仪器表指针的位移（即偏差）来表示被测量的测量方法称为偏差式测量法。应用这种方法进行测量时，标准量具没有装在仪表内，而是事先用标准量具对仪表刻度进行校准；在测量时输入被测量，按照仪表指针在标度尺上的示值决定被测量的数值。它是以间接方式实现被测量与标准量的比较。例如，用磁电式仪表测量电路中某电气元件通过的电流及其两端的电压就属于偏差式测量。该测量方法过程比较简单、迅速，但测量结果的精确度低，因此广泛用于工程测量。

（2）零位式测量

在测量过程中，用指零仪表的零位指示测量系统的平衡状态，在测量系统达到平衡状态时，用已知的基准量决定被测未知的测量方法称为零位式测量法。应用这种方法进行测量时，标准量具装在仪表内，在测量过程中标准量具直接与被测量比较，调整标准量，一直到被测量与标准量相等，即使指零仪表回零。例如，惠斯通电桥测量电阻（或电感、电容）就是零位式测量法的一个典型例子，如图 2-2 所示。当电桥平衡时有

$$R_x = \frac{R_1}{R_2} R_4 \tag{2-4}$$

通常是先大致调整比率 $\dfrac{R_1}{R_2}$，再调整标准电阻 $R_4$，直至电桥平衡。充当零指示器的检流计 PA 指示为零，此时即可根据式(2-4)，由比率和 $R_4$ 值得到被测电阻 $R_x$ 的值。

只要零指示器的灵敏度足够高，零位式测量法的测量准确度几乎等同于标准量的准确

度，因而测量准确度很高，所以常用在实验室作为精密测量的一种方法。但测量过程中为了获得平衡状态，需要进行反复调节，即使采用一些自动平衡技术，检测速度仍然较慢，这是该方法的不足之处。

（3）微差式测量法

偏差式测量法和零位式测量法相结合构成微差式测量法。它通过测量待测量与标准量之差（通常该差值很小）来得到待测量的量值，如图2-3所示。

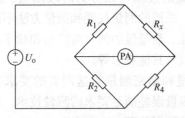

图2-2　惠斯通电桥测量电阻

图2-3　微差式测量法

图2-3中，P为量程不大但灵敏度很高的偏差式仪表，它指示的是待测量$x$与标准量$s$之间的差值$\delta = x - s$。只要$\delta$足够小，这种方法测量的准确度基本上取决于标准量的准确度，同时又省去了零位式测量中反复调节标准量大小以求平衡的步骤。因此，它兼有偏差式测量法的测量速度快和零位式测量法准确度高的优点。微差式测量法除在实验室中用作精密测量外，还广泛应用于生产线控制参数的测量。例如，直流稳压电源输出电压稳定度的测量原理如图2-4所示。直流稳压电源的输出电压$U_o$会随着市电的波动和负载的变化而有微小起伏（常用波纹系数表示起伏大小）。$PV_2$为量程不大但灵敏度很高的电压表，$U_B$为由标准电源$U_S$获得的标准电压；$U_o$为直流稳压电源的实际输出电压；$U_\delta$为由$PV_2$电压表测得的$U_o$与$U_B$的

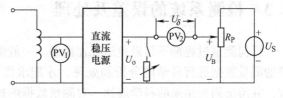

图2-4　直流稳压电源输出电压稳定度的测量原理

差值，即输出电压随市电波动和负载变化而产生的微小起伏。

**3. 按被测量的性质分类**

按被测量的性质可分为时域测量、频域测量、数据域测量和随机测量。

1）时域测量也称为瞬态测量，主要测量被测量随时间的变化规律。典型的例子是用示波器观察脉冲信号的上升沿、下降沿以及动态电路的暂态过程等。

2）频域测量也称为稳态测量，主要目的是获取待测量与频率之间的关系，如用频谱分析仪分析信号的频谱，测量放大器的幅频特性、相频特性等。

3）数据域测量也称为逻辑量测量，主要是用逻辑分析仪等设备对数字量或电路的逻辑状态进行测量。数据域测量可以同时观察多条通道上的逻辑状态，或者显示某条数据线上的时序波形，还可以借助计算机分析大规模集成电路芯片的逻辑功能等。随着微电子技术发展的需要，数据域测量及其测量智能化、自动化显得越来越重要。

4）随机测量也称为统计测量，主要是对各类噪声信号进行动态测量和统计分析。

除了上述几种常见的分类方法外，还有其他一些分类方法，如按照对测量精度的要求可

以分为精密测量和工程测量；按照测量时测量者对测量过程的干预程度分为自动测量和非自动测量；按照被测量与测量结果获取地点的关系分为本地（原位）测量和远地测量（遥测）；按照被测量的属性分为电量测量和非电量测量等。

### 2.2.2　检测方法的选择原则

在选择测量方法时，要综合考虑下列主要因素：

1）从被测量本身的特点考虑。例如，按照被测量的性质可以分为时域测量、频域测量、数据域测量和随机测量四种。被测量的性质不同，采用的测量仪器和测量方法不同。又如，对被测对象的情况要了解清楚，被测参数是否线性、数量级如何、对波形和频率有何要求、对测量过程的稳定性有无要求、有无抗干扰要求以及其他要求等。

2）从测量所得的精确度和灵敏度考虑。工程测量和精密测量对这两者的要求有所不同，要注意选择仪器、仪表的准确度等级，还要选择测量误差满足要求的测量技术。如果属于精密测量，还要按照误差理论的要求进行比较严格的数据处理。

3）考虑测量环境是否符合测量设备和测量技术状况要求，尽量减少仪器、仪表对被测电路状态的影响。

4）测量方法简单可靠，测量原理科学，尽量减少原理性误差。在测量之前，必须先综合考虑多方面的因素，恰当选择测量仪器、仪表及设备，采用合适的测量方法和测量技术，才能较好地完成测量任务。

## 2.3　检测系统的误差及处理

任何测量过程都不可避免地存在误差。一般情况下，被测量的真值是未知的。对含有误差的测量数据进行科学的分析和处理，才能求得被测量真值的最佳估计值，估计其可靠程度，并给出测量结果的科学表达。对测量数据的这种去粗取精、去伪存真的数学处理过程即为本节所要讨论的数据处理。

### 2.3.1　测量误差及其分类

#### 1. 测量误差的定义

被测变量的被测值与真值之间总是存在着一定的误差。所谓真值（true value），是一个严格定义的量的理想值；或者说，是在一定的时间及空间条件下，某被测量的真实数值。一个量的真值是一个理想概念，它是无法测到的。在实际工作中，通常用约定真值（conventional true value）来代替真值。所谓约定真值，是为使用目的所采用的接近真值因而可代替真值的值，它与真值之差可忽略不计。一个量的约定真值一般是用适合该特定情况的精确度的仪表和方法来确定的。

通常，高一级标准器的误差与低一级标准器或普通仪表的误差相比，为其 $1/10 \sim 1/3$ 时，即可认为前者的示值是后者的约定真值。在实际测量中，以无系统误差情况下足够多次测量所获测量结果的算术平均值作为约定真值。

根据误差表示方法的不同，有绝对误差（absolute error）、相对误差（relative error）和引用误差（fiducial error/percentage error）三种定义。

（1）绝对误差

被测量的测量值 $x$ 与该被测量的真值 $A_0$ 之间的代数差 $\Delta$ 称为绝对误差，即

$$\Delta = x - A_0 \tag{2-5}$$

绝对误差与被测量具有相同的量纲，其大小表示测量值偏离真值的程度。

式(2-5)中，真值 $A_0$ 可用约定真值 $X_0$ 代替，即可改写为

$$\Delta = x - X_0 \tag{2-6}$$

（2）相对误差

对于同等大小的被测量，测量结果的绝对误差越小，其测量的精确度越高，而对于不同大小的被测量，却不能只凭绝对误差来评定其测量的精确度。在这种情况下，需采用相对误差的形式来说明测量精确度的高低。相对误差量纲为 1，通常以百分数表示。相对误差有如下两种表示法：

1）实际相对误差。实际相对误差是指绝对误差与被测量的约定真值（实际值）$X_0$ 之比，记为

$$\delta_A = \frac{\Delta}{X_0} \times 100\% \tag{2-7}$$

2）公称相对误差。公称相对误差是指绝对误差 $\Delta$ 与仪表公称值（示值）$X$ 之比，记为

$$\delta_x = \frac{\Delta}{X} \times 100\% \tag{2-8}$$

公称相对误差一般用于误差较小的情况，此时由于仪表的示值 $X$ 与被测量的真值 $A_0$ 很接近，故 $\delta_x$ 与 $\delta_A$ 相差很小。

（3）引用误差

绝对误差与测量范围上限值、量程或标度盘满刻度之比称为引用误差。误差 $\Delta$ 与仪表量程 $B$ 的百分比亦称相对百分误差，记为

$$\delta_m = \frac{\Delta}{B} \times 100\% \tag{2-9}$$

式中，仪表的量程 $B$ 等于仪表的测量范围上限值与下限值之差。若测量范围下限值为零，则上式便可写成绝对误差与仪表测量范围上限值（或标度盘满分度值）之比。

**2. 工业过程检测仪表的准确度等级**

工业过程检测仪表常以最大引用误差作为判断准确度等级的尺度。人为规定：取最大引用误差百分数的分子作为检测仪器（系统）准确度等级的标志，也即用最大引用误差去掉正负号和百分号后的数字来表示准确度等级，准确度等级用符号 $G$ 表示。

为统一和方便使用，国家标准 GB/T 7676.1—2017 直接作用模拟指示电测量仪表及其附件第一部分定义和通用要求规定，测量指示仪表的准确度等级 $G$ 分为 0.1、0.2、0.5、1.0、1.5、2.5、5.0 七个等级，这也是工业检测仪器（系统）常用的准确度等级。检测仪器（系统）的准确度等级由生产厂商根据其最大引用误差的大小并以"选大不选小"的原则就近套用上述准确度等级得到。

例如，量程为 0～1000V 的数字电压表，如果其整个量程中最大绝对误差为 1.05V，则有

$$\delta_m = \frac{|\Delta_{max}|}{B} \times 100\% = \frac{1.05}{1000} \times 100\% = 0.105\%$$

由于 0.105 不是标准化准确度等级值，因此，需要就近套用标准化准确度等级值。0.105 位于 0.1 级和 0.2 级之间，尽管该值与 0.1 更为接近，但按"选大不选小"的原则，该数字电压表的准确度等级 $G$ 应为 0.2 级。因此，任何符合计量规范的检测仪器（系统）都满足

$$\delta_m \leqslant G\%$$

由此可见，仪表的准确度等级是反映仪表性能的最主要的质量指标，它充分说明了仪表测量的精准程度，可较好地用于评估检测仪表在正常工作时单次测量的测量误差范围。

3. 测量误差的分类

根据测量误差的性质及产生的原因，可将其分为以下三类。

（1）系统误差

系统误差（systematic error）是在相同条件下多次测量同一被测量值的过程中出现的一种误差，它的绝对值和符号或者保持不变，或者在条件变化时按某一规律变化。此处所谓条件，是指人员、仪表及环境等条件。

按照误差值是否变化，可将系统误差进一步划分为恒定系统误差和变值系统误差。变值系统误差又可进一步分为累进性的、周期性的及按复杂规律变化的系统误差几种。累进性系统误差是一种在测量过程中，误差随时间增长逐渐加大或减小的系统误差；周期性系统误差是指测量过程中误差大小和符号均按一定周期发生变化的系统误差；按复杂规律变化的系统误差是一种变化规律仍未掌握的系统误差，在某些条件下，它向随机误差转化，可按随机误差进行处理。

按照对系统误差掌握的程度，又可将其大致分为已定系统误差（方向和绝对值已知）与未定系统误差（方向和绝对值未知，但可估计其变化范围）。已定系统误差可在测量中予以修正，而未定系统误差只能估计其误差限（又称系统不确定度）。

系统误差的特征是误差出现的规律性和产生原因的可能性。所以，在测量过程中可以分析各种系统误差的成因，并设法消除其影响和估计出未能消除的系统误差值。

（2）随机误差

随机误差（random error）是在相同条件下，多次测量同一被测量值的过程中出现的误差，其绝对值和符号以不可预计的方式变化，它是由于测量过程中许多独立的、微小的、偶然的因素所引起的综合结果。

单次测量的随机误差没有规律，也不能用实验方法加以消除。但是，随机误差在多次重复测量的总体上服从统计规律。因此，可以通过统计学的方法来研究这些误差的总体分布特性，估计其影响并对测量结果的可靠性做出判断。

（3）粗差

明显歪曲测量结果的误差称为粗差。产生粗差的主要原因有测量方法不当或实验条件不符合要求，或由于测量人员粗心、使用仪器不正确、测量时读错数据、计算中发生错误等。

从性质上来看，粗差本身并不是单独的类别，它本身既可能具有系统误差的性质，也可能具有随机误差的性质，只不过在一定测量条件下其绝对值特别大而已。含有粗差的测量值称为坏值或异常值，所有的坏值都应剔除不用。所以，在进行误差分析时，要估计的误差只有系统误差与随机误差两类。

在测量过程中，系统误差与随机误差通常是同时发生的，一般很难把它们从测量结果中严格区分开来，而且误差的性质是可以在一定条件下互相转化的。有时可以把某些暂时没有完全掌握或分析起来过于复杂的系统误差当作随机误差来处理。对于按随机误差处理的系统误差，通常只能给出系统误差的可能取值范围，即系统不确定度。此外，对某些随机误差（如环境温度、电源电压波动等引起的误差），若能设法掌握其确定规律，则可视为系统误差并设法加以修正。

不确定度一词也用来表征随机误差的可能范围，称之为随机不确定度。当同时存在系统误差和随机误差时，用测量的不确定度来表征总的误差范围。

#### 4. 准确度、精密度和精确度

测量的准确度又称正确度（correctness），表示测量结果中系统误差的大小程度。系统误差越小，则测量的准确度越高，测量结果偏离真值的程度越小。

测量的精密度（precision）表示测量结果中随机误差的大小程度。随机误差越小，精密度越高，说明各次测量结果的重复性越好。

准确度和精密度是两个不同的概念，使用时不得混淆。图2-5形象地说明了准确度与精密度的区别。图中，圆心代表被测量的真值，符号×表示各次测量结果。由图可见，精密度高的测量不一定具有高准确度。因此，只有消除了系统误差之后，才可能获得正确的测量结果。一个既精密又准确的测量称为精确测量，并用精确度（accuracy）来描述。精确度一般简称为精度。精确度所反映的是被测量的测量结果与（约定）真值间的一致程度。精确度高，说明系统误差与随机误差都小。

a) 低准确度，低精密度    b) 低准确度，高精密度    c) 高准确度，低精密度    d) 高准确度，高精密度

图2-5　准确度与精密度的区别

## 2.3.2　系统误差的消除方法

#### 1. 消除产生误差的根源

首先从测量装置的设计入手，选用最合适的测量方法和工作原理，以避免方法误差；选择最佳的结构设计与合理的加工、装配、调校工艺，以避免和减小工具误差。此外，应做到正确地安装、使用，测量应在外界条件比较稳定时进行，对周围环境的干扰应采取必要的屏蔽防护措施等。

#### 2. 对测量结果进行修正

在测量之前，应对仪器仪表进行校准或定期进行检定。通过检定，可以由上一级标准（或基准）给出受检仪表的修正值（correction）。将修正值加入测量值中，即可消除系统误差。所谓修正值，是指与测量误差的绝对值相等而符号相反的值。例如，用标准温度计检定某温度传感器时，在温度为50℃的测温点处，受检温度传感器的示值为50.5℃，则测量误差为

$$\Delta x = x - X_0 = 50.5℃ - 50℃ = 0.5℃$$

于是，修正值 $C = -\Delta x = -0.5℃$。将此修正值加入测量值 $x$ 中，即可求出该测温点的实际温度为

$$X_0 = x + C = 50.5℃ - 0.5℃ = 50℃$$

从而消除了系统误差 $\Delta x$。

修正值给出的方式不一定是具体的数值，也可以是一条曲线、一个公式或图表。在某些自动检测仪表中，修正值已预先编制成相应的软件，存储于微处理器中，可对测量结果中的某些系统误差自动修正。

**3. 采用特殊测量法**

在测量过程中，选择适当的测量方法，可使系统误差抵消而不带入测量值中去。

**（1）恒定系统误差消除法**

1）零示法。零示法属于比较法中的一种，它是将被测量与已知的标准量进行比较，当两者的差值为零时，被测量就等于已知的标准量。电位差计是采用零示法的典型例子。

图2-6给出用电位差计测量热电偶热电动势的工作原理。图中，$R$ 为高线性度的线绕电阻，$I$ 为恒定的工作电流，PA 为高灵敏度的检流计，$E_t$ 为被测的未知热电动势。测量时调节滑动触点 C 的位置，可改变 $R_{CB}$ 上的压降 $U_{CB}$。当检流计中无电流流过时，$U_{CB} = E_t$，读出此时的 $U_{CB}$，即可知热电动势 $E_t$，这里采用的是电压平衡原理。

在零示法中，被测量与标准已知量之间的平衡状态判断是否准确，取决于零指示器的灵敏度。指示器的灵敏度足够高时，测量的准确度主要取决于已知的标准量。

2）替代法。替代法又称置换法，是指先将被测量接入测量装置使之处于一定状态，然后以已知量代替被测量，并通过改变已知量的值使仪表的示值恢复到替代前的状态。替代法的特点是被测量与已知量通过测量装置进行比较，当两者的效应相同时，其数值也必然相等。测量装置的系统误差不会带给测量结果，它只起辨别两者有无差异的作用，因此，测量装置要有一定的灵敏度和稳定度。

3）交换法。交换法又称为对照法，是指在测量过程中将某些测量条件相互交换，使产生系统误差的原因对交换前后的测量结果起相反作用。对两次测量结果进行数学处理，即可消除系统误差或求出系统误差的数值。图2-7为交换法在电阻电桥中的应用。设 $R_1 = R_2$，第一次按图2-7a进行测量，调节标准电阻 $R_s$ 使电桥平衡，此时有 $R_x = R_s(R_1/R_2)$。第二次按图2-7b交换测量位置，重新调节 $R_s = R_s'$ 使电桥平衡，于是有 $R_x = R_s'(R_2/R_1)$。将两次测量结果加以处理后得

$$R_x = \sqrt{R_s R_s'} \approx \frac{1}{2}(R_s + R_s') \tag{2-10}$$

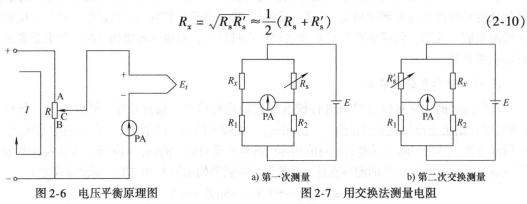

图2-6　电压平衡原理图

a) 第一次测量　　b) 第二次交换测量

图2-7　用交换法测量电阻

当 $R_1$、$R_2$ 分别存在恒定系统误差 $\Delta R_1$、$\Delta R_2$ 时，在单次测量结果中会出现由 $\Delta R_1$、$\Delta R_2$ 引起的系统误差，但从式（2-10）可以看出，被测电阻值 $R_x$ 与 $R_1$、$R_2$ 及 $\Delta R_1$、$\Delta R_2$ 无关，从而消除了恒定系统误差的影响。

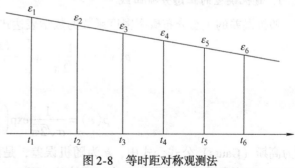

图2-8　等时距对称观测法

（2）变值系统误差消除法

1）等时距对称观测法。等时距对称观测法可以有效地消除随时间成比例变化的线性系统误差。假设系统误差 $\varepsilon_i$ 按图2-8所示的线性规律变化，若以某一时刻 $t_3$ 为中点，则对称于此点的各对称系统误差的算术平均值彼此相等，即

$$\frac{\varepsilon_1 + \varepsilon_5}{2} = \frac{\varepsilon_2 + \varepsilon_4}{2} = \varepsilon_3 \tag{2-11}$$

利用上述关系安排适当的测量步骤，对测量结果进行一定的处理后，即可消除这种随时间按线性规律变化的系统误差。

2）半周期偶数观测法。某些周期性系统误差的特点是，每隔半个周期产生的误差大小相等、符号相反。针对这一特点，采用半周期偶数观测法可以消除周期性系统误差。

设周期性系统误差的变化规律为

$$\varepsilon = A\sin\varphi \tag{2-12}$$

当 $\varphi = \varphi_1$ 时，有

$$\varepsilon_1 = A\sin\varphi_1 \tag{2-13}$$

该周期性系统误差 $\varepsilon$ 的变化周期为 $2\pi$。当 $\varphi = \varphi_1 + \pi$ 时，有

$$\varepsilon_2 = A\sin(\varphi_1 + \pi) = -A\sin\varphi_1 \tag{2-14}$$

取 $\varepsilon_1$ 和 $\varepsilon_2$ 的算术平均值，可得

$$\varepsilon = \frac{\varepsilon_1 + \varepsilon_2}{2} = 0 \tag{2-15}$$

由式（2-15）可知，对于周期性变化的系统误差，如果在测得一个数据后，相隔半个周期再测一个数据，然后取这两个数据的算术平均值作为测量结果，即可从测量结果中消除周期性系统误差。

## 2.3.3　随机误差及其估算

在测量过程中，系统误差与随机误差通常是同时发生的。由于系统误差可以用各种方法加以消除，因此，在后面的讨论中，均假定测量值中只含有随机误差。本节主要介绍随机误差的分布规律及统计特性。

随机误差的数值事先是无法预料的，它受各种复杂的随机因素的影响，通常把这类依随机因素而变、以一定概率取值的变量称为随机变量。根据概率论的中心极限定理：如果一个随机变量是由大量微小的随机变量共同作用的结果，则只要这些微小随机变量是相互独立或弱相关的，且均匀地减小（即对总和的影响彼此差不多），那么，无论它们各自服从于什么分布，其总和必然近似于正态分布。显然，随机误差不过是随机变量的一种具体形式，当随

机误差是由大量的、相互独立的微小作用因素所引起时，通常都遵从正态分布规律。

1. 随机误差的正态分布曲线

随机误差的正态分布概率密度函数的数学表达式为

$$p(x) = \frac{1}{\sigma\sqrt{2\pi}}\exp\left[-\frac{(x-X_0)^2}{2\sigma^2}\right] \qquad (2\text{-}16)$$

和

$$p(\varepsilon) = \frac{1}{\sigma\sqrt{2\pi}}\exp\left(\frac{-\varepsilon^2}{2\sigma^2}\right) \qquad (2\text{-}17)$$

称为高斯（Gauss）公式。式中，$\varepsilon$ 为随机误差，是测量值 $x$ 与被测量真值 $X_0$ 之差；$p(\varepsilon)$ 为随机误差的概率密度函数；$\sigma$ 为标准偏差。图 2-9 给出了随机误差的正态分布曲线。

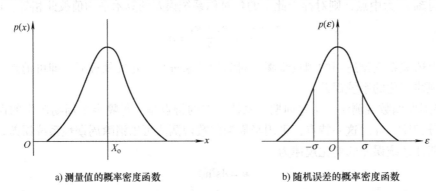

a) 测量值的概率密度函数　　　　　　　b) 随机误差的概率密度函数

图 2-9　随机误差的正态分布曲线

分析图 2-9 可以看出，随机误差的统计特性表现在以下四个方面：

1）有界性。在一定条件下的有限测量值中，误差的绝对值不会超过一定的界限。

2）单峰性。绝对值小的误差出现的次数比绝对值大的误差出现的次数多。

3）对称性。绝对值相等的正误差和负误差出现的次数大致相等。

4）抵偿性。相同条件下对同一量进行多次测量，随机误差的算术平均值随着测量次数 $n$ 的无限增加而趋于零，即误差平均值的极限为零。

应指出，有些误差并不完全满足上述特征，但根据其具体情况，仍可按随机误差处理。

2. 正态分布的随机误差的数字特征

在实际测量时，真值 $X_0$ 不可能得到，但如果随机误差服从正态分布，则算术平均值处随机误差的概率密度最大。对被测量进行等精度的 $n$ 次测量，得 $n$ 个测量值 $x_1, x_2, \cdots, x_n$，它们的算数平均值为

$$\bar{x} = \frac{1}{n}(x_1 + x_2 + \cdots + x_n) = \frac{1}{n}\sum_{i=1}^{n}x_i \qquad (2\text{-}18)$$

算术平均值是诸测量值中最可信赖的，它可以作为等精度多次测量的结果。

上述的算术平均值是反映随机误差的分布中心，而均方根偏差则反映随机误差的分布范围。均方根偏差越大，测量数据的分散范围也越大，所以，均方根偏差 $\sigma$ 可以描述测量数据和测量结果的精度。图 2-10 为不同 $\sigma$ 下的正态分布曲线。由图可见，$\sigma$ 越小，分布曲线越陡峭，说明随机变量的分散性小，测量精度高；反之，$\sigma$ 越大，分布曲线越平坦，随机变

量的分散性也大，则精度也低。

均方根偏差 $\sigma$ 为

$$\sigma = \sqrt{\frac{\sum\limits_{i=1}^{n}(x_i - X_0)^2}{n}} = \sqrt{\frac{\sum\limits_{i=1}^{n}\varepsilon_i^2}{n}}$$

(2-19)

式中，$n$ 为测量次数；$x_i$ 为第 $i$ 次测量值。

在实际测量时，由于真值 $X_0$ 是无法确切得到，所以用测量值的算术平均值 $\bar{x}$ 代替之，各测量值与算术平均值的差值称为残余误差，即

$$v_i = x_i - \bar{x}$$

(2-20)

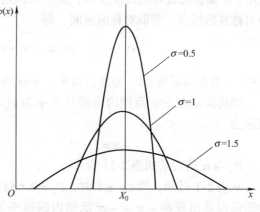

图 2-10 不同 $\sigma$ 下的正态分布曲线

用残余误差计算的均方根偏差称为均方根偏差的估计值 $\sigma_s$，即

$$\sigma_s = \sqrt{\frac{\sum\limits_{i=1}^{n}(x_i - \bar{x})^2}{n-1}} = \sqrt{\frac{\sum\limits_{i=1}^{n}v_i^2}{n-1}}$$

(2-21)

通常，在有限次测量时，算术平均值不可能等于被测量的真值 $X_0$，它也是随机变动的。设对被测量进行 $m$ 组的多次测量，各组所得的算术平均值为 $\bar{x}_1$，$\bar{x}_2$，$\cdots$，$\bar{x}_m$，围绕真值有一定的分散性，也是随机变量。算术平均值 $\bar{x}$ 的精度可由算术平均值的均方根偏差 $\sigma_z$ 来评定。它与 $\delta_s$ 的关系为

$$\sigma_z = \frac{\sigma_s}{\sqrt{n}}$$

(2-22)

**3. 正态分布的概率计算**

人们利用分布曲线进行测量数据处理的目的是求取测量的结果，确定相应的误差限及分析测量的可靠性等。为此，需要计算正态分布在不同区间的概率。

置信区间：算术平均值 $\bar{x}$ 在规定概率下可能的变化范围称为置信区间。置信区间表明了测量结果的离散程度，可作为测量精密度的标志。

置信概率：算术平均值 $\bar{x}$ 落入某一置信区间的概率 $P$ 表明测量结果的可靠性，亦即值得信赖的程度，称为置信概率。

分布曲线下的全部面积应等于总概率。由残余误差 $v$ 表示的正态分布密度函数为

$$p(v) = \frac{1}{\sigma\sqrt{2\pi}}e^{\frac{-v^2}{2\sigma^2}}$$

(2-23)

故

$$\int_{-\infty}^{+\infty}p(v)\,\mathrm{d}v = 100\% = 1$$

在任意误差区间 $(a,b)$ 出现的概率为

$$p(a \leqslant v \leqslant b) = \frac{1}{\sigma\sqrt{2\pi}}\int_a^b e^{\frac{-v^2}{2\sigma^2}}\mathrm{d}v$$

(2-24)

式中，$\sigma$ 是正态分布的特征参数，误差区间通常表示成 $\sigma$ 的倍数，如 $t\sigma$。由于随机误差分布对称性的特点，常取对称的区间，即

$$P_c = p(-t\sigma \leqslant v \leqslant +t\sigma) = \frac{1}{\sigma\sqrt{2\pi}} \int_{-t\sigma}^{+t\sigma} e^{\frac{-v^2}{2\sigma^2}} dv \tag{2-25}$$

式中，$t$ 为置信系数；$P_c$ 为置信概率；$\pm t\sigma$ 为误差限。

随机误差在 $\pm t\sigma$ 范围内出现的概率为 $P_c$，则超出的概率为显著度（置信水平），用 $\alpha$ 表示为

$$\alpha = 1 - P_c$$

$P_c$ 与 $\alpha$ 的关系如图 2-11 所示。

从表 2-1 可知，当 $t = \pm 1$ 时，$P_c = 0.6827$，即测量结果中随机误差出现在 $-\sigma \sim +\sigma$ 范围内的概率为 68.27%，而 $|v| > \sigma$ 的概率为 31.73%。出现在 $-3\sigma \sim +3\sigma$ 范围内的概率为 99.73%。因此，可以认为绝对值大于 $3\sigma$ 的误差是不可能出现的，通常把这个误差称为极限误差 $\sigma_{lim}$。按照上面分析，测量结果可表示为

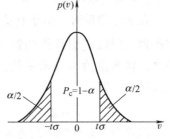

图 2-11 $P_c$ 与 $\alpha$ 的关系

$$x = \bar{x} \pm \sigma_x \qquad P_c = 0.6827$$

或

$$x = \bar{x} \pm 3\sigma_{\bar{x}} \qquad P_c = 0.9973$$

表 2-1 几个典型的 $t$ 值及相应的概率 $(n > 30)$

| $t$ | 0.6745 | 1 | 1.96 | 2 | 2.58 | 3 | 4 |
|---|---|---|---|---|---|---|---|
| $P_c$ | 0.5 | 0.6827 | 0.95 | 0.9545 | 0.99 | 0.9973 | 0.9994 |

## 2.3.4 测量误差的合成及最小二乘法的应用

### 1. 测量误差的合成

一个测量系统或一个传感器都是由若干部分组成。设各环节为 $x_1$，$x_2$，$\cdots$，$x_n$，系统总的输入输出关系为 $y = f(x_1, x_2, \cdots, x_n)$，而各部分又都存在测量误差。各局部误差对整个测量系统或传感器测量误差的影响就是误差的合成问题。若已知各环节的误差而求总的误差，称为误差的合成；反之，总的误差确定后，要确定各环节具有多大误差才能保证总的误差值不超过规定值，这一过程称为误差的分配。

由于随机误差和系统误差的规律和特点不同，误差的合成与分配的处理方法也不同。

（1）误差的合成

由前述内容可知，系统总输出与各环节之间的函数关系为

$$y = f(x_1, x_2, \cdots, x_n) \tag{2-26}$$

各部分定值系统误差分别为 $\Delta x_1$，$\Delta x_2$，$\cdots$，$\Delta x_n$，因为系统误差一般均很小，其误差可用微分来表示，故其合成表达为

$$dy = \frac{\partial f}{\partial x_1} dx_1 + \frac{\partial f}{\partial x_2} dx_2 + \cdots + \frac{\partial f}{\partial x_n} dx_n \tag{2-27}$$

实际计算误差时，是以各环节的定值系统误差 $\Delta x_1$，$\Delta x_2$，$\cdots$，$\Delta x_n$ 代替式（2-27）中的

$dx_1$，$dx_2$，…，$dx_n$，即

$$\Delta y = \frac{\partial f}{\partial x_1}\Delta x_1 + \frac{\partial f}{\partial x_2}\Delta x_2 + \cdots + \frac{\partial f}{\partial x_n}\Delta x_n \tag{2-28}$$

式中，$\Delta y$ 为合成后总的定值系统误差。

（2）随机误差的合成

设测量系统或传感器由 $n$ 个环节组成，各部分的均方根偏差为 $\sigma_{x_1}$，$\sigma_{x_2}$，…，$\sigma_{x_n}$，则随机误差的合成表达式为

$$\sigma_y = \sqrt{\left(\frac{\partial f}{\partial x_1}\right)^2 \sigma_{x_1}^2 + \left(\frac{\partial f}{\partial x_2}\right)^2 \sigma_{x_2}^2 + \cdots + \left(\frac{\partial f}{\partial x_n}\right)^2 \sigma_{x_n}^2} \tag{2-29}$$

若 $y = f(x_1, x_2, \cdots, x_n)$ 为线性函数，即

$$y = a_1 x_1 + a_2 x_2 + \cdots + a_n x_n \tag{2-30}$$

则

$$\sigma_y = \sqrt{a_1^2 \sigma_{x_1}^2 + a_2^2 \sigma_{x_2}^2 + \cdots + a_n^2 \sigma_{x_n}^2} \tag{2-31}$$

如果 $a_1 = a_2 = \cdots = a_n = 1$，则

$$\sigma_y = \sqrt{\sigma_{x_1}^2 + \sigma_{x_2}^2 + \cdots + \sigma_{x_n}^2}$$

（3）总合成误差

设测量系统和传感器的系统误差和随机误差均为相互独立的，则总的合成误差 $\varepsilon$ 表示为

$$\varepsilon = \Delta y \pm \sigma_y \tag{2-32}$$

**2. 最小二乘法的应用**

最小二乘法原理是数学原理，它在误差的数据处理中作为一种数据处理手段。最小二乘法原理就是要获得最可信赖的测量结果，使各测量值的残余误差二次方和最小。在等精度测量和不等精度测量中，用算术平均值或加权算术平均值作为多次测量的结果，因为它们符合最小二乘法原理。最小二乘法在组合测量的数据处理、实验曲线的拟合及其他多种学科等方面均获得了广泛的应用。

以铂电阻测量温度为例，铂电阻电阻值 $R$ 与温度 $t$ 之间的函数关系式为

$$R_t = R_0 \left(1 + \alpha t + \beta t^2\right) \tag{2-33}$$

式中，$R_0$、$R_t$ 分别为铂电阻在温度 0℃ 和 $t$ 时的电阻值；$\alpha$、$\beta$ 是电阻温度系数。

若在不同温度 $t$ 条件下测得一系列电阻值 $R$，求电阻温度系数 $\alpha$ 和 $\beta$。由于在测量中不可避免地引入误差，如何求得一组最佳或最恰当的解，使 $R_t = R_0 \left(1 + \alpha t + \beta t^2\right)$ 具有最小的误差，通常的做法是使测量次数 $n$ 大于所求未知量个数 $m (n > m)$，采用最小二乘法原理进行计算。

（1）方法 1——线性方程组法

为了讨论方便起见，用线性函数通式表示直接测量值。设 $X_1$，$X_2$，…，$X_m$ 为待求量，$Y_1$，$Y_2$，…，$Y_n$ 为直接测量值，相应的函数关系为

$$\begin{cases} Y_1 = a_{11}X_1 + a_{12}X_2 + \cdots + a_{1m}X_m \\ Y_2 = a_{21}X_1 + a_{22}X_2 + \cdots + a_{2m}X_m \\ \qquad\qquad\qquad \vdots \\ Y_n = a_{n1}X_1 + a_{n2}X_2 + \cdots + a_{nm}X_{nm} \end{cases} \tag{2-34}$$

若 $x_1$，$x_2$，$\cdots$，$x_m$ 是待求量 $X_1$，$X_2$，$\cdots$，$X_m$ 最可信赖的值，又称最佳估计值，则相应的估计值函数关系为

$$\begin{cases} y_1 = a_{11}x_1 + a_{12}x_2 + \cdots + a_{1m}x_m \\ y_2 = a_{21}x_1 + a_{22}x_2 + \cdots + a_{2m}x_m \\ \vdots \\ y_n = a_{n1}x_1 + a_{n2}x_2 + \cdots + a_{nm}x_{nm} \end{cases} \tag{2-35}$$

相应的误差方程为

$$\begin{cases} l_1 - y_1 = l_1 - (a_{11}x_1 + a_{12}x_2 + \cdots + a_{1m}x_m) \\ l_2 - y_2 = l_2 - (a_{21}x_1 + a_{22}x_2 + \cdots + a_{2m}x_m) \\ \vdots \\ l_n - y_n = l_n - (a_{n1}x_1 + a_{n2}x_2 + \cdots + a_{nm}x_{nm}) \end{cases} \tag{2-36}$$

式中，$l_1$，$l_2$，$\cdots$，$l_n$ 为带有误差的实际直接测量值。

按最小二乘法原理，要获取最可信赖的结果 $x_1$，$x_2$，$\cdots$，$x_m$，应使上述方程组的残余误差二次方和最小，即

$$v_1^2 + v_2^2 + \cdots + v_n^2 = \sum_{i=1}^{n} v_i^2 = [v^2] = \min \tag{2-37}$$

根据求极值条件，应使

$$\begin{cases} \dfrac{\partial [v^2]}{\partial x_1} = 0 \\ \dfrac{\partial [v^2]}{\partial x_2} = 0 \\ \vdots \\ \dfrac{\partial [v^2]}{\partial x_m} = 0 \end{cases} \tag{2-38}$$

整理上述偏微分方程式，得

$$\begin{cases} [a_1 a_1]x_1 + [a_1 a_2]x_2 + \cdots + [a_1 a_m]x_m = [a_1 l] \\ [a_2 a_1]x_1 + [a_2 a_2]x_2 + \cdots + [a_2 a_m]x_m = [a_2 l] \\ \vdots \\ [a_m a_1]x_1 + [a_m a_2]x_2 + \cdots + [a_m a_m]x_m = [a_m l] \end{cases} \tag{2-39}$$

式(2-39) 即为等精度测量的线性函数最小二乘法估计的正规方程。其中

$$\begin{cases} [a_1 a_1] = a_{11}a_{11} + a_{21}a_{21} + \cdots + a_{n1}a_{n1} \\ [a_1 a_2] = a_{11}a_{12} + a_{21}a_{22} + \cdots + a_{n1}a_{n2} \\ \vdots \\ [a_1 a_m] = a_{11}a_{1m} + a_{21}a_{2m} + \cdots + a_{n1}a_{nm} \\ [a_1 l] = a_{11}l_1 + a_{21}l_2 + \cdots + a_{n1}l_n \end{cases}$$

正规方程是一个 $m$ 元线性方程组，当其系数行列式不为零时，有唯一确定的解，由此可解得欲求的估计值 $x_1$，$x_2$，$\cdots$，$x_m$，即为符合最小二乘法原理的最佳解。

（2）方法2——矩阵法

应用矩阵这一工具对线性函数的最小二乘法的处理进行讨论有许多便利之处。将误差方程式(2-30)用矩阵表示，即

$$L - A\hat{X} = V \tag{2-40}$$

式中，系数矩阵 $A = \begin{pmatrix} a_{11} & a_{12} & \cdots & a_{1m} \\ a_{21} & a_{22} & \cdots & a_{2m} \\ \vdots & \vdots & & \vdots \\ a_{n1} & a_{n2} & \cdots & a_{nm} \end{pmatrix}$；估计值矩阵 $\hat{X} = \begin{pmatrix} x_1 \\ x_2 \\ \vdots \\ x_m \end{pmatrix}$；实际测量值矩阵 $L =$

$\begin{pmatrix} l_1 \\ l_2 \\ \vdots \\ l_n \end{pmatrix}$；残余误差矩阵 $V = \begin{pmatrix} v_1 \\ v_2 \\ \vdots \\ v_n \end{pmatrix}$，残余误差二次方和最小这一条件的矩阵形式为 $\begin{pmatrix} v_1 & v_2 & \cdots \end{pmatrix}$

$v_n) \begin{pmatrix} v_1 \\ v_2 \\ \vdots \\ v_n \end{pmatrix} =$ 最小，即 $V'V =$ 最小或 $(L - A\hat{X})'(L - A\hat{X}) =$ 最小，将上述线性函数的正规方

程式(2-39)用残余误差表示，可改写为

$$\begin{cases} a_{11}v_1 + a_{21}v_2 + \cdots + a_{n1}v_n = 0 \\ a_{12}v_1 + a_{22}v_2 + \cdots + a_{n2}v_n = 0 \\ \vdots \\ a_{1m}v_1 + a_{2m}v_2 + \cdots + a_{nm}v_n = 0 \end{cases} \tag{2-41}$$

写成矩阵形式为

$$\begin{pmatrix} a_{11} & a_{21} & \cdots & a_{n1} \\ a_{12} & a_{22} & \cdots & a_{n2} \\ \vdots & \vdots & & \vdots \\ a_{1m} & a_{2m} & \cdots & a_{nm} \end{pmatrix} \begin{pmatrix} v_1 \\ v_2 \\ \vdots \\ v_n \end{pmatrix} = 0$$

即

$$A'V = 0$$

由式(2-40)有

$$A'(L - A\hat{X}) = 0$$

$$(A'A)\hat{X} = A'L$$

$$\hat{X} = (A'A)^{-1}A'L \tag{2-42}$$

式(2-42)即为最小二乘法估计的矩阵解。

（3）用经验公式拟合实验数据——回归分析

在工程实践和科学实验中，经常遇到对于一批实验数据，需要把它们进一步整理成曲线图或经验公式。用经验公式拟合实验数据，工程上把这种方法称为回归分析。回归分析就是应用数理统计的方法，对实验数据进行分析和处理，从而得出反映变量间相互关系的经验公

式，也称回归方程。

当经验公式为线性函数时，即函数关系为

$$y = b_0 + b_1 x_1 + b_2 x_2 + \cdots + b_n x_n \tag{2-43}$$

称这种回归分析为线性回归分析，它在工程中的应用价值较高。

在线性回归中，当独立变量只有一个时，即函数关系为

$$y = b_0 + bx \tag{2-44}$$

称这种回归分析为一元线性回归，这就是工程上和科研中常遇到的直线拟合问题。

设有 $n$ 对测量数据 $(x_i, y_i)$，用一元线性回归方程 $\hat{y} = b_0 + bx$ 拟合，根据测量数据值，求方程中系数 $b_0$、$b$ 的最佳估计值。可应用最小二乘法原理，使各测量数据点与回归直线的偏差二次方和为最小，如图 2-12 所示。

误差方程组为

$$\begin{cases} y_1 - \hat{y}_1 = y_1 - (b_0 + bx_1) = v_1 \\ y_2 - \hat{y}_2 = y_2 - (b_0 + bx_2) = v_2 \\ \vdots \\ y_n - \hat{y}_n = y_n - (b_0 + bx_n) = v_n \end{cases} \tag{2-45}$$

式中，$\hat{y}_1$，$\hat{y}_2$，…，$\hat{y}_n$ 是在 $x_1$，$x_2$，…，$x_n$ 点上 $y$ 的估计值。

用最小二乘法求系数 $b_0$、$b$ 同上。

在求经验公式时，有时用图解法分析显得更方便、直观，将测量数据值 $(x_i, y_i)$ 绘制在坐标纸上，

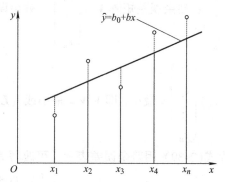

图 2-12　用最小二乘法求回归直线

将这些测量点直接连接起来，根据曲线（包括直线）的形状、特征及变化趋势，可以设法给出它们的数学模型（即经验公式）。这不仅可将一条形象化的曲线与各种分析方法联系起来，而且还在相当程度上扩展了原有曲线的应用范围。

## 2.3.5　测量结果的数据处理

**1. 测量结果的表示方法与有效数字的处理原则**

**（1）测量结果的数字表示方法**

常见的测量结果表示方法是在观测值或多次观测结果的算术平均值后加上相应的误差限。同一测量如果采用不同的置信概率 $P_c$，测量结果的误差限也不同。因此，应该在相同的置信水平 $\alpha$ 下来比较测量的精确程度。为此，测量结果的表达式通常都具有确定的概率意义。下面介绍几种常用的表示方法，它们都是以系统误差已被消除为前提条件。

**1）单次测量结果的表示方法。** 如果已知测量仪表的标准偏差 $\sigma$，做一次测量，测量值为 $X$，则通常将被测量 $X_0$ 的大小表示为

$$X_0 = X \pm \sigma \tag{2-46}$$

式（2-46）表明被测量 $X_0$ 的估计值为 $X$，当取置信概率 $P_c = 68.3\%$ 时，测量误差不超出 $\pm \sigma$。为更明确地表达测量结果的概率意义，式（2-46）可表示为

$$X_0 = X \pm \sigma \quad （置信概率 P_c = 68.3\%）$$

2）$n$ 次测量结果的表示方法。当用 $n$ 次等精度测量的算术平均值 $\bar{X}$ 作为测量结果时，其表达式为

$$X_0 = \bar{X} \pm t\sigma_{\bar{x}} \tag{2-47}$$

式中，$\sigma_{\bar{x}}$ 为算术平均值的标准偏差，其值为 $\sigma/\sqrt{n}$，置信系数 $t$ 可根据所要求的置信概率 $P_c$ 及测量次数 $n$ 而定。一般情况下，当极限误差取为 $3\sigma_{\bar{x}}$（即置信系数 $t=3$）时，为了使置信概率 $P_c > 0.99$，应有 $n > 14$，一般测量次数 $n$ 最好不低于 10。测量次数少于 14 次，若仍用 $3\sigma_{\bar{x}}$ 作为极限误差，则对应的置信概率 $P_c$ 将下降到 $0.8 \sim 0.98$。

（2）有效数字的处理原则

当以数字表示测量结果时，在进行数据处理的过程中，应注意有效数字的正确取舍。

1）有效数字的基本概念。一个数据，从左边第一个非零数字起至右边含有误差的一位为止，中间的所有数码均为有效数字。测量结果一般为被测真值的近似值，有效数字位数的多少决定了这个近似值的准确度。

在有些数据中会出现前面或后面为零的情况，如 $25\mu m$ 也可写成 $0.025mm$，后一种写法前面的两个零显然是由于单位改变而出现的，不是有效数字。又如 $25.0\mu m$，小数点后面的一个零应认为是有效数字。为避免混淆，通常将后面带零的数据中不作为有效数字的零，表示为 10 的幂的形式；而作为有效数字的零，则不可表示为 10 的乘幂形式。例如，$2.5 \times 10^2 mm$ 为两位有效数字，而 $250mm$ 为三位有效数字。

2）数据舍入规则。对测量结果中多余的有效数字，在进行数据处理时不能简单地采取四舍五入的方法，这时的数据舍入规则为 4 舍 6 入 5 看右。若保留 $n$ 位有效数字，当第 $n+1$ 位数字大于 5 时则入，小于 5 时则舍；其值恰好等于 5 时，如 5 之后还有数字则入，5 之后无数字或为零时，若第 $n$ 位为奇数时则入，为偶数则舍。

（3）有效数字运算规则

1）参加运算的常数，如 $\pi$、$e$、$\sqrt{2}$ 等数值，有效数字的位数可以不受限制，需要几位就取几位。

2）加减运算。在不超过 10 个测量数据相加减时，要把小数位数多的进行舍入处理，使比小数位数最少的数只多一位小数；计算结果应保留的小数位数要与原数据中有效数字位数最少者相同。

3）乘除运算。在两个数据相乘或相除时，要把有效数字多的数据做舍入处理，使之比有效数字少的数据只多一位有效数字；计算结果应保留的有效数字位数要与原数据中有效数字位数最少者相同。

4）乘方及开方运算。运算结果应比原数据多保留一位有效数字。

5）对数运算。取对数前后的有效数字位数应相等。

6）多个数据取算术平均值时，由于误差相互抵消的结果，所得算术平均值的有效数字位数可增加一位。

2. 异常测量值的判别与舍弃

在测量过程中，有时会在一系列测量值中混有残差绝对值特别大的异常测量值。这种异常测量值如果是由于测量过程中出现粗差而造成的坏值，则应剔除不用，否则将会明显歪曲

测量结果。然而，有时异常测量值的出现，可能是客观地反映了测量过程中的某种随机波动特性。因此，对异常测量值不应为了追求数据的一致性而轻易舍去。为了科学地判别粗差，正确地舍弃坏值，需要建立异常测量值的判别标准。

通常采用统计判别法加以判别，统计判别法有许多种，下面介绍常用的两种。

（1）拉依达准则

凡超过此值的测量误差均做粗差处理，相应的测量值即为含有粗差的坏值，应予以剔除。如果对某个被测参数重复进行 $n$ 次测量，得到的 $n$ 个观测值组成一个测量列 $X_1$，$X_2$，$\cdots$，$X_n$，相应的残差为 $v_1$，$v_2$，$\cdots$，$v_n$。若其中某个观测值 $X_d$ 的残差 $v_d(1 \leqslant d \leqslant n)$ 为

$$|v_d| > 3\sigma \tag{2-48}$$

则认为 $X_d$ 是含有粗差的坏值，应从测量列中剔除。

显然，拉依达准则是以正态分布和置信概率 $P_c > 0.99$ 为前提的。当测量次数 $n$ 有限时，用估计值 $\hat{\sigma}$ 代替式(2-48) 中的标准偏差。若测量次数 $n$ 较少，则因 $\hat{\sigma}$ 的可靠性较差而直接影响到拉依达准则的可靠性。

（2）t 检验标准

设对某一被测量进行 $n$ 次测量后，得到一个测量列 $X_1$，$X_2$，$\cdots$，$X_i$，$\cdots$，$X_n$，首先观察各测量值中是否有偏离较大者，如有某测量值 $X_d$ 比其他测量值偏离较大，则先假定它为可疑测量值，然后计算不包含 $X_d$ 的算数平均值

$$\bar{X}' = \sum_{i \neq d} \frac{X_i}{n-1} \tag{2-49}$$

及相应的标准偏差

$$\hat{\sigma}' = \sqrt{\sum_{i \neq d} \frac{(X_i - \bar{X}')^2}{n-2}} \tag{2-50}$$

这时，如果

$$|X_d - \bar{X}'| > K(\alpha, n)\hat{\sigma}' \tag{2-51}$$

成立，则可判定 $X_d$ 确实是坏值，应予以剔除。式(2-51) 中，$K(\alpha, n)$ 为 t 检验时用的系数，其值列于表 2-2 中备查；$\alpha = 1 - P_c$ 为超差概率，称为显著度或置信水平，$n$ 为测量次数。

3. 不等精度测量的权与误差

前面讲述的内容是等精度测量的问题，即多次重复测量得到的各个测量值具有相同的精度，可用同一个均方根偏差 $\sigma$ 值来表征，或者说具有相同的可信赖程度。严格来说，绝对的等精度测量是很难保证的，但对条件差别不大的测量，一般都当作等精度测量对待，某些条件的变化，如测量时温度的波动等，只作为误差来考虑。因此，一般测量实践基本上都属等精度测量。

但在科学实验或高精度测量中，为了提高测量的可靠性和精度，往往在不同的测量条件下，用不同的测量仪表、不同的测量方法、不同的测量次数及不同的测量者进行测量与对比，则认为它们是不等

表 2-2  t 检验时 $K(\alpha, n)$ 的值

| $n$ \ $\alpha$ | 0.01 | 0.05 |
|---|---|---|
| 4 | 11.46 | 4.97 |
| 5 | 6.53 | 3.56 |
| 6 | 5.04 | 3.04 |
| 7 | 4.36 | 2.78 |
| 8 | 3.96 | 2.62 |
| 9 | 3.71 | 2.51 |
| 10 | 3.54 | 2.43 |
| 11 | 3.41 | 2.37 |
| 12 | 3.31 | 2.33 |

精度的测量。

（1）权的概念

在不等精度测量时，对同一被测量进行 $m$ 组测量，得到 $m$ 组测量列（进行多次测量的一组数据称为一测量列）的测量结果及其误差，它们不能同等对待。精度高的测量列具有较高的可靠性，将这种可靠性的大小称为权。

权可理解为各组测量结果相对的可信赖程度。测量次数多，测量方法完善，测量仪表精度高，测量的环境条件好，测量人员的水平高，则测量结果可靠，其权也大。权是相比较而存在的，权用符号 $P$ 表示，有两种计算方法。

1）用各组测量列的测量次数 $n$ 的比值表示，并取测量次数较小的测量列的权为 1，则有

$$P_1 : P_2 : \cdots : P_m = n_1 : n_2 : \cdots : n_m \tag{2-52}$$

2）用各组测量列的误差二次方的倒数的比值表示，并取误差较大的测量列的权为 1，则有

$$P_1 : P_2 : \cdots : P_m = \left(\frac{1}{\sigma_1}\right)^2 : \left(\frac{1}{\sigma_2}\right)^2 : \cdots : \left(\frac{1}{\sigma_m}\right)^2 \tag{2-53}$$

（2）加权算术平均值

加权算术平均值不同于一般的算术平均值，应考虑各测量列的权的情况。若对同一被测量进行 $m$ 组不等精度测量，得到 $m$ 个测量列的算术平均值 $\bar{x}_1$，$\bar{x}_2$，$\cdots$，$\bar{x}_m$，相应各组的权分别为 $P_1 : P_2 : \cdots : P_m$，则加权平均值可表示为

$$\bar{x}_p = \frac{\bar{x}_1 P_1 + \bar{x}_2 P_2 + \cdots + \bar{x}_m P_m}{P_1 + P_2 + \cdots + P_m} = \frac{\sum\limits_{i=1}^{m} \bar{x}_i P_i}{\sum\limits_{i=1}^{m} P_i} \tag{2-54}$$

（3）加权算术平均值 $\bar{x}_p$ 的标准误差 $\sigma_{\bar{x}_p}$

当进一步计算加权算术平均值 $\bar{x}_p$ 的标准误差时，也要考虑各测量列的权的情况，标准误差 $\sigma_{\bar{x}_p}$ 的计算式为

$$\sigma_{\bar{x}_p} = \sqrt{\frac{\sum\limits_{i=1}^{m} p_i v_i^2}{(m-1)\sum\limits_{i=1}^{m} p_i}} \tag{2-55}$$

式中，$v_i$ 是各测量列的算术平均值 $\bar{x}_i$ 与加权算术平均值 $\bar{x}_p$ 的差值。

## 2.4 非线性特征补偿方法

智能测控系统的测量信号大都为非线性信号，检测信号线性化是提高检测系统测量准确性的重要手段。非线性信号在示波器中显示存在四种现象，如图 2-13 所示，实线表示测量真实信号，虚线表示虚假信号。其中图 2-13a 表示不符合采样定理出现的插空、混叠现象；图 2-13b 表示采样频率分别是信号频率的 3 倍和 4 倍时出现的失真现象；图 2-13c 表示采样频率是在 5 个信号频率周期里采样了 4 个点时出现的混叠现象；图 2-13d 表示将图 2-13c 中

虚线在 $x$ 轴方向压缩后显示的虚假信号。

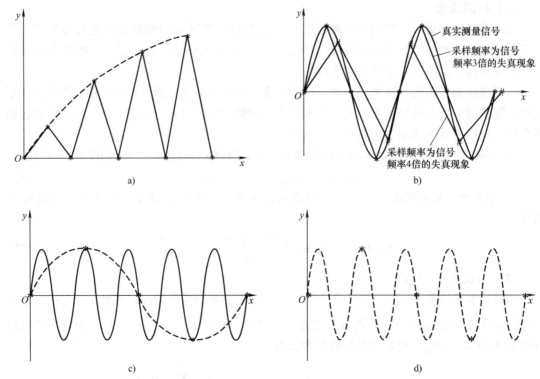

图 2-13  非线性信号的几种现象

非线性补偿法通过在测量系统中引入非线性补偿环节，使系统的总输出特性呈线性。这样做可以获得线性系统的许多优点，例如，可以获得较宽的测量范围和较高的测量精度；在整个量程范围内具有相同的灵敏度，使输出信号的后续处理简单；另外还可以使显示仪表获得均匀的指示刻度，易于制作，互换性好，调试方便，且读数误差小。造成非线性的原因主要有两个方面：一是由于许多传感器的转换原理的非线性；二是由于所采用的测量电路的非线性。目前常用的非线性补偿法可分为两类：一类是模拟非线性补偿法；另一类是数字非线性补偿法。

**1. 模拟非线性补偿法**

模拟非线性补偿法是指在模拟量处理环节中增加非线性补偿环节，使系统的总特性为线性。线性集成电路的出现为这种线性化方法提供了简单而可靠的物质手段。

（1）开环式非线性补偿法

开环式非线性补偿法是将非线性补偿环节串接在系统的模拟量处理环节中，实现非线性补偿的目的。具有开环式非线性补偿的结构原理如图 2-14 所示，假设第一个环节是非线性环节，其特征方程为 $u_1 = f(x)$，系统的其他环节均为线性特性，可以等效为一个特征方程 $u_2 = ku_1$，这是一个线性放大器，若要求整个系统的输出特征方程为线性，即 $y = sx$（$s$ 为系统的灵敏度），则可由各环节的特征方程和总特征方程，求出非线性补偿环节的特征方程，即 $y = \varphi(u_2)$。

图 2-14 开环式非线性补偿结构原理图

由

$$\begin{cases} u_1 = f(x) \\ u_2 = ku_1 \\ y = sx \end{cases}$$

消去中间变量 $u_1$ 和 $x$，得到开环式非线性补偿环节输入输出的解析表达式为

$$y = sf^{-1}\left(\frac{u_2}{k}\right) \tag{2-56}$$

式 (2-56) 表明，非线性补偿环节的特性应与非线性环节的输出特性的反函数成正比。

当传感器的非线性特性用解析表达式表示比较复杂或比较困难时，用图解法求取非线性补偿环节的输入输出特性比用上述解析法简单实用。应用图解法时，必须根据实验数据或方程，将仪表组成环节及整台仪表的输入输出特性用曲线形式给出。如图 2-15 所示，用图解法求取非线性补偿环节特性曲线的具体方法如下：

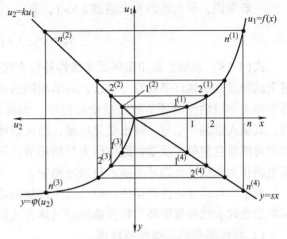

图 2-15 图解法求非线性补偿环节特性曲线

1）将传感器的非线性特性曲线 $u_1 = f(x)$ 画在直角坐标系的第 I 象限，被测量 $x$ 为横坐标，传感器输出电压 $u_1$ 为纵坐标。

2）将放大器的线性特性曲线 $u_2 = ku_1$ 画在第 II 象限，放大器的输入 $u_1$ 为纵坐标，放大器的输出 $u_2$ 为横坐标。

3）将整个测量系统的输入输出特性曲线 $y = sx$ 画在第 IV 象限，该象限的横坐标仍为被测量 $x$，纵坐标为整个仪表输出 $y$。

4）将 $x$ 轴分成 1，2，3，…，$n$ 段（段数 $n$ 由精度要求而定）。由点 1 引垂线，与曲线 $f(x)$ 交于点 $1^{(1)}$，与直线 $y = sx$ 交于点 $1^{(4)}$。通过 $1^{(1)}$ 引水平线交于直线 $u_2 = ku_1$ 的点 $1^{(2)}$。最后分别从点 $1^{(2)}$ 引垂线，从 $1^{(4)}$ 点引水平线，两条线在第 III 象限相交于点 $1^{(3)}$，则点 $1^{(3)}$ 就是所求非线性补偿环节特性曲线上的一点。同理，用上述步骤可求得非线性补偿环节特性曲线上的点 $2^{(3)}$，$3^{(3)}$，…，$n^{(3)}$。通过这些点画曲线，就得到了所要求的非线性补偿环节特性曲线 $y = \varphi(u_2)$。开环式非线性补偿法结构简单，便于调整。

（2）闭环式非线性补偿法

闭环式非线性补偿法是将非线性反馈环节放在反馈回路上形成闭环系统，从而达到线性化的目的。具有闭环式非线性补偿的结构原理如图 2-16 所示，假设第一个环节是非线性环节，其特征方程为 $u_1 = f(x)$，系统的其他环节均为线性特性，可以等效为一个特征方程为 $y = ku_D$ 的线性放大器。若要求整个系统的输出特征方程为线性，即 $y = sx$（$s$ 为系统的灵敏

度），则可由各环节的特性方程和总
特性方程，求出非线性反馈环节的特
性方程，即 $u_F = \varphi(y)$。

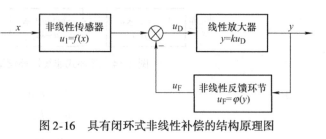

图 2-16　具有闭环式非线性补偿的结构原理图

由

$$
\begin{cases}
u_1 = f(x) \\
y = ku_D \\
y = sx \\
u_D = u_1 - u_F
\end{cases}
$$

消去中间变量 $x$、$u_1$ 和 $u_D$，得到闭环式非线性反馈环节输入输出的解析表达式为

$$u_F = f\left(\frac{y}{s}\right) - \frac{y}{k} \tag{2-57}$$

一般来说，放大器的放大倍数 $k \gg 1$，有

$$u_F = \varphi(y) = f\left(\frac{y}{s}\right) \tag{2-58}$$

式(2-58)表明，采用闭环式非线性补偿方法对非线性环节进行线性校正，位于反馈通道上的非线性反馈环节具有与非线性环节相同的特征函数。从理论上说，可以直接把非线性环节作为非线性反馈环节放在反馈回路中。但是，在实际系统中，如果非线性环节是传感器，其输入量是非电量，输出量是电量，而反馈环节要求输入量和输出量均为电量，因而不能把传感器直接放在反馈回路中作为补偿环节，所以通常用一个与传感器具有相同特性的模拟电路作为非线性反馈环节接入反馈回路中。

对于闭环式非线性补偿法，也可以用图解法求解其输入输出特性。如图 2-17 所示，用图解法求取非线性反馈环节特性曲线的具体方法如下：

1）将传感器的非线性特性曲线 $u_1 = f(x)$ 画在直角坐标系的第 I 象限，被测量 $x$ 为横坐标，传感器输出电压 $u_1$ 为纵坐标。

2）将整个测量系统的输入输出特性曲线 $y = sx$ 画在第 IV 象限，该象限的横坐标仍为被测量 $x$，纵坐标为数个仪表输出 $y$。

3）考虑到主放大器的放大倍数 $k$ 足够大，保证在正常工作时放大器输入信号 $u_D$ 非常小，并满足 $u_D \ll u_1$，因此 $u_1 \approx u_F$，从而可以把 $u_F = u_1$ 画在第 II 象限。纵坐标表示 $u_1$，横坐标表示 $u_F$。

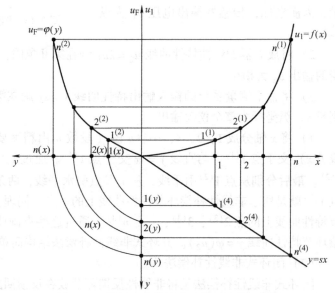

图 2-17　图解法求非线性反馈环节特性曲线

4）将 $x$ 轴分成 1，2，3，…，$n$ 段（段数 $n$ 由精度要求而定）。由点 1 引垂线，与曲线 $f(x)$ 交于点 $1^{(1)}$，与直线 $y = sx$ 交于点 $1^{(4)}$。通过 $1^{(4)}$ 点投影到纵坐标轴上，并将求出的点 $1(y)$ 引向横坐标轴 $y$ 轴（可

用圆规以坐标原点为圆心，通过 $1(y)$ 画一圆弧，交于横坐标 $y$ 轴 $1(x)$ 的点）。最后分别从点 $1(x)$ 引垂线，从点 $1^{(1)}$ 引水平线，两条线在第 Ⅱ 象限相交于点 $1^{(2)}$，则点 $1^{(2)}$ 就是所求非线性反馈环节特性曲线上的一点。同理，用上述步骤可求得非线性反馈环节特性曲线上的点 $2^{(2)}$，$3^{(2)}$，$\cdots$，$n^{(2)}$。通过这些点画曲线，就得到所要求的非线性反馈环节特性曲线 $u_F = \varphi(y)$。

闭环式非线性补偿法引入了负反馈，所以稳定性好，但调整困难，常用于要求更高的场合。

（3）差动补偿法

在实际测量系统中，由于环境因素的干扰，使得系统的总输出呈现非线性。采用差动补偿结构的目的就是消除或减弱环境干扰的影响，同时对有用信号，即被测信号的灵敏度有相应提高。差动补偿结构的原理图如图 2-18 所示。被测量为 $u_1$，干扰量（或称影响量）为 $u_2$，传感器（或称变换器）有 A、B 两个，其输出分别为 $y_1$ 和 $y_2$，总输出为 $y = y_1 - y_2$。

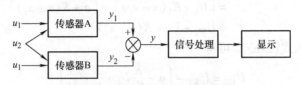

图 2-18 差动补偿结构原理图

传感器 A 和 B 采用对称结构，被测量 $u_1$ 反（负）对称地作用于传感器 A 和 B，干扰量 $u_2$ 对称地作用于变换器 A 和 B。设 A 和 B 均为线性变换器，则有静态关系式

$$y_1 = f(u_1, u_2) = K_A u_1 + K'_A u_2$$
$$y_2 = f'(u_1, u_2) = -K_B u_1 + K'_B u_2$$
$$y = y_1 - y_2 = (K_A + K_B)u_1 + (K'_A - K'_B)u_2$$

因为传感器 A 和 B 为对称结构，于是有 $K_A \approx K_B$，$K'_A \approx K'_B$。这时

$$y \approx 2K_A u_1 \tag{2-59}$$

由式(2-59) 可知，采用差动补偿结构，系统的灵敏度提高了一倍，同时克服了干扰量对测量值的影响，因此差动补偿结构是在工程测控中广泛采用的结构之一。例如，位移检测系统的差动电感式、差动变压式、差动电容式检测系统采用的都是差动补偿结构，而且所采用的两个传感器元件要求有尽可能一致的特性，以获得更好的补偿效果。

（4）分段校正法

分段校正法的实施就是将图 2-19 中的传感器输出特性 $U_实 = f(x)$，由逻辑控制电路分段逼近到期望的特性 $U_校 = K_2 x$ 上去。

步骤如下：

1）按精度要求将 $f(x)$ 划分为 $n$ 段。当 $n$ 足够大时，每一段均可看成是直线，并由 $U_实 = f(x)$ 上的 $1$，$2$，$3$，$\cdots$，$n$ 点得到相应的 $U_校 = K_2 x$ 上的 $1'$，$2'$，$3'$，$\cdots$，$n'$点。

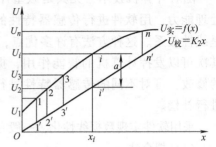

图 2-19 传感器输出特性

2）设计一种校正环节，电路根据 $f(x)$ 的大小，由逻辑电路判断属于哪一段上，再经过线性变换处理，使 $f(x)$ 上的 I 段落在 $U_{校}=K_2x$ 相应的 I 段上。

3）经 $n$ 段校正，就可以得到由 1′，2′，…，$n'$ 连接起来的校正曲线 $U_{校}=K_2x$。

由图 2-19 可得 $U_{实i}$ 段直线方程为

$$U_{实i}=U_i+K_i(x-x_i) \tag{2-60}$$

式中，$U_i$ 为该段的初始值；$K_i$ 为 $i$ 段直线的斜率。

相应的第 $i$ 段的直线方程为

$$U_{校i}=(U_i-a)+K_2(x-x_i) \tag{2-61}$$

式中，$a$ 为 $i$ 与 $i'$ 段的初始之差。

令第 $i$ 段与 $i'$ 段的斜率之差为 $K$，即

$$K=K_1-K_2 \tag{2-62}$$

由式(2-61) 和式(2-62) 有

$$
\begin{aligned}
U_{校i} &=(U_i-a)+(K_1-K)(x-x_i) \\
&=[U_i+K_1(x-x_i)]-[a+K(x-x_i)] \\
&=U_{实i}-[a+K(x-x_i)] \tag{2-63}
\end{aligned}
$$

将式(2-60) 代入式(2-63) 可得

$$U_{校i}=U_{实i}-\left(a-\frac{K}{K_1}U_i+\frac{K}{K_1}U_{实i}\right) \tag{2-64}$$

式(2-64) 右边第二项即为线性变换的校正部分，可以通过以集成运算放大器为核心的比例电路来实现，图 2-20 为式(2-64) 的运算电路。

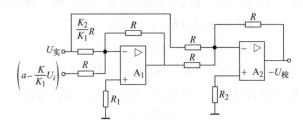

图 2-20　模拟运算电路

### 2. 数字非线性补偿法

随着计算机技术，尤其是微型计算机的迅速发展，可以充分利用计算机强大的数据处理能力，用软件进行传感器特性的非线性补偿，使输出的数字量与被测物理量之间呈线性关系。这种方法有许多优点，首先它省去了复杂的硬件补偿电路，简化了装置；其次可以发挥计算机的智能作用，提高了检测的准确性和精度；最后对软件进行适当的修改，可对不同的传感器特性进行补偿，也可利用一台微机对多个通道、多个参数进行补偿。

采用软件实现数据线性化，一般有拟合法、查表法等，下面分别予以介绍。

（1）拟合法

在工程实践中，被测量和输出量常常是一组测定的数据。这时可应用数学上数据拟合的方法，求得被测量和输出量的近似表达式，随后利用计算法进行线性化处理。

1）最小二乘曲线拟合。最小二乘曲线拟合是利用已知的 $n$ 个数据点 $(x_i,\ y_i)$，$i=0$，$1$，$\cdots$，$n-1$，求 $m-1$ 次最小二乘拟合多项式

$$P_{m-1}=a_0+a_1x+a_2x^2+\cdots+a_{m-1}x^{m-1} \tag{2-65}$$

式中，$m\leqslant n$。

选取适当的系数 $a_0$，$a_1$，$\cdots$，$a_{m-1}(m\leqslant n)$ 后，使得

$$\max_{0\leqslant i\leqslant m-1}\left|S=\sum_{i=1}^{m-1}\frac{1}{m-1}\left[P(x)-y_i\right]^2\right|=\min \tag{2-66}$$

即保证拟合的整体误差最小。

设拟合多项式为各正交多项式 $Q_j(x)$ $(j=0,\ 1,\ \cdots,\ m-1)$ 的线性组合

$$P_{m-1}=c_0Q_0(x)+c_1Q_1(x)+\cdots+c_{m-1}Q_{m-1}(x) \tag{2-67}$$

其中，$Q_j(x)$ 可以由以下公式来构造

$$Q_0(x)=1$$
$$Q_1(x)=x-a_1 \qquad\qquad j=1,2,\cdots,m-2$$
$$Q_{j+1}(x)=(x-a_{j+1})Q_j(x)-b_jQ_{j-1}(x)$$

若设

$$d_j=\sum_{i=0}^{n-1}Q_j^2(x_i)\quad j=0,1,\cdots,m-1 \tag{2-68}$$

则

$$\begin{cases}a_{j+1}=\dfrac{1}{d_j}\sum_{i=0}^{n-1}x_iQ_j^2(x_i) \\[2mm] b_j=d_j/d_{j-1}\end{cases}\quad j=0,1,\cdots,m-2 \tag{2-69}$$

可以证明，由上述递推构造的多项式函数组 $\{Q_j(x)\}$ $(j=0,1,\cdots,m-1)$ 是互相正交的。根据最小二乘法原理，可得

$$c_j=\frac{1}{d_j}\sum_{i=0}^{n-1}y_iQ_j(x_i)\quad j=0,1,\cdots,m-1 \tag{2-70}$$

最后，式(2-67) 可以化成一般如式(2-65) 所示的 $m-1$ 次多项式。

拟合多项式的次数越高，其拟合精度未必越高，可以选用拟合次数为 3 次（$m$ 的最大值为20）。

其计算步骤如下：

① 由 $Q_0(x)=1$，可得

$$b_0=1,\quad d_0=n,\quad c_0=\frac{1}{d_0}\sum_{i=0}^{n-1}y_i,\quad a_1=\frac{1}{d_0}\sum_{i=0}^{n-1}x_i,\quad a_0=c_0b_0$$

② 由 $Q_1(x)=x-a_1$，可得

$$t_0=-a_1,t_1=1$$
$$d_1=\sum_{i=0}^{n-1}Q_1^2(x_i),c_1=\frac{1}{d_1}\sum_{i=0}^{n-1}y_iQ_1^2(x_i)$$

$$a_2 = \frac{1}{d} \sum_{i=0}^{n-1} x_i Q_1^2(x_i), b_1 = d_1/d_0$$

$$a_0 = a_0 + c_1 t_0, a_1 = c_1 t_1$$

③ 对于 $j = 2$, 3, $\cdots$, $m-1$, 按下式计算

$$
\begin{aligned}
Q_j(x) &= (x - a_j) Q_{j-1}(x) - b_{j-1} Q_{j-2}(x) \\
&= (x - a_j)(t_{j-1} x^{j-1} + \cdots + t_1 x + t_0) - b_{j-1}(t_{j-2} x^{j-2} + \cdots + t_1 x + t_0) \\
&\overset{\text{def}}{=} s_j x^j + s_{j-1} x^{j-1} + \cdots + s_1 x + s_0
\end{aligned}
$$

其中, $s_j$ 由以下递推公式计算

$$
\begin{cases}
s_j = t_{j-1} \\
s_{j-1} = -a_j t_{j-1} + t_{j-2} \\
s_k = -a_j t_k + t_{k-1} - b_{j-1} t_k \quad k = j-2, \cdots, 1 \\
s_0 = -a_j t_0 - b_{j-1} t_0
\end{cases}
$$

再计算

$$d_j = \sum_{i=0}^{n-1} Q_j^2(x_i)$$

$$a_j = \frac{1}{d_j} \sum_{i=0}^{n-1} y_i Q_j^2(x_i)$$

$$a_{j+1} = \frac{1}{d_j} \sum_{i=0}^{n-1} x_i Q_j^2(x_i)$$

$$b_j = d_j / d_{j-1}$$

由此可以计算相应的 $a_j$ 为

$$
\begin{cases}
a_j = c_j s_j \\
a_k = a_k + c_j s_k \quad k = j-1, \cdots, 1, 0
\end{cases}
$$

且

$$
\begin{cases}
t_j = s_j \\
b_k = t_k, t_k = s_k \quad k = j-1, \cdots, 1, 0
\end{cases}
$$

在实际计算过程中, 为了防止运算溢出, $x_i$ 用

$$x_i^* = x_i - \bar{x} \quad i = 0, 1, \cdots, n-1$$

代替, 其中

$$\bar{x} = \sum_{i=0}^{n-1} x_i / n$$

此时, 拟合多项式的形式为

$$P_{m-1} = a_0 + a_1(x - \bar{x}) + a_2(x - \bar{x})^2 + \cdots + a_{m-1}(x - \bar{x})^{m-1}$$

2) 切比雪夫曲线拟合。切比雪夫曲线拟合是用设定的 $n$ 个数据点 $(x_i, y_i)$, $i = 0$, 1, $\cdots$, $n-1$, 其中 $x_0 < x_1 < \cdots < x_{n-1}$, 求 $m-1$ 次 ($m < n$) 多项式

$$P_{m-1} = a_0 + a_1 x + a_2 x^2 + \cdots + a_{m-1} x^{m-1} \tag{2-71}$$

使得在 $n$ 个给定点上的偏差最大值为最小，即

$$\max_{0 \leqslant i \leqslant n-1} |P_{m-1}(x_i) - y_i| = \min \tag{2-72}$$

其计算步骤如下：

从给定的 $n$ 个点中选取 $m+1$ 个不同点 $u_0$，$u_1$，$\cdots$，$u_m$ 组成初始参考点集。

设定在初始点集 $u_0$，$u_1$，$\cdots$，$u_m$ 上，参考多项式 $\varphi(u_i)$ 的各阶差商是 $h$，即参考多项式 $\varphi(u_i)$ 在初始点集上的取值为

$$\varphi(u_i) = f(u_i) + (-1)^i h \quad i = 0, 1, \cdots, m$$

且 $\varphi(u_i)$ 的各阶差商是 $h$ 的线性函数。

由于 $\varphi(u_i)$ 为 $m-1$ 次多项式，其 $m$ 阶差商等于零，由此可以求出 $h$。再根据 $\varphi(u_i)$ 的各阶差商，由牛顿插值公式可求出

$$\varphi(x) = a_0 + a_1 x + a_2 x^2 + \cdots + a_{m-1} x^{m-1}$$

令 $hh = \max\limits_{0 \leqslant i \leqslant n-1} |\varphi(x_i) - y_i|$，若 $hh = h$，则 $\varphi(u_i)$ 即为所求的拟合多项式。若 $hh > h$，则用达到偏差最大值的点 $x_j$ 代替点集 $\{u_i\}(i = 0, 1, \cdots, m)$ 中离 $x_j$ 最近且具有与 $\varphi(x_i) - y_i$ 的符号相同的点，从而构造一个新的参考点集。用这个新的参考点集重复以上过程，直到最大逼近误差等于参考偏差为止。

（2）查表法

如果某些参数计算非常复杂，特别是计算公式涉及指数、对数、三角函数和微分、积分等运算时，编制程序相当烦琐，用计算法计算不仅程序冗长，而且费时，此时可以采用查表法。此外，当被测量与输出量没有确定的关系，或不能用某种函数表达式进行拟合时，也可采用查表法。

所谓查表法，就是事先把检测值和被测值按已知的公式计算出来，或者用测量法事先测量出结果，然后按一定方法把数据排成表格，存入内存单元，微处理器就根据检测值大小查出被测结果。查表法是一种常用的非数值运算方法，可以完成数据补偿、计算、转换等功能，它具有执行简单、执行速度快等优点。

这种方法就是把测量范围内的参量变化分成若干等分点，然后按由小到大顺序计算或测量出这些等分点相对应的输出数值，这些等分点和其对应的输出数据就组成一张表格，然后把这张数据表格存放在计算机的存储器中。软件处理方法是在程序中编制一段查表程序，当被测参量经采样等转换后，通过查表程序，直接从表中查出其对应的输出量数值。

查表法是一种常用的基本方法，大都用于测量范围比较窄、对应的输出量间距比较小的列表数据，如室温用数字式温度计等。同时，此方法也常用于测量范围较大但对精度要求不高的情况。

查表法所获得数据的线性度除与 A/D 转换器的位数有很大关系之外，还与表格数据多少有关。位数多和数据多则线性度好，但转换位数多则价格高；数据多则要占据相当大的存储容量。因此，工程上常采用插值法代替单纯查表法，以减少标定点，对标定点之间的数据采用各种插值计算，以减少误差，提高精度。关于插值法，这里不再赘述。

用软件方法进行线性化处理，不论采用哪种方法，都要消耗一定的程序运行时间，因

此，这种方法并不是在任何情况下都是优越的。特别是在实时控制系统中，如果系统处理的问题很多，控制的实时性很强，采用硬件处理比较合适。但一般来说，如果时间足够，应尽量采用软件方法，从而大大简化硬件电路。总之，对于传感器的非线性补偿方法，应根据系统的具体情况来决定，有时也可采用硬件和软件兼用的方法。

## 2.5 习题

2-1 以下不是系统误差产生的主要原因的是（　　）。

    A. 仪器不良                          B. 测量人员操作不当

    C. 测量原理方法不当               D. 测试环境的变化

2-2 以下哪一种情况可能产生系统误差？（　　）

    A. 测量人员的粗心大意            B. 检测装置的指示刻度不准

    C. 电路器件的热噪声影响            D. 传感器的不稳定

2-3 关于绝对误差特征不正确的描述是（　　）。

    A. 是测量示值与被测量真值之间的差值     B. 量纲与被测量有关

    C. 能反映误差的大小和方向            D. 能反映测量工作的精细程度

2-4 某温度仪的相对误差是 1%，测量 800℃ 炉温时，绝对误差是（　　）。

    A. 0.08℃          B. 8%               C. 0.8℃             D. 8℃

2-5 下列温度传感器中，灵敏度最高的是（　　）。

    A. 铂热电阻         B. 铜热电阻         C. 半导体热敏电阻       D. 热电偶

2-6 下列哪一种传感器适合微小位移测量？（　　）

    A. 变面积式电容传感器            B. 变极距式电容传感器

    C. 变介质式电容传感器            D. 螺管式自感传感器

2-7 下列温度测量中哪一种精度高？（　　）

    A. 用水银温度计测量温度          B. 用热电偶测量温度

    C. 用热敏电阻测量温度          D. 用铂热电阻测量温度

2-8 用以下哪一种检测方法的非线性误差较大？（　　）

    A. 采用差动电桥             B. 采用电流源供电

    C. 采用有源电路             D. 采用相对臂电桥

2-9 以下哪种方法不适合消除或减小系统误差？（　　）

    A. 代替方法               B. 交换方法

    C. 采用温度补偿方法            D. 采用频率电压转换电路

2-10 描述检测系统的动态特性指标是（　　）。

    A. 使用寿命      B. 反应时间      C. 零点漂移      D. 分辨率

2-11 绝对误差和相对误差相比，各有什么不同特点？

2-12 检验一台量程为 $0 \sim 250 mmH_2O$ 的差压变送器，当差压由 0 上升至 $100 mmH_2O$ 时，差压变送器读数为 $98 mmH_2O$；当差压由 $250 mmH_2O$ 下降至 $100 mmH_2O$ 时，差压变送器读数为 $103 mmH_2O$，问此仪表在该点的迟滞（变差）是多少？

2-13 一台准确度等级为 0.5 级、量程为 $600 \sim 1200℃$ 的温度传感器，求：

1）最大绝对误差。

2）检测时某点最大绝对误差是4℃，问此仪表是否合格？

2-14 欲测240V左右的电压，要求测量值相对误差的绝对值不大于0.6%。问：选用量程为250V的电压表，其准确度应选择哪一级？若选用量程为500V的电压表，其准确度应选择哪一级？

2-15 某玻璃水银温度计微分方程式为 $4\dfrac{dQ_0}{dt}+2Q_0=2\times10^{-3}Q_i$，其中，$Q_0$ 为水银柱高度（m）；$Q_i$ 为被测温度（℃）。试确定该温度计的时间常数和静态灵敏度系数。

# 第3章 传感器及其基本特性

对自然现象的定量认识，先要通过传感器获取信息，然后通过处理获取的信息，弄清自然现象的本质。以电量为输出的传感器虽然历史不长，但其发展迅速，目前只要谈到传感器，指的几乎都是有电输出的传感器。由于集成电路技术和半导体应用技术的发展，传感器性能已大大提高。

## 3.1 传感器的定义、组成与分类

### 3.1.1 传感器的定义

关于传感器，至今尚无一个比较全面的定义。不过对以下提法，学者们不持异议，传感器（transducer 或 sensor）有时亦被称为换能器、变换器、变送器或探测器。其主要特征是能感知和检测某一形态的信息，并将其转换成另一形态的信息。因此，传感器是指那些对被测对象的某一确定的信息具有感受（或响应）与检出功能，并使之按照一定规律转换成与之对应的有用输出信号的元器件或装置。

根据我国国家标准 GB/T 7665—2005，传感器是指能对物质或反应变量做出感应的一种外部感知识别元器件，定义为能够感受规定的被测量，并按照一定规律转换成可用输出信号的器件和装置，通常由敏感元件和转换元件组成。其中，敏感元件是指传感器中能直接感受和响应被测量的部分，转换元件是指传感器中能将敏感元件的感受或响应的被测量转换成适于传输和测量的电信号部分。

当然这里的信息应包括电量或非电量。在不少场合，人们将传感器定义为敏感于待测非电量并可将它转换成与之对应的电信号的元件、器件或装置的总称。当然，将非电量转换为电信号并不是唯一的形式。例如，可将一种形式的非电量转换成另一种形式的非电量（如将力转换成位移等）；另外，从发展的眼光来看，将非电量转换成光信号或许更为有利。

传感器是能以一定精确度把某种被测量（主要为各种非电的物理量、化学量、生物量等）按一定规律转换为便于人们应用、处理的另一参量（通常为电参量）的器件或测量装置。这一定义表明：

1）传感器是一种实物测量装置，可用于对指定被测量进行检测。

2）它能感受某种被测量（即传感器的输入量），如某种非电的物理量、化学量、生物量的大小，并把被测量按一定规律转换成便于人们应用、处理的另一参量（即传感器的输出量），该参量通常为电参量。

3）在其规定的精确度范围内，传感器的输出量与输入量具有对应关系。

### 3.1.2 传感器的组成

传感器一般是利用物理、化学和生物等学科的某些效应或机理按照一定的工艺和结构研

制出来的。因此，传感器的组成细节有较大差异，但总的来说，传感器应由敏感元件、转换
元件和其他辅助部件组成，如图3-1所示。敏感元件是传感器的核心元件，指传感器中能直接感受与检出被测对象的待测信息（非电量）

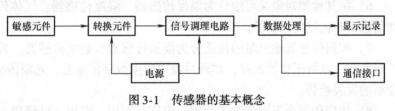

图 3-1 传感器的基本概念

并做出响应的部分。转换元件是指传感器中能将敏感元件所感受（或响应）的信息直接转换成适合传输和测量的电信号部分，一般传感器的转换元件需要辅助电源。例如，应变式压力传感器是由弹性膜片和电阻应变片组成。其中弹性膜片就是敏感元件，它能将压力转换成弹性膜片的应变（形变）；弹性膜片的应变施加在电阻应变片上，它能将应变量转换成电阻的变化量，电阻应变片就是转换元件。

需要指出的是，不是所有传感器都能明显地区分敏感元件和转换元件两个部分，多数是将两者合为一体。例如，半导体气体、湿度传感器等一般是将感受的被测量直接转换为电信号，没有中间转换环节。而有些传感器由敏感元件和转换元件组成，没有转换电路，如压电式加速度传感器，其中，质量块是敏感元件，压电片是转换元件。传感器的输出信号有很多种形式，如电压、电流、脉冲、频率等，输出信号的形式由传感器的原理决定。

信号调节电路是能把转换元件输出的电信号转换为便于显示、记录、处理和控制的有用电信号的电路。辅助电路通常包括电源，即交、直流供电系统。

## 3.1.3 传感器的分类

传感器的品种极多，原理各异，分类方法也不同，在国内外尚无一个统一的分类方法，归纳起来大致有如下几种分类。

1）按照传感器的结构分为三种类型，如图3-2所示。

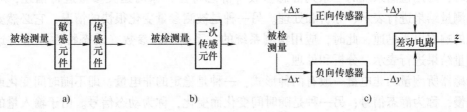

图 3-2 传感器的结构类型

图3-2a和图3-2b具有结构简单的优点；图3-2c结构具有灵敏度高、抗干扰能力强、线性度好等优点。

2）按传感类型可分为接触式传感器与非接触式传感器。

3）按传感器选用的换能器工作原理可分为压电、压阻式传感器；感抗、容抗式传感器；光学传感器；应变式传感器；质量型传感器；热学传感器以及霍尔式传感器等。

4）按被检测物敏感性质可分为物理量敏感传感器、化学量敏感传感器和生物量敏感传感器。

5）按敏感材料不同分为半导体传感器、陶瓷传感器、石英传感器、光导纤维传感器、

金属传感器、有机材料传感器、高分子材料传感器等，按这种分类法还可分出很多种类。

6）按其检测对象又可细分为温度传感器、湿度传感器、气体传感器、光照传感器、生物传感器和机械传感器等。

7）按照传感器输出量的性质分为模拟传感器和数字传感器。其中数字传感器便于与计算机联用，且抗干扰性较强，如脉冲盘式角度数字传感器、光栅传感器等。传感器数字化是今后的发展趋势。

8）按应用场合不同分为工业用、农用、军用、医用、科研用、环保用和家电用传感器等。若按具体使用场合划分，还可分为汽车用、船舰用、飞机用、宇宙飞船用、防灾用传感器等。此外，根据使用目的的不同，又可分为计测用、监视用、检查用、诊断用、控制用和分析用传感器等。

9）按照工作原理分类，可分为电阻式、电容式、电感式、光电式、光栅式、热电式、压电式、红外、光纤、超声波、激光传感器等。这种分类有利于对传感器工作原理的阐述。

10）按被测量分类，可分为力学量、光学量、磁学量、几何学量、运动学量、流速与流量、液面、热学量、化学量、生物量传感器等。这种分类有利于人们选择传感器和应用传感器。

通常，采用按传感器输入参量分类有利于人们按照目标对象的检测要求选用传感器，而采用按传感器转换机理分类则有利于对传感器开展研究和试验。

## 3.2  传感器的静态特性

### 3.2.1  概述

传感器和检测系统的基本特性一般分为两类：静态特性和动态特性。这是因为被测参量的变化大致可分为两种情况，一种是被测参量基本不变或变化很缓慢的情况，即所谓准静态量。此时，可用检测系统的一系列静态参数（静态特性）来对这类参量进行描述，对准静态量的测量结果进行表示、分析和处理。另一种是被测参量变化很快的情况，它必然要求检测系统的响应更为迅速，此时，应用检测系统的一系列动态参数（动态特性）来对这类动态量测量结果进行表示、分析和处理。

传感器所测量的非电量一般有两种形式：一种是稳定的非电量，即不随时间变化或变化极其缓慢，称为静态信号；另一种是随时间变化而变化，称为动态信号。由于输入量的状态不同，传感器所呈现出的输入-输出特性也不同，因此存在所谓的静态特性和动态特性。为了降低或消除传感器在测量控制系统中的误差，传感器必须具有良好的静态和动态特性，才能使信号（或能量）按规律准确地转换。

一般情况下，传感器的静态特性与动态特性是相互关联的，传感器和检测系统的静态特性也会影响到动态条件下的测量。但为叙述方便和使问题简化，便于分析讨论，通常把静态特性与动态特性分开讨论，把造成动态误差的非线性因素作为静态特性处理，而在列运动方程时，忽略非线性因素，简化为线性微分方程。这样可使许多非常复杂的非线性工程测量问题大大简化，虽然会因此而增加一定的误差，但是绝大多数情况下此项误差与测量结果中含有的其他误差相比都是可以忽略的。

## 3.2.2 静态特性的主要参数

传感器的静态特性是指传感器对静态输入信号的输入-输出关系。当传感器的输入量是常量或是不随时间变化的稳定状态的信号或变化极缓慢的信号时，输入与输出间的关系称为传感器的静态特性。表征传感器静态特性的主要参数有线性度、灵敏度、分辨力和迟滞性等。

传感器的静态特性主要由下列几种性能来描述。

### 1. 线性度

实际情况下传感器的静态输出并非直线而是曲线。在实际工作中，为使仪表具有均匀刻度的读数，常用一条拟合直线近似地代表实际的输出特性曲线，线性度就是这个近似程度的一个性能指标。所以线性度被定义为传感器的输出量与输入量之间的关系曲线偏离理想直线的程度，又称为非线性误差。如不考虑迟滞等因素，一般传感器的输入—输出特征关系可用 $n$ 次多项式表示为

$$y = a_0 + a_1 x + a_2 x^2 + \cdots + a_n x^n \tag{3-1}$$

式中，$x$ 为传感器输入量；$y$ 为传感器输出量；$a_0$ 为零输入时的输出，也称为零位输入；$a_1$ 为传感器线性系数，也称为线性灵敏度；$a_2$，$\cdots$，$a_n$ 为非线性系数。

在不考虑零位输出的情况下，传感器的线性度可分为以下几种情况。

（1）理想线性特性

当式（3-1）中 $a_1$ 为常数，而 $a_0 = a_1 = a_2 = a_3 = \cdots = a_n = 0$ 时，有

$$y = a_1 x \tag{3-2}$$

式（3-2）称为理想线性特性，如图 3-3b 所示。这时传感器的线性度最好。具有该特性的传感器的灵敏度为式（3-2）的斜率，即 $k_y = a_1$。

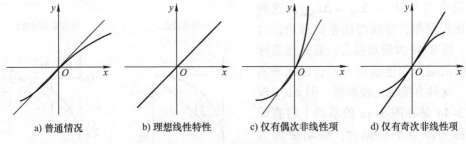

a）普通情况    b）理想线性特性    c）仅有偶次非线性项    d）仅有奇次非线性项

图 3-3　传感器的线性度表示

（2）仅有偶次非线性项

仅有偶次非线性项时，传感器的输入—输出特性为

$$y = a_0 + a_2 x^2 + a_4 x^4 + \cdots + a_{2n} x^{2n} \tag{3-3}$$

由于没有对称性，此特性线性范围较窄，线性度较差，如图 3-3c 所示，一般传感器很少采用这种特性。

（3）仅有奇次非线性项

仅有奇次非线性项时，传感器的输入—输出特性为

$$y = a_1 + a_3 x^3 + a_5 x^5 + \cdots + a_{2n+1} x^{2n+1} \tag{3-4}$$

此传感器特性相对于坐标原点对称，其线性范围较宽，线性度较好，如图 3-3d 所示，是比较接近理想直线的非线性特性。

（4）普遍情况

一般情况下，传感器的输入—输出特性为

$$y = a_0 + a_1 x + a_2 x^2 + \cdots + a_n x^n \tag{3-5}$$

普遍情况下，传感器的线性度表示如图 3-3a 所示。

在实际使用非线性传感器时，如果非线性项的次数不高，则在输入量变化范围不大的情况下，可采用直线近似地代替实际输入—输出特性曲线的某一段，使传感器的非线性特性得到线性化处理，这里所采用的直线称为拟合直线。实际输入—输出特性曲线与拟合直线的最大相对误差，就是非线性误差。

所谓传感器的线性度就是其输出量与输入量之间的实际关系曲线偏离直线的程度，又称为非线性误差。非线性误差可表示为

$$E = \pm \frac{\Delta_{\max}}{Y_{FS}} \times 100\% \tag{3-6}$$

式中，$\Delta_{\max}$ 为输出量和输入量实际曲线与拟合直线之间的最大偏差；$Y_{FS}$ 为输出满量程值。

常用的拟合方法有理论拟合、过零旋转拟合、端点拟合、端点平移拟合以及最小二乘拟合等。

在如图 3-4a 所示曲线中，拟合直线表示传感器的理论特性，与实际测量值无关，这种方法称为理论拟合，应用十分简便，但一般来说，$\Delta L_{\max}$ 很大。图 3-4b 为过零旋转拟合，常用于校正特性曲线过零的传感器。拟合时，$\Delta L_2 = \Delta L_1 = \Delta L_{\max}$。这种方法也比较简单，非线性误差比理论拟合小很多。图 3-4c 为端点拟合，它是把实际特性曲线两端点的连线作为拟合曲线来实现拟合。这种方法也比较简便，但 $\Delta L_{\max}$ 较大。图 3-4d 是在图 3-4c 的基础上将直线平移，称为端点平移拟合。移动距离为图 3-4c 所示的 $\Delta L_{\max}$ 的 1/2。这条特性曲线分布于拟合直线的两侧，使 $\Delta L_1 = \Delta L_2 = \Delta L_3 = \Delta L_{\max}/2$，与图 3-4c 相比，非线性误差减小了 1/2，提高了精度。

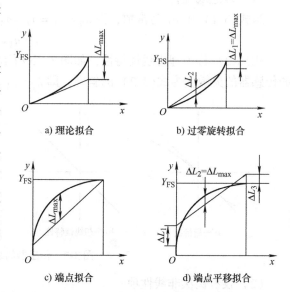

图 3-4 非线性传感器的线性拟合

最小二乘拟合是选取在量程范围内与特性曲线上各点的偏差二次方和最小的直线作为拟合直线的方法，这种拟合方法有严格的数学依据，尽管计算过程复杂，但得到的拟合直线精度高、误差小。

最小二乘法的拟合曲线可表示为

$$y = b + kx \tag{3-7}$$

式中, $b$ 和 $k$ 分别为拟合直线的截距和斜率。$b$ 和 $k$ 可根据下述计算求得。

若实际校准测试点有 $n$ 个, 则第 $i$ 个校准数据与拟合直线上相应值之间的偏差为

$$\Delta L_i = y_i - (b + kx_i) \tag{3-8}$$

最小二乘法的原理就是使偏差二次方和最小, 即

$$\sum_{i=1}^{n} \Delta L_i^2 = \sum_{i=1}^{n} \left[ y_i - (kx_i + b) \right]^2 = \min \tag{3-9}$$

对式(3-9) 求 $k$ 和 $b$ 的一阶偏导数并令其等于零, 即求得 $k$ 和 $b$ 为

$$\frac{\partial}{\partial k} \sum_{i=1}^{n} \Delta L_i^2 = 2 \sum_{i=1}^{n} \left[ y_i - (kx_i + b) \right] (-x_i) = 0 \tag{3-10}$$

$$\frac{\partial}{\partial k} \sum_{i=1}^{n} \Delta L_i^2 = 2 \sum_{i=1}^{n} \left[ y_i - (kx_i + b) \right] (-1) = 0 \tag{3-11}$$

$$k = \frac{n \sum_{i=1}^{n} x_i y_i - \sum_{i=1}^{n} x_i \sum_{i=1}^{n} y_i}{n \sum_{i=1}^{n} x_i^2 - \left( \sum_{i=1}^{n} x_i \right)^2} \tag{3-12}$$

$$b = \frac{\sum_{i=1}^{n} x_i^2 \sum_{i=1}^{n} y_i - \sum_{i=1}^{n} x_i \sum_{i=1}^{n} x_i y_i}{n \sum_{i=1}^{n} x_i^2 - \left( \sum_{i=1}^{n} x_i \right)^2} \tag{3-13}$$

在获得 $k$ 和 $b$ 的值后, 代入式(3-7) 即可得到最小二乘拟合直线, 然后按照式(3-8) 求出偏差的最大值 $\Delta L_{\max}$, 即可得出非线性误差。

**2. 灵敏度**

灵敏度 (sensitivity) 是指传感器在稳态工作情况下输出量变化与输入量变化的比值, 是输出—输入特性曲线的斜率。灵敏度的表达式为

$$K = \frac{\Delta y}{\Delta x} \tag{3-14}$$

对于线性传感器, 其灵敏度为常数, 也就是传感器特性曲线的斜率。对于非线性传感器, 灵敏度是变量, 其表达式为 $K = \dfrac{\mathrm{d}y}{\mathrm{d}x}$。

一般要求传感器的灵敏度高且在满量程内是常数。提高灵敏度, 可以提高测量精确度 (简称精度) (accuracy)。精度是指测量结果的可靠程度, 是测量中各类误差的综合反映, 测量误差越小, 传感器的精度越高。传感器的精度用其量程范围内的最大基本误差与满量程输出之比的百分数表示, 其基本误差是传感器在规定的正常工作条件下所具有的测量误差, 由系统误差和随机误差两部分组成, 如用 $S$ 表示传感器的精度, 则有

$$S = \frac{\Delta S}{Y_{\mathrm{FS}}} \times 100\% \tag{3-15}$$

式中, $\Delta S$ 为测量范围内允许的最大基本误差; $Y_{\mathrm{FS}}$ 为满量程输出。

工程技术中为简化传感器精度的表示方法, 引用了准确度等级的概念。准确度等级以一系列标准百分比数值分档表示, 代表传感器测量的最大允许误差。如果传感器的工

作条件偏离正常工作条件，还会带来各种附加误差，其中温度附加误差就是最主要的附加误差。

虽然灵敏度的提高有利于提高测量精度，但是灵敏度也不能过高，否则测量范围会变窄，稳定性也会变差。

对于线性传感器，其灵敏度就是它的静态特性的斜率，如图 3-5a 所示，即 $S_n = \dfrac{y - y_0}{x}$。

非线性传感器的灵敏度是一个变量，如图 3-5b 所示，即用 $\dfrac{\mathrm{d}y}{\mathrm{d}x}$ 表示传感器在某一工作点的灵敏度。

### 3. 重复性

重复性（repeatability）表示同一工作条件下，传感器在输入量按同一方向做全量程连续多次变动时，所得特性曲线不一致的程度。多次按相同输入条件测试的输出特性曲线越重合，其重复性越好，随机误差也越小。

图 3-6 为输出特性曲线的重复性，正行程中最大重复性误差为 $\Delta m_1$，反行程中最大重复性误差为 $\Delta m_2$。取两个最大偏差中较大者为 $\Delta_{\max}$，再以其占满量程输出的百分数表示，就是重复误差，即

$$E_x = \pm \frac{\Delta_{\max}}{Y_{\mathrm{FS}}} \times 100\% \tag{3-16}$$

式中，$\Delta_{\max}$ 为输出最大不重复误差；$Y_{\mathrm{FS}}$ 为满量程输出值。

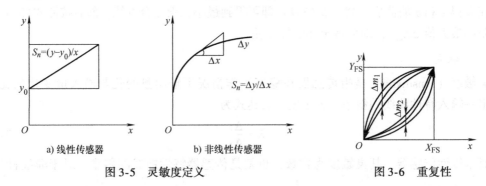

a) 线性传感器  b) 非线性传感器

图 3-5  灵敏度定义

图 3-6  重复性

重复性是传感器精密性的重要指标。同时，重复性的好坏也与许多随机因素有关，它属于随机误差，要用统计规律确定。

传感器输出特性的重复性主要由传感器机械部分的磨损、间隙、松动、部件的内摩擦、积尘以及辅助电路老化和漂移等原因产生。

### 4. 迟滞

传感器的迟滞（hysteresis）表明在相同工作条件下做全测量范围校准时在同一次校准中对应同一输入量的正行程和反行程输出值间的最大误差，如图 3-7 所示。

迟滞大小一般由实验方法测得。迟滞误差以正、反向输出量的最大偏差与满量程输出之比的百分数表示，即

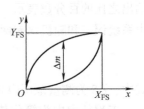

图 3-7  迟滞现象

$$\delta_{\mathrm{H}} = \pm \frac{\Delta H_{\max}}{Y_{\mathrm{FS}}} \times 100\% \tag{3-17}$$

式中，$\Delta H_{\max}$ 为正、反行程间输出的最大误差；$Y_{\mathrm{FS}}$ 为满量程输出。

迟滞现象的存在是由于传感器在结构和制造工艺上存在一定的缺陷。传感器材料的物理性质是产生迟滞的主要因素。例如，将一定的应力施于弹性材料时，弹性材料会产生形变，应力消失后，弹性材料仍有保持原状态的趋势而不能完全恢复原态。又如铁电材料在外加电场作用下会产生迟滞现象。此外，传感器结构存在不可避免的缺陷，如摩擦、磨损、间隙、松动、积尘等，均是产生迟滞现象的重要因素。

迟滞特性表明传感器在正（输出量增大）行程和反（输出量减小）行程期间输出—输入曲线不重合的程度。如图 3-7 所示，对于同一大小的输入信号 $x$，在 $x$ 连续增大的行程中，对应某一输出量为 $y_i$，在 $x$ 连续减小过程中，对应于输出量 $y_{\mathrm{d}}$ 为之间的差值叫作滞环误差，可用下式表示

$$E = |y_i - y_{\mathrm{d}}| \tag{3-18}$$

这就是迟滞现象。在整个测量范围内产生的最大滞环误差用 $\Delta m$ 表示，它与满量程输出值的比值称为最大滞环率 $E_{\max}$，可用下式表示

$$E_{\max} = \frac{\Delta m}{Y_{\mathrm{FS}}} \times 100\% \tag{3-19}$$

产生迟滞现象的主要原因类似于重复误差的原因。

**5. 精确度（精度）**

说明精确度的指标有三个：精密度、正确度和精确度。

（1）精密度 $\delta$

它说明测量结果的分散性。即对某一稳定的对象（被测量）由同一测量者用同一传感器和测量仪表在相当短的时间内连续重复测量多次（等精度测量），其测量结果的分散程度。$\delta$ 越小则说明测量越精密（对应随机误差）。

（2）正确度 $\varepsilon$

它说明测量结果偏离真值大小的程度，即示值有规则偏离真值的程度，指所测值与真值的符合程度（对应系统误差）。

（3）精确度 $\tau$

它含有精密度与正确度两者之和的意思，即测量的综合优良程度。在最简单的场合下可取两者的代数和，即 $\tau = \delta + \varepsilon$。通常精确度是以测量误差的相对值来表示。

在工程应用中，为了简单表示测量结果的可靠程度，引入一个准确度等级概念，用 $S$ 来表示。传感器与测量仪表准确度等级 $S$ 以一系列标准百分数值（0.001，0.005，0.02，0.05，…，1.5，2.5，4.0，…）进行分档。这个数值是传感器和测量仪表在规定条件下，其允许的最大绝对误差值相对于其测量范围的百分数。它可以用下式表示

$$S = \left| \frac{\Delta m}{A_{\mathrm{m}}} \right| \times 100\% \tag{3-20}$$

式中，$\Delta m$ 为测量范围内允许的最大绝对误差；$A_{\mathrm{m}}$ 为仪器满度值。

传感器设计和出厂检验时，其准确度等级代表的误差指传感器测量的最大允许误差。

### 6. 分辨力和阈值

传感器能够检测到的输入量最小变化量的能力称为传感器的分辨力（resolution）。一般传感器在满量程范围内各点的分辨力并不相同，常用满量程中能使输出量产生阶跃变化的输入量中的最大变化值作为衡量分辨力的指标。对于部分传感器，如电位器式传感器，当输入量连续变化时，输出量只做阶梯变化，则分辨力就是输出量的每个阶梯所代表的输入量的大小。对于数字式仪表，分辨力就是仪表指示值的最后一位数字所代表的值。当被测量的变化量小于分辨力时，数字式仪表的最后一位数不变，仍指示原值。当分辨力以其占满量程输出的百分数表示时则称为分辨率。

阈值（threshold）是指能使传感器的输出端产生可测变化量的最小被测输入量值，即零点附近的分辨力。有的传感器在零点附近有严重的非线性，形成所谓死区（dead band），则可将死区的大小作为阈值；更多情况下，阈值主要取决于传感器噪声的大小，因此有的传感器只给出噪声电平。

分辨力是用来表示传感器或仪表装置能够检测被测量最小变化量的能力。通常是以最小量程的单位值来表示。当被测量的变化值小于分辨力时，传感器对输入量的变化无任何反应。例如，电压表的分辨力是$10\mu V$，即能测的最小电压为$10\mu V$，当增加$7\mu V$或$8\mu V$的电压时，电压表不会做任何反应。

### 7. 漂移

传感器的漂移（drift）是指在外界的干扰下，在一定时间间隔内，输出量发生的与输入量无关的、不需要的变化。漂移量的大小也是衡量传感器稳定性的重要性能指标。传感器的漂移有时也会导致整个测量或控制系统瘫痪。

漂移包括零点漂移和灵敏度漂移等。如图 3-8 所示，粗虚线为理想输入—输出曲线，曲线 1 为零点漂移曲线，曲线截距的漂移即为零点漂移，曲线 2 为灵敏度漂移曲线，曲线斜率发生的变化，即灵敏度漂移。

零点漂移或灵敏度漂移又可分为时间漂移和温度漂移。时间漂移是指在规定的条件下，零点或灵敏度随时间的缓慢变化。温度漂移为环境温度变化而引起的零点或灵敏度的漂移。

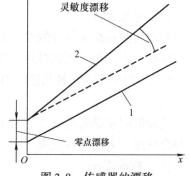

图 3-8　传感器的漂移

### 8. 稳定性

传感器的稳定性（stability）表示传感器在一个较长的时间内保持其性能参数的能力。理想状态下传感器的特性参数是不随时间变化的。但在实际状态下，随着时间的推移，大多数传感器的特性会发生一定程度的改变。这是因为传感器的敏感部件或构成传感器的部件，其特性会随着时间变化而发生老化等现象，从而影响传感器的稳定性。

## 3.3　传感器的动态特性

传感器的输入信号变化时输出信号随时间变化而相应变化的过程称为响应。传感器的动态特性是指传感器对输入量变化的响应特性。动态特性好的传感器，当输入信号随时间变化时，传感器能及时精确地跟踪输入信号，并按照输入信号的变化规律产生输出信号。当传感器输入信号的变化速度缓慢时，最容易跟踪。但随着输入信号的变化加快，传感器的及时跟踪性能会逐渐下降，通常要求传感器不仅能精确地显示被测量的大小，还能复现被测量随时间变化的规律，这也是传感器的重要特性之一。

## 3.3.1　动态数学模型

### 1. 微分方程

传感器的动态特性与其输入信号的变化形式密切相关，在研究传感器动态特性时，通常根据不同输入信号的变化规律考察传感器响应。实际应用中，传感器可以在一定的精度及工作范围内保持线性特性，因此可以分为线性系统处理。线性系统的数学模型为常系数线性微分方程，即

$$a_n \frac{\mathrm{d}^n y(t)}{\mathrm{d}t^n} + a_{n-1} \frac{\mathrm{d}^{n-1} y(t)}{\mathrm{d}t^{n-1}} + \cdots + a_1 \frac{\mathrm{d}y(t)}{\mathrm{d}t} + a_0 y(t)$$

$$= b_m \frac{\mathrm{d}^m y(t)}{\mathrm{d}t^m} + b_{m-1} \frac{\mathrm{d}^{m-1} y(t)}{\mathrm{d}t^{m-1}} + \cdots + b_1 \frac{\mathrm{d}y(t)}{\mathrm{d}t} + b_0 x(t) \tag{3-21}$$

式中，$a_n$，$a_{n-1}$，$\cdots$，$a_0$ 和 $b_m$，$b_{m-1}$，$\cdots$，$b_0$ 为传感器的结构参数（是常量）。对于传感器，除 $b_0 \neq 0$ 外，一般取 $b_1$，$b_2$，$\cdots$，$b_m$ 为0。

对于复杂的系统，其微分方程的建立、求解都是很困难的；但是一旦求出微分方程的解就能分清其暂态响应和稳定响应。微分方程的通解是系统的瞬态响应，特解是系统的稳态响应。为了求解的方便，常采用拉普拉斯变换（简称拉氏变换）将式(3-21)变为算子 $s$ 的代数式或采用传递函数研究传感器动态特性。

### 2. 传递函数

如果 $t \leq 0$ 时，$y(t) = 0$，则 $y(t)$ 的拉氏变换可定义为

$$Y(s) = \int_0^\infty y(t) \mathrm{e}^{-st} \mathrm{d}t \tag{3-22}$$

其中，$s = \sigma + \mathrm{j}\omega$，$\sigma > 0$。

对式(3-22)两边取拉氏变换，则得

$$Y(s)(a_n s^n + a_{n-1} s^{n-1} + \cdots + a_0) = X(s)(b_m s^m + b_{m-1} s^{m-1} + \cdots + b_0) \tag{3-23}$$

将输出 $y(t)$ 的拉氏变换 $Y(s)$ 和输入 $x(t)$ 的拉氏变换 $X(s)$ 的比，定义为该系统的传递函数 $H(s)$，即

$$H(s) = \frac{Y(s)}{X(s)} = \frac{b_m s^m + b_{m-1} s^{m-1} + \cdots + b_0}{a_n s^n + a_{n-1} s^{n-1} + \cdots + a_0} \tag{3-24}$$

对 $y(t)$ 进行拉氏变换的初始条件是 $t \leq 0$，$y(t) = 0$。这对于传感器被激励之前所有的储能元件，如质量块、弹性元件、电气元件，均符合上述初始条件。从式(3-24)可知，它与输入量 $x(t)$ 无关，只与系统结构参数 $a_i$、$b_i$ 有关。因此，$H(s)$ 可以简单而恰当地描述其输出与输入关系。

传递函数以代数式的形式表征传感器系统对输入信号的传输、转换特性，它包含了瞬态和转换特性。而式(3-21)则是以微分方程的形式表征传感器系统对输入信号的传输、转换特性。因此，传递函数与微分方程两者表达的信息是一致的，只是表达的数学形式不同。在

数学运算上，求解传递函数比求解微分方程要简便。

只要知道 $Y(s)$、$X(s)$、$H(s)$ 三者中任意两者，第三者便可方便地求出。因此，无须了解复杂系统的具体内容，只要给系统一个激励信号 $x(t)$，便可得到系统的响应 $y(t)$，系统特性就能被确定。上述关系可用图 3-9a 框图表示。

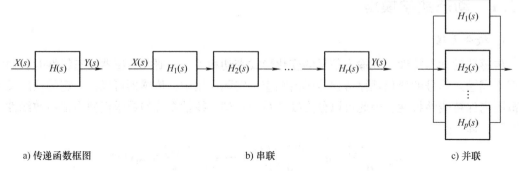

a) 传递函数框图　　　　　　　　　　b) 串联　　　　　　　　　　c) 并联

图 3-9　传感器的传递函数框图表示法

对于多环节串、并联组成的传感器，如果各个环节阻抗匹配适当，可忽略相互间的影响，则传感器的等效传递函数可按下列代数方式求得：

若传感器由 $r$ 个环节串联而成，如图 3-9b 所示，其等效传递函数为

$$H(s) = H_1(s)H_2(s)\cdots H_r(s) \tag{3-25}$$

若传感器由 $p$ 个环节并联而成，如图 3-9c 所示，其等效传递函数为

$$H(s) = H_1(s) + H_2(s) + \cdots + H_p(s) \tag{3-26}$$

式中，$H_i(s)$ 为各个环节的传递函数。

传感器的动态特性指传感器测量动态信号时，输出对输入的响应特性。传感器测量静态信号时，由于被测量不随时间变化，测量和记录的过程不受时间限制。但是，实际检测中的大量被测量是随时间变化的动态信号，传感器的输出不仅需要能精确地显示被测量的大小，而且还能显示被测量随时间变化的规律，即被测量的波形。传感器能测量动态信号的能力用动态特性来表示。

动态特性与静态特性的主要区别是：动态特性中输出量与输入量的关系不是一个定值，而是时间的函数，它随输入信号的频率而改变。在实际工作中，传感器的动态特性常用它对某些标准输入信号的响应来表示。这是因为传感器对标准输入信号的响应容易用实验方法求得，并且它对标准输入信号的响应与它对任意输入信号的响应之间存在一定的关系，往往知道了前者就能推定后者。最常用的标准输入信号有阶跃信号和正弦信号两种，所以传感器的动态特性也常用阶跃响应和频率响应来表示。

**3. 频率响应函数**

实际传感器输入信号随时间变化的形式可能是多种多样的，典型的输入信号是阶跃信号和正弦信号。这两种信号在物理上容易实现，也便于计算求解。

输入信号为阶跃信号时，传感器的响应称为阶跃响应或瞬态响应，它是指传感器在瞬变的非周期信号作用下的响应；输入信号为正弦信号时，传感器的响应称为频率响应或稳态响应，它是指传感器在振幅稳定不变的正弦信号作用下的响应。在工程上所遇到的各种非电信

号的变化曲线都可以展成傅里叶级数，即可用一系列正弦曲线的叠加来实现原曲线。因此，当知道传感器对正弦信号的响应特性后，便可判断其对复杂变化曲线的响应。

对动态特性研究的频率响应法是采用谐波输入信号分析传感器的频率响应特性，即从频域角度研究传感器的动态特性。

将频率为 $\omega$ 的谐波信号 $x(t) = X_0 e^{j\omega t}$ 输入式（3-21）所描述的传感器线性系统，在稳定状态下，根据线性系统的频率保持特性，可知该传感器的输出仍然是一个频率为 $\omega$ 的谐波信号，只是其幅值和相位与输入信号有所不同，其输出信号可写成 $y(t) = Y_0 e^{j(\omega t + \varphi)}$。

将输入和输出信号代入式(3-21)，整理可得

$$\left[ a_n(j\omega)^n + a_{n-1}(j\omega)^{n-1} + \cdots + a_1(j\omega) + a_0 \right] Y_0 e^{j(\omega t + \varphi)}$$
$$= \left[ b_m(j\omega)^m + b_{m-1}(j\omega)^{m-1} + \cdots + b_1(j\omega) + b_0 \right] Y_0 e^{j(\omega t + \varphi)} \tag{3-37}$$

可见频率响应函数的物理意义是：当频率为 $\omega$ 的正弦信号作为某一线性传感器系统的输入时，该传感器在稳定状态下的输出和输入之比，反映了输出信号与输入信号之间的关系随频率变化的特性。

对于稳定关系，令拉普拉斯算符 $s = j\omega$，由式（3-24）传递函数可得频率响应函数为

$$H(j\omega) = \frac{Y(j\omega)}{X(j\omega)} = \frac{b_m(j\omega)^m + b_{m-1}(j\omega)^{m-1} + \cdots + b_1(j\omega) + b_0}{a_n(j\omega)^n + a_{n-1}(j\omega)^{n-1} + \cdots + a_1(j\omega) + a_0} \tag{3-28}$$

从形式上看，频率响应函数 $H(j\omega)$ 是 $s = j\omega$ 时的传递函数 $H(s)$，$H(j\omega)$ 是 $H(s)$ 的一个特例。但是 $H(s)$ 的输入并不限于正弦激励，它不仅决定了系统的稳态性能，同时也决定了瞬态性能；$H(j\omega)$ 是在谐波激励下，系统稳定后的输出与输入之比。

频率响应函数是复函数，将频率响应函数改写为

$$H(j\omega) = H_R(\omega) + jH_1(\omega) = A(\omega) e^{-j\varphi(\omega)}$$

其中

$$\begin{cases} A(\omega) = |H(j\omega)| = \sqrt{[H_R(\omega)]^2 + [H_1(\omega)]^2} \\ \varphi(\omega) = -\arctan[H_1(\omega)/H_R(\omega)] \end{cases} \tag{3-29}$$

式中，$A(\omega)$ 为传感器的幅频特性，表示输出与输入幅值之比随频率的变化，也称为动态灵敏度；$\varphi(\omega)$ 为传感器的相频特性，表示输出超前输入的角度，通常输出总是滞后于输入，故总是负值。

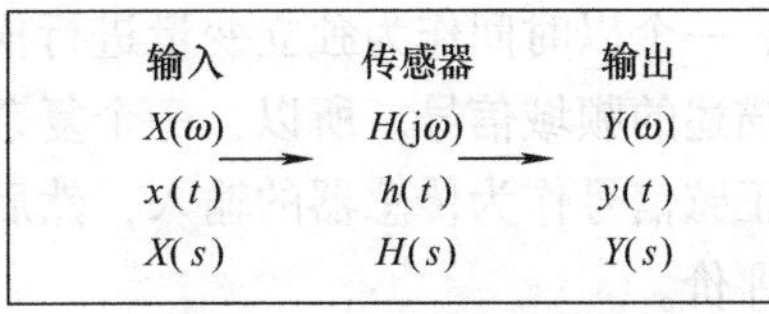

| 输入 | 传感器 | 输出 |
|------|--------|------|
| $X(\omega)$ | $H(j\omega)$ | $Y(\omega)$ |
| $x(t)$ | $h(t)$ | $y(t)$ |
| $X(s)$ | $H(s)$ | $Y(s)$ |

图 3-10　传感器系统和输入、输出信号的动态数学模型

综上所述，传感器系统和传感器输入、输出信号的动态模型可由图 3-10 表示。输入、输出信号和传感器传递函数三者之间，知道任意两个，就可以方便地求出第三个。

## 3.3.2　阶跃响应

当给静止的传感器输入一个单位阶跃函数信号

$$u(t) = \begin{cases} 0 & t \leqslant 0 \\ 1 & t > 0 \end{cases}$$

其输出特性称为阶跃响应特性。衡量阶跃响应特性的几项指标如图 3-11 所示。

49

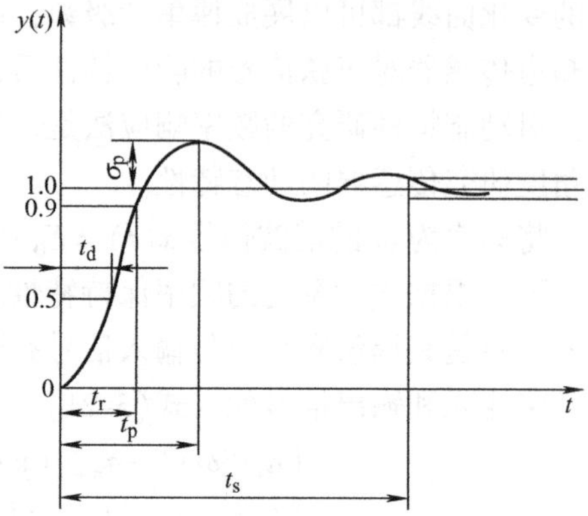

**1. 最大超调量 $\sigma_p$**

最大超调量就是响应曲线偏离阶跃曲线的最大值，常用百分数表示。当稳态值为 1，则最大百分比超调量 $\sigma_p = \dfrac{y(t_p) - y(\infty)}{y(\infty)} \times 100\%$。

最大超调量能说明传感器的相对稳定性。$\sigma_p$ 小，说明传感器过渡过程进行得越平稳。

**2. 延滞时间 $t_d$**

延滞时间是阶跃响应达到稳态值 50% 所需要的时间。

**3. 上升时间 $t_r$**

上升时间是响应曲线上升到稳态值的 10% ~ 90% 所需的时间。$t_r$ 是响应速度的量度，数值越小表明初始阶段的响应越快。

**4. 峰值时间 $t_p$**

峰值时间是响应曲线到第一个峰值所需的时间。

**5. 响应时间 $t_s$**

响应时间是响应曲线衰减到稳态值之差不超过 ±5% 或 ±2% 时所需要的时间，有时称为过渡过程时间，在总体上反映传感器的响应快慢。

上述是时域响应的主要指标。对于一个传感器，并非每一个指标均要提出，往往只要提出几个被认为是重要的性能指标就可以了。

### 3.3.3 频率响应

由物理学可知，在一定条件下，任意信号均可分解为一系列不同频率的正弦信号。也就是说，一个以时间作为独立变量进行描述的时域信号，可以变换成一个以频率作为独立变量进行描述的频域信号。所以，一个复杂的被测信号往往包含了许多种不同频率的正弦波。如果把正弦信号作为传感器的输入，然后测出它的响应，即可对传感器的频率动态性能做出分析和评价。

**1. 频率响应的通式**

输入信号为正弦波 $x(t) = A\sin(\omega t)$ 时，输出信号 $y(t)$ 的波形如图 3-12 所示。由于瞬态响应的影响，开始时输出信号并不是正弦波。但经过一定时间后，瞬态响应部分逐渐衰减以至消失，这时输出量 $y(t)$ 是与输入量 $x(t)$ 的频率相同、幅值不等且有一定相位差的正弦波，即 $y(t) = B\sin(\omega t + \varphi)$。因此，输入信号振幅 $A$ 即使一定，只要 $\omega$ 有所变化，输出信号的振幅和相位也会发生变化。频率响应就是在稳定状态下，幅值比 $B/A$ 和相位 $\varphi$ 随

图 3-11　阶跃响应特性

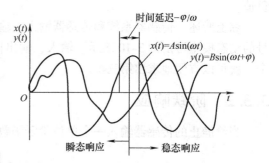

图 3-12　正弦输入时的频率响应

ω 变化而变化的状况。

**2. 频率响应特性曲线**

用频率响应法求传感器的动态特性，只要对它施以正弦激励信号，令 $x(t) = A\sin(\omega t)$，在输出达到稳态后测量输出和输入的幅值比和相位差。逐次改变输入信号 $x(t)$ 的频率，即可绘出输出、输入幅值比和频率的关系——幅频特性曲线 $a$ 及输出、输入相位差与频率的关系——相频特性曲线 $b$，其一般情况如图 3-13 所示。利用它可以从频率域形象、直观、定量地表征传感器的动态特性。

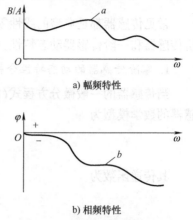

a) 幅频特性

b) 相频特性

图 3-13 幅频和相频特性曲线

在实际作图时，对于幅频曲线常以 $\lg\omega$ 作自变量，以 $20\lg\omega$ 作因变量（单位为 dB）；对于相频曲线，常以 $\lg\omega$ 作自变量，以 $\varphi(\omega)$ 作因变量（单位为°）。两者分别称为对数幅频曲线和对数相频曲线。

**3. 频率响应性能指标**

传感器的频率响应性能指标是由其幅频特性（或对数幅频特性）和相频特性曲线上的特性参数来表示的。为使被测信号中的各种频率成分通过传感器时，输出、输入的幅值比和相位差（即滞后时间）相同，也即不产生失真，传感器的幅频特性应工作在曲线的平直段，相频特性应工作在曲线的直线段。

通常在表示传感器的频率响应特性时主要用幅频特性。典型的对数幅频特性曲线如图 3-14 所示，其主要性能指标有：

（1）频率响应范围

图 3-14 中 0dB 的水平线为对数幅频曲线上的平直段，是理想的传感器的幅频特性，其输出与输入有固定的比例关系。如果传感器的幅频曲线偏离理想直线，但曲线上的某一段其幅值比的变化量还不超过某个允许的公差带，则仍然认为是可用的范围。如在声学和电学仪器中往往规定 ±3dB 的公差带。而对传感器来

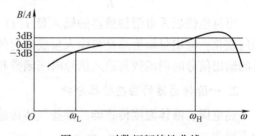

图 3-14 对数幅频特性曲线

讲则要根据所需的测量精度来定公差带。幅频曲线越出公差带处所对应的频率分别称为下截止频率 $\omega_L$ 和上截止频率 $\omega_H$。而这个频率区间（$\omega_H - \omega_L$）称为传感器的频率响应范围，或称频响范围，简称频带或通频带。

在选择频响范围时，为不丢失被测对象的全部有用信息，应使被测信号的有用谐波频率都在这个范围之内。

（2）幅值误差和相位误差

在频率响应范围内与理想传感器相比产生的幅值和相位误差。

### 3.3.4 典型传感器的动态特性分析

常见传感器都是典型的线性零阶传感器、一阶传感器或二阶传感器。本节将简要介绍零阶传感器和一阶传感器动态特性分析。

1. 零阶传感器的动态特性分析

当传感器的一般微分方程式(3-21) 中的各阶微分项为零时，即为零阶传感器。零阶传感器的数学模型为

$$y = \frac{a_0}{b_0}x = Kx \qquad (3-30)$$

其传递函数为

$$H(s) = \frac{Y(s)}{X(s)} = \frac{b_0}{a_0} = K \qquad (3-31)$$

式中，$K$ 为传感器的静态灵敏度。可见零阶传感器无论输入随时间如何变化，其输出总是与输入成确定比例关系，在时间上不滞后，辐角等于零，动态特性理想。实际应用中，许多高阶传感器在输入变化缓慢、频率不高时，都可近似地以零阶处理。

电位器式电阻传感器是典型的零阶传感器。电位器是一种把机械的线位移或角位移输入量转换为与它成一定函数关系的电阻或电压输出的传感元件。电位器式电阻传感器如图 3-15 所示，$L$ 为可变电阻的总长度，$x$ 为实际测量位置处可变电阻的长度。根据欧姆定律可得输出信号为

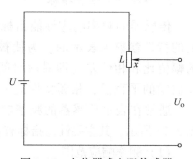

$$U_o(t) = \frac{U}{L}x(t) = Kx(t) \qquad (3-32)$$

图 3-15　电位器式电阻传感器

可见电位器式电阻传感器的输入量 $x(t)$ 无论随时间如何变化，输出量幅值总是与输入量成确定的比例关系，也不产生时间上的滞后。零阶传感器的输出信号时间函数与输入信号时间函数相同，不产生动态误差。

2. 一阶传感器的动态特性分析

热电偶、液体温度传感器、某些气体传感器等都是典型的一阶传感器。一阶传感器的微分方程为

$$a_1\frac{\mathrm{d}y}{\mathrm{d}t} + a_0y = b_0y \qquad (3-33)$$

或

$$\frac{a_1}{a_0}\frac{\mathrm{d}y}{\mathrm{d}t} + y = \frac{b_0}{a_0}x \qquad (3-34)$$

式中，$\frac{a_1}{a_0} = \tau$ 为时间常数；$\frac{b_0}{a_0} = K$ 为静态灵敏度。在线性系统中，$K$ 为常数，由于 $K$ 的大小仅表示当输入为静态量时输出与输入之间的放大比例关系，并不影响对系统动态特性的研究，所以为讨论问题方便对灵敏度进行归一化处理，即令 $K=1$。归一化处理后，对式(3-31) 两边进行拉普拉斯变换得

52

$$(\tau s + 1)Y(s) = X(s) \tag{3-35}$$

其传递函数为

$$H(s) = \frac{Y(s)}{X(s)} = \frac{1}{\tau s + 1} \tag{3-36}$$

得到一阶传感器的微分方程和传递函数后，就可以研究其阶跃响应特性和频率响应特性。

（1）一阶传感器的单位阶跃响应

当给静止的传感器输入一个单位阶跃信号后，传感器的输出就是单位阶跃响应。对传感器的突然加载和卸载就属于阶跃输入。

单位阶跃信号为

$$u(t) = \begin{cases} 0 & t < 0 \\ 1 & t \geqslant 0 \end{cases} \tag{3-37}$$

对单位阶跃信号进行拉普拉斯变换

$$X(s) = L[u(t)] = \frac{1}{s} \tag{3-38}$$

故有

$$Y(s) = H(s)X(s) = \frac{1}{s(\tau s + 1)} \tag{3-39}$$

求拉普拉斯逆变换输出信号

$$y_{u(t)} = 1 - e^{-t/\tau} \tag{3-40}$$

单位阶跃信号及其一阶传感器输出信号如图 3-16 所示。可见随着时间推移，输出信号接近于 1，时间常数 $\tau$ 是决定响应速度的重要参数。

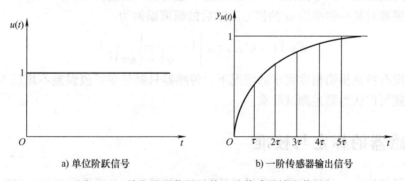

a) 单位阶跃信号          b) 一阶传感器输出信号

图 3-16 单位阶跃信号及其一阶传感器输出信号

（2）一阶传感器的频率响应

设传感器的输入信号频率为 $\omega$，将 $s = j\omega$ 代入式（3-36），可得一阶传感器的频率响应函数为

$$H(j\omega) = \frac{1}{j\omega\tau + 1} \tag{3-41}$$

幅频特性和相频特性分别为

$$\begin{cases} A(\omega) = |H(j\omega)| = \dfrac{1}{\sqrt{1 + (\omega\tau)^2}} \\ \varphi(\omega) = \arctan(-\omega\tau) \end{cases} \tag{3-42}$$

53

相应的幅频特性和相频特性如图 3-17 所示。当 $\omega = \frac{1}{\tau}$ 时，$A(\omega) = 0.707(-3\text{dB})$，相位滞后。只有当幅频特性 $\omega$ 远小于 $1/\tau$ 时，幅频响应才接近于 1。故一阶系统只用于缓态低频信号的测量。反应一阶传感器的动态性能的指标参数是时间常数，时间常数越小，传感器的频率特性就越好。

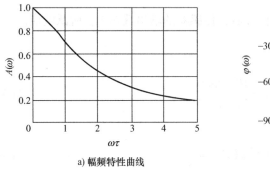
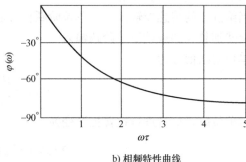

a) 幅频特性曲线　　　　　　　　　　　　　　b) 相频特性曲线

图 3-17　一阶传感器的幅频特性和相频特性曲线

传感器要实现动态测试不失真，幅频特性和相频特性应满足下列要求

$$A(\omega) = 常数 \tag{3-43}$$

$$\varphi(\omega) = 0 \ 或 \ \varphi(\omega) = -t_0\omega \tag{3-44}$$

式中，负号表示相位滞后；$t_0$ 为常数。

从一阶传感器的幅频特性看，要完全满足理论上的动态测试不失真是不可能的，只能要求在近似不失真的某一频率范围内，幅值误差不超过某一限度。

定义传感器对某一频率为 $\omega$ 的信号测试后的幅值误差为

$$\delta = |1 - A(\omega)| = \left| 1 - \frac{1}{\sqrt{1 + (\omega\tau)^2}} \right| \tag{3-45}$$

一般在没有特别指明精度要求的情况下，传感器只要是在幅值误差不超过 5% 的频段范围内工作，就可以认为满足测试要求。

## 3.4　传感器的标定与校准

对传感器的标定，其目的是根据试验数据确定传感器的各项性能指标，实际上也是确定传感器的测量精度。其中，对传感器的动静态的标定是利用一定等级的仪器及设备对已知非电量（如标准压力、位移、加速度等）的测量作为输入量，输入至待标定的传感器之中得到传感器的输出量，再将输出量与输入量做比较，从而得到标定曲线，通过对标定曲线的分析处理得到静态特性的过程。

传感器的技术参数可通过具体的实验得到，对于传感器的精度指标的确定首先要得到传感器的线性度、迟滞以及重复性指标。而这三个性能指标的确定需要具体的实验，所以对实验的设计以及指标的确定非常重要。所谓传感器的标定就是将已知的输入量输入传感器，测量得到传感器相应的输出量，从而得到传感器输入输出特性的过程。传感器的校准是指对使用或储存一段时间后的传感器性能进行再次测试和校正，校准的方法和要求与标定相同。

根据参考的基准不同，标定基本上可以分为两种形式：一是以具体技术标准为参考，称为绝对式标定；另一种是以某个已标定的传感器为参考，称为比较式标定。具体标定工作需考虑传感器原理、结构形式、相关行业标准等多方面的因素。

## 3.4.1　静态标定

传感器的静态标定是检验、测试传感器的静态特性指标，如静态线性度、灵敏度、迟滞、重复性等。静态特性标定的标准是在静态标准条件下进行的。静态标定条件指没有加速度、没有振动、没有冲击（如果它们本身是被测量除外）及环境温度一般为室温（20 ± 5)℃，相对湿度不大于85%，大气压力为7kPa 的情形。

对传感器进行静态特性标定，首先要提供一个满足要求的静态标准条件，其次是选用一个与被标定或校准传感器的精度要求相适应的标准仪器。静态标定步骤如下：

1）将传感器测量范围分成若干等间距区间。

2）根据传感器测量点设置情况，从小到大逐渐递增标准量值输入，记录与各输入值对应的输出值。

3）将输入值由大到小逐渐递减，同时记录与各输入值相对应的输出值。

4）按第2）、3）步的过程对传感器进行正、反行程的多次测量，将输入输出测试数据用表格或者曲线表示。

5）对测量数据进行最小二乘法等必要的处理，根据处理结果即可确定传感器的线性度、灵敏度、迟滞和重复性等静态特性指标。

## 3.4.2　动态标定

传感器的动态标定主要是研究传感器的动态响应特性，即一阶传感器的时间常数 $\tau$、二阶传感器的固有角频率 $\omega$ 和阻尼比 $\zeta$ 等参数的确定。

要确定一阶传感器的时间常数，通常要考查传感器的阶跃响应。一阶传感器的阶跃响应函数为

$$y(t) = 1 - e^{-\frac{t}{\tau}} \tag{3-46}$$

整理后可得

$$z = \ln[1 - y(t)] = -\frac{t}{\tau} \tag{3-47}$$

或 $\tau = -\dfrac{t}{z}$，即 $z$ 和 $\tau$ 成线性关系，且有

$$\tau = \frac{\Delta t}{\Delta z} \tag{3-48}$$

因此，只要测量出一系列的 $t - y(t)$ 对应值，就可以通过数据处理根据式(3-48) 确定一阶传感器的时间常数。也可利用正弦输入信号测定一阶传感器的幅频特性和相频特性。

要确定二阶传感器的固有角频率和阻尼系数，通常要考查传感器的正弦输入响应，即通过测定传感器输出和输入的幅值比和相位差来确定传感器的幅频特性和相频特性。

## 3.5 模拟及数字传感器

在工业过程的测量与控制领域，不但要用传感器把各种过程变量检测出来，往往还要把测量结果准确直观地显示或记录下来，以便人们对被测对象有所了解，并进一步对其进行控制。

早期的检测仪表把测量与显示功能合为一体。随着科学技术的进步和工业过程自动化水平的不断提高，工业自动化仪表的测量与显示功能逐步被分开，并把显示与记录仪集中在控制室的仪表屏上，而将传感器获取的测量信号通过一定的传输方式远传给显示仪器，以实现集中监测与控制。

显示仪表（display instrument）和记录仪表（recording instrument）可以按不同的方法分类。从显示方式而言，可以分为模拟式、数字式以及图形显示等三种显示方式。若从仪表的结构特点而言，可以分为带微处理器和不带微处理器两大类型。目前，除模拟式显示仪表和数字式显示仪表早已得到广泛应用外，数字－模拟混合式记录仪和无纸记录仪等微机化显示记录仪表的应用也日益广泛。本章介绍几种典型的模拟式显示仪表及数字式显示仪表的基本构成及工作原理。

### 3.5.1 模拟式显示仪表

模拟式显示仪表是以模拟量（如指针的转角、记录笔的位移等）来显示或记录被测量的一种自动化仪表。在工业过程测量与控制系统中，比较常见的模拟式显示仪表可按其工作原理分为以下几种类型：

1）磁电式显示与记录仪表，如动圈式显示仪表。

2）自动平衡式显示与记录仪表，如自动平衡电位差计、自动平衡电桥等。

3）光柱式显示仪表，如 LED 光柱显示仪。

模拟式显示仪表一般具有结构简单可靠、价格低廉的优点，其最突出的特点是可以直观地反映测量值的变化趋势，便于操作人员一目了然地了解被测量的总体情况。因此，即使在数字式和微机化仪表技术快速发展的今天，模拟式显示仪表仍然在许多场合得到广泛应用。

### 3.5.2 动圈式显示仪表

在工业自动化领域，动圈式显示仪表发展较早，是工业生产中常用的一种模拟式显示仪表，其特点是体积小、重量轻、结构简单、造价低，既能单独用作显示仪表，又兼有显示、调节、报警功能。动圈式显示仪表可以和热电偶、热电阻相配合来显示温度，也可以与压力变送器相配合显示压力等参数。温度、压力等被测参数首先由传感器转换成电参数，然后由测量电路转换成流过动圈的电流，该电流的大小由与动圈连在一起的指针的偏转角度指示出来。

#### 1. 动圈式显示仪表的工作原理

动圈式显示仪表由测量线路和测量机构（又称表头）两部分组成。测量线路的任务是把被测量（热电偶或热电阻值等）转换为测量机构可以直接接收的毫伏信号，转换方法因被测量而异。测量机构是动圈仪表中的核心部分，其工作原理如图 3-18 所示。

57

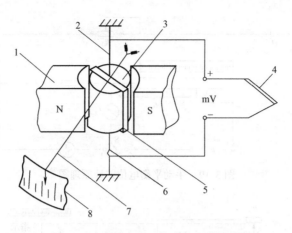

图 3-18 动圈式显示仪表的工作原理

1—永久磁铁 2、6—张丝 3—软铁心 4—热电偶

5—动圈 7—指针 8—刻度面板

动圈仪表的测量机构是一个磁电式毫伏计。其中，动圈是用具有绝缘层的细铜线绕成的矩形无骨框架。动圈处于永久磁钢的空间磁场中，当有直流毫伏信号在动圈上时，便有电流流过动圈，此时，该载流线圈将受到电磁力矩作用而转动。动圈的支撑是张丝，张丝同时还兼作导流丝。动圈的转动使张丝扭转，于是，张丝就产生反抗动圈转动的力矩，这个反力矩随着张丝扭转角的增大而增大。当电磁力矩和张丝反作用力矩平衡时，线圈就停留在某一位置上，这时，动圈偏转角度的大小与输入毫伏信号相对应。当面板直接刻成温度标尺时，装在动圈上的指针就指示出被测对象的温度值。

**2. 自动平衡电位差计**

自动平衡式显示与记录仪表的发展历史悠久，品种很多，应用也很广泛，自动平衡电位差计与自动平衡电桥均属于采用零值法进行测量的自动平衡式显示与记录仪表。

为说明零位平衡式显示与记录仪表的工作原理，首先分析手动平衡电位差计的工作原理。图 3-19 给出了手动平衡电位差计的原理图。$E$ 为工作电池，由它产生的工作电流 $I$ 流过 RP 形成压降 $u_{RP}$。测量时，将开关 S 置于 2。手动调整电位器 RP 的滑动触点，以获得一个压降 $u_s$ 来平衡被测输入电压 $u$。当两电压平衡时，串联在该回路中的高灵敏度检流计指零。这时，从电位器 RP 的滑动触点（指针）位置，即可读出 $u_s$ 的数值，它代表了被测电压 $u_i$ 的数值。手动平衡电位差计是一种标准毫伏信号测试仪器，广泛应用于热电偶的校验及各种毫伏信号显示仪器的校验。

上述电位差计的平衡过程是靠手动来实现的。如果将电位器 RP 的滑动触点由伺服电动机（可逆电动机）通过机械传动机构来带动，而伺服电动机则根据测量回路信号 $\Delta u$ 的极性不同，可以正转或反转，这样就变成了自动平衡电位差计。

（1）自动平衡电位差计的工作原理

自动平衡电位差计的基本原理如前所述。图 3-20 是一种与热电偶配套的自动平衡电位差计，其输入信号是热电偶传感器输出的热电偶。

如图 3-20 所示，热电偶的热电动势与不平衡电桥的输出电压叠加比较之后，送到放大电路的输入端。不平衡电桥由起始调零电阻 $R_G$、冷端温度补偿电阻 $R_2$、限流电阻 $R_3$ 与 $R_4$

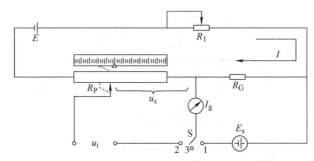

图 3-19　手动平衡电位差计原理图

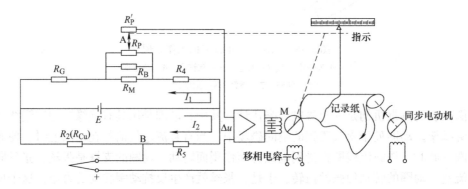

图 3-20　自动平衡电位差计原理图

及滑线电阻 $R_P$ 组成。通过滑动 $R_P$ 电阻的滑动触点 A，就可以在电桥的输出端 A、B 获得不同的电压 $u_s$。此类仪表就是利用 $u_s$ 来平衡被测的热电动势 $u_t$ 的。具体工作过程如下：

设原被测温度为 $t_1$，热电动势 $u_{t_1}$ 正好与电桥输出 $u_{s_1}$ 平衡，当温度从 $t_1$ 升高到 $t_2$，热电动势增大到 $u_{t_2}$ 使得

$$\Delta u = u_{t_2} - u_{t_1} > 0$$

正极性的偏差电压 $\Delta u$ 输入到相敏放大器，使放大器输出的交流电流极性正好使可逆电动机 M 正转。电动机 M 正转时，一方面拖动指针与记录笔右移，指示温度升高；另一方面又拖动滑线电阻 $R_P$ 的滑动触点 A 也右移，使 $u_s$ 升高。当升高到 $u_{s_2}$ 等于 $u_{t_2}$ 时，因 $\Delta u = u_{t_2} - u_{s_1} = 0$，放大器的输入电压 $\Delta u$ 为零，其输出亦为零，电动机 M 停止转动。滑动触点 A 便停留在使电桥输出为 $u_{s_2}$ 的位置上，指针与记录笔停在对应温度为 $t_2$ 的位置上，系统又恢复平衡，但它是在 $t_2$ 温度下的平衡。此后，若温度下降到 $t_3 < t_2$，系统重新失去平衡，且 $\Delta u = u_{t_3} - u_{s_2}$，负极性使电动机 M 反转，并拖动指针与记录笔左移，指示温度下降，与此同时，滑动触点 A 左移，使 $u_s$ 下降到重新平衡时为止。从而实现指针与记录笔跟随被测温度 $t$ 变化的过程。

记录纸由同步电动机带动，图 3-20 中记录仪的记录纸是长条形的，图中的水平方向位移表示温度的高低，垂直方向表示测定的时间，于是可以得到被测温度随时间的变化曲线。

（2）桥路电阻的作用

图 3-20 电桥中的各个电阻，除热电偶的冷端温度补偿电阻 $R_2$ 为铜电阻外，其他都是采用电阻温度系数很小的锰铜电阻，具有较高的温度稳定性。

限流电阻 $R_4$ 与 $R_3$ 的作用是：用 $R_4$ 限定电桥上支路的电流为恒定的 4mA，用 $R_3$ 限定下支路的电流在标准环境温度 20℃时为 2mA。

调零电阻 $R_G$ 实际上由两个电阻串联而成，即 $R_G = R'_G + r_G$。$r_G$ 用作微调：增大 $r_G$ 时，仪表指针向温度 $t$ 减小的方向偏移；减小 $r_G$ 时，指针向 $t$ 增大的方向偏移。

滑线电阻 $R_P$ 的电阻丝要求绕制均匀，非线性度小于 0.2%，满足 0.5 级仪表的精度要求。由于相邻两匝绕线之间的阻值是一个微小的跳变，所以，电阻增量值若小于相邻两匝之间的电阻阶跃变化值，则该增量将不可分辨。

工艺电阻 $R_B$ 与滑线电阻 $R_P$ 并联，且使并联后的阻值正好等于 $(90 \pm 0.1)\Omega$。若不等于 $(90 \pm 0.1)\Omega$，则通过调整 $R_B$ 的阻值使之为 $(90 \pm 0.1)\Omega$。这样，就可以适当降低对于 $R_P$ 的绕制精度要求，有利于批量生产。

量程调整电阻 $R_M$ 实际上是由电阻 $R_M$ 与 $r_M$ 串联而成，其中用 $R_M$ 来变换量程，用 $r_M$ 来微调量程。因 $R_M$、$R_{M_P}$、$R_B$ 并联，所以，$R_M$ 越大则量程越大，反之亦然。

$R'_P$ 是便于滑动臂滑动的辅助滑线电阻，兼起引出线的作用。按 $\Delta E_M = \Delta I_M R_1$ 选择 $R_1$ 时，应考虑使得 $\Delta E_M$ 足够大，一般应使 $\Delta E_M \geqslant 5mV$，如果电压量程过小，仪表的制造比较困难。但 $R_1$ 太大也不好，由于 $R_1$ 是串接在放大器的输入回路中，太大则可能影响测量桥路的电压灵敏度。

（3）自动平衡电桥

自动平衡电桥可与热电阻 $R_t$ 配合用于测量温度。自动平衡电桥的工作原理与自动平衡电位差计相比较，只是输入测量电路不同，因此，本节着重讨论输入电路。

自动平衡电桥的工作原理：图 3-21 给出了自动平衡电桥的工作原理。由图可知，热电阻 $R_t$ 接在测量桥路中，当被测温度为 $t_1$ 时，热电阻 $R_t$ 的阻值为 $R_{t_1}$，若电桥正好处于平衡，则电桥的输出端 A、B 之间的电位差 $U_{AB} = 0$。如果温度升高到 $t_2 > t_1$，则有 $R_{t_1} > R_{t_2}$，电桥失去平衡，此时，电桥的输出电压 $U_{AB} > 0$。$U_{AB}$ 输入到调制放大器，使伺服电动机 M 正转，并带动指针及记录笔右移，指示温度升高；与此同时，电动机 M 又拖动滑线电阻的滑动臂 A 向左移，直到电桥在新的输入 $R_{t_2}$ 下重新平衡为止。此后，若温度又从 $t_2$ 下降到 $t_3$，则有 $R_{t_3} < R_{t_2}$，电桥失去平衡，其输出电压 $U_{AB} < 0$，电动机 M 反转，并使指针左移、滑动臂 A 右移；直到重新达到平衡为止，每次达到平衡后，指针、记录笔和滑动臂 A 的位置都与当时的被测温度相对应。

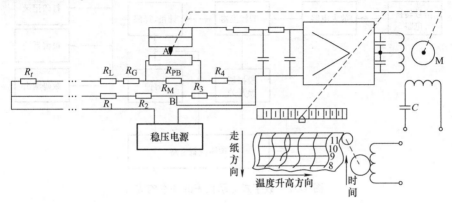

图 3-21　自动平衡电桥的工作原理

### 3.5.3 数字式显示仪表

数字式显示仪表是一种以十进制数码形式显示被测量值的仪表，可按以下方法分类：

1）按仪表结构分类，可分为有微处理器和没有微处理器两大类型。

2）按输入信号形式分类，可分为电压型和频率型两类。电压型数字式显示仪表的输入信号是模拟式传感器输出的电压、电流等连续信号；频率型数字显示仪表的输入信号是数字式传感器输出的频率、脉冲、编码等离散信号。

3）按仪表功能分类，大致可分为如下几种：

① 显示型。与各种传感器或变送器配合使用，可对工业过程中的各种工艺参数进行数字显示。

② 显示报警型。除可显示各种被测参数，还可用作有关参数的越限报警。

③ 显示调节型。在仪表内部配置有某种调节电路或控制机构，除具有测量、显示功能外，还可按照一定的规律将工艺参数控制在规定范围内。常用的调节规律有继电器触点输出的两位调节、三位调节、时间比例调节、连续 PID 调节等。

④ 巡回检测型。可定时地对各路信号进行巡回检测和显示。

与模拟式显示仪表相比，数字式显示仪表具有读数直观方便、无读数误差、准确度高、响应速度快、易于和计算机联机进行数据处理等优点。目前，数字式显示仪表中，大规模集成电路线路简单，可靠性好，耐振性强，功耗低，体积小，重量轻。特别是采用模块化设计的数字式显示仪表的机芯由各种功能模块组合而成，外围电路少，配接灵活，有利于降低生产成本，便于调试和维修。

**1. 数字式显示仪表的基本构成及其工作原理**

数字式显示仪表的基本构成如图 3-22 所示，图中各基本单元可以根据需要进行组合，以构成不同用途的数字式显示仪表。将其中一个或几个电路制成专用功能模块电路，若干个模块组装起来，即可制成一台完整的数字式显示仪表。

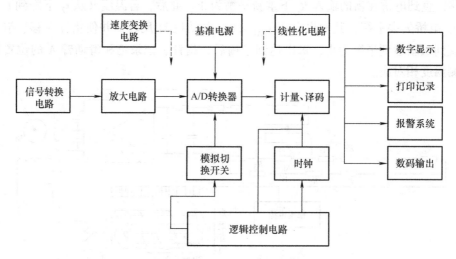

图 3-22 数字式显示仪表的基本构成

数字式显示仪表的核心部件是 A/D 转换器，它可以将输入的模拟信号转换成数字信号。以 A/D 转换器为中心，可将显示仪表内部电路分为模拟和数字两大部分。

仪表的模拟部分一般设有信号转换和放大电路、模拟切换开关等环节。信号转换电路和放大电路的作用是将来自各传感器或变换器的被测信号转换成一定范围内的电压值并放大到一定幅值，以供后续电路处理。有的仪表还设有滤波环节，以提高信噪比。仪表的数字部分一般由计数器、译码器、时钟脉冲发生器、驱动显示电路及逻辑控制电路等组成。经放大后的模拟信号由 A/D 转换器转换成相应的数字量后，经译码、驱动，送到显示器件去进行数字显示。数字式显示仪表除以数字显示形式输出外，还可以进行报警或打印记录。在必要时，还可以数码形式输出，供计算机进行数据处理。

逻辑控制电路也是数字式显示仪表不可或缺的环节之一，它对仪表各组成部分的工作起着协调指挥作用。目前，在许多数字式显示仪表中已经采用微处理器等集成电路芯片来代替常规数字仪表中的逻辑控制电路，从而由软件来进行程序设计。

## 3.6　习题

**3-1**　传感器的定义是什么？传感器主要由哪些部分组成？说明各部分的作用。

**3-2**　传感器如何分类？按传感器检测的范畴可以分为哪几种？

**3-3**　传感器的性能参数反映了传感器的什么关系？静态参数有哪些？动态参数有哪些？

**3-4**　某传感器给定精度为 2%FS，满度值为 50mV，零位值为 10mV，求可能出现的最大误差 $\delta$（以 mV 计）。当传感器使用在满量程的 1/2 和 1/8 时，计算可能产生的测量百分误差。由计算结果能得出什么结论？

**3-5**　有两个传感器测量系统，其动态特性可以分别用下面的微分方程描述，试求这两个系统的时间常数 $\tau$ 和静态灵敏度 $K$。

1）$30\dfrac{\mathrm{d}y}{\mathrm{d}x}+3y=1.5\times10^{-5}T$

式中，$y$ 为输出电压；$T$ 为输入温度。

2）$1.4\dfrac{\mathrm{d}y}{\mathrm{d}x}+4.2y=1.5\times10^{-5}x$

式中，$y$ 为输出电压；$x$ 为输入压力。

**3-6**　已知一热电偶的时间常数 $\tau=10s$，如果用它来测量一台炉子的温度，炉内温度在 500～540℃接近正弦曲线波动，周期为 80s，静态灵敏度 $K=1$。试求该热电偶输出的最大值和最小值，以及输入与输出之间的相位差和滞后时间。

**3-7**　一压电式加速度传感器的动态特性可以用如下的微分方程来描述，即

$$\frac{\mathrm{d}^2y}{\mathrm{d}t^2}+3.0\times10^3\frac{\mathrm{d}y}{\mathrm{d}t}+2.25\times10^{10}y=11.0\times10^{10}x$$

式中，$y$ 为输出电荷量（pC）；$x$ 为输入加速度（m/s²）。试求其固有的振荡频率 $\omega_n$ 和阻尼比 $\zeta$。

**3-8**　用一个一阶传感器系统测量 100Hz 的正弦信号时，若赋值误差限制在 5% 以内，则其时间常数应取多少？若用该系统测试 50Hz 的正弦信号，问此时的幅值误差和相位差为

多少?

3-9  用一只时间常数 $\tau = 0.318s$ 的一阶传感器去测量分别为 1s、2s 和 3s 的正弦信号,问幅值相对误差是多少?

3-10  一只二阶力传感器系统,已知其固有频率 $f_0 = 800Hz$,阻尼比 $\zeta = 0.14$,现用它做工作频率 $f = 400Hz$ 的正弦变化的外力测试时,其幅值比 $A(\omega)$ 和相位角 $\varphi(\omega)$ 各为多少?若该传感器的阻尼比 $\zeta = 0.7$ 时,其 $A(\omega)$ 和 $\varphi(\omega)$ 又将如何变化?

3-11  设有两只力传感器均可作为二阶系统来处理,其固有振荡频率分别为 800Hz 和 1.2kHz,阻尼比均为 0.4。今欲测量频率为 400Hz 正弦变化的外力,应选用哪一只传感器?并计算将产生多少幅度相对误差和相位差。

# 第4章 电阻应变式传感器

电阻式传感器的基本原理是利用电阻元件把待测的物理量（如位移、力、加速度等变量）变换成电阻值，然后通过对电阻值的测量来达到测量非电量的目的。

按其工作原理可以分为两类：电位计式电阻传感器和应变式电阻传感器。

电位计式电阻传感器工作于电阻值变化较大的状态，适宜测量被测对象参数变化较大的场合，它与一般电位计相同。而应变式电阻传感器工作于电阻值变化微小的状态，灵敏度较高。本章主要介绍应变式电阻传感器。

## 4.1 弹性敏感元件

### 4.1.1 弹性敏感元件的概念

物体因外力作用而改变原来的尺寸或形状称为变形，如果外力去掉后完全恢复其原来的尺寸和形状，那么这种变形称为弹性形变。具有弹性形变特点的元件称为弹性元件。它是很多传感器的核心部分，它能把感受到的各种形式的非电量变换成应变和位移量，然后由各种形式的传感元件把这些量变为电量。

当弹性敏感元件受压（拉）力时，元件除了产生变形以外，其内部横截面之间的相互作用力称为内力，记为 $F$，单位为 N。弹性敏感元件单位横截面积 $S$（$mm^2$）上所受的力称为应力，记为 $\sigma$，计算式为

$$\sigma = \frac{F}{S} \tag{4-1}$$

如图 4-1 所示，单位长度产生的形变称为相对形变，也称为应变，记为

$$\varepsilon = \frac{\Delta l}{l} \tag{4-2}$$

在材料的弹性范围内 $\sigma / \varepsilon$ 为常数，称为弹性模量，记为

$$E = \frac{\sigma}{\varepsilon} \tag{4-3}$$

其胡克定律为

$$\sigma = E\varepsilon$$

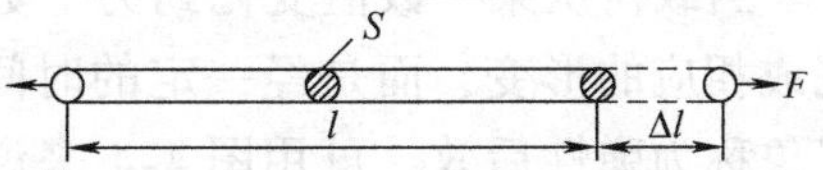

图 4-1 应变示意图

$$\varepsilon = \frac{\sigma}{E} = \frac{F}{ES} \tag{4-4}$$

### 4.1.2 弹性敏感元件的特性

1. 刚度

刚度是弹性元件在外力作用下变形的量度，一般用 $k$ 表示，有

$$k = \frac{\mathrm{d}F}{\mathrm{d}x} \qquad\qquad (4\text{-}5)$$

式中，$F$ 为作用在弹性元件上的外力；$x$ 为弹性元件产生的变形。

如图 4-2，弹性特性曲线上某点 $A$ 处的刚度为

$$k = \frac{\mathrm{d}F}{\mathrm{d}x} = \tan\theta$$

如果弹性特性是线性的，则其刚度是一个常数。在测控使用中，可选择不同的曲线段。

**2. 灵敏度**

灵敏度是弹性元件在单位力作用下产生变形的大小。在弹性力学中称为弹性元件的柔度，它是刚度的倒数。一般用 $K$ 表示，有

$$K = \frac{\mathrm{d}x}{\mathrm{d}F} \qquad\qquad (4\text{-}6)$$

在测控系统中，希望灵敏度为常数。

**3. 弹性滞后**

实际的弹性元件在加、卸载的正、反行程中曲线不重合的现象称为弹性滞后。它会给测量带来误差。如图 4-3 所示，曲线 1 是加载曲线，曲线 2 是卸载曲线，曲线 1 和曲线 2 所包围的范围称为滞环。产生弹性滞后的主要原因是弹性元件在工作过程中分子之间存在内摩擦。当比较两种弹性材料时，应都用加载曲线或卸载曲线，这样才有可比性。

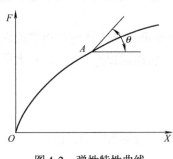

图 4-2　弹性特性曲线

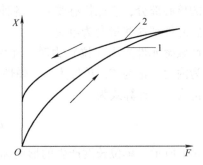

图 4-3　弹性滞后现象

**4. 弹性后效**

当载荷从某一数值变化到另一数值时，弹性变形不是立即完成相应的形变，而是经一定的时间间隔逐渐完成变形，这种现象称为弹性后效，可用图 4-4 来说明。当作用在弹性敏感元件上的力由零增加至 $F_0$ 时，弹性敏感元件的变形首先是由零迅速增加至 $x_1$，然后，在载荷没有改变的情况下继续变形直到 $x_0$ 为止。由于弹性后效现象的存在，弹性敏感元件的变形始终不能迅速跟上力的改变，这种现象在动态测量时将引起测量误差。造成这一现象的原因是由于弹性敏感元件中的分子间存在内摩擦。

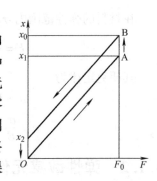

图 4-4　弹性后效现象

### 4.1.3 对弹性敏感元件材料的要求

不同传感器对弹性敏感元件的要求不同，在任何情况下，应
保证弹性敏感元件有足够的精度，在长时间使用中以及温度变化时都应保持稳定的特性，因而对弹性敏感元件材料的基本要求有：

1）弹性滞后和弹性后效要小。

2）弹性模量的温度系数要小。

3）线膨胀系数要小并且稳定。

4）有良好的机械加工处理性能。

5）特殊条件下，要求耐腐蚀，有良好的导电性或高绝缘性。

### 4.1.4 弹性敏感元件的分类

传感器的弹性敏感元件形式多样，一般情况下，输入到弹性敏感元件上的信号通常为力（力矩）或压力，其输出是位移（挠度）或应变，因此若按变换形式可分为力-应变、力-位移、压力-位移、力矩-角度等类型。

### 4.1.5 变换力的弹性敏感元件

所谓变换力的弹性敏感元件是指输入量为力，输出量可以是应变或位移的敏感元件。在力的作用下，位移很小时，往往用应变作为输出量。

常用变换力的弹性敏感元件有实心柱、空心圆柱、矩形柱、等截面圆环、扭转轴、等截面悬臂梁和等强度悬臂梁，如图4-5所示。

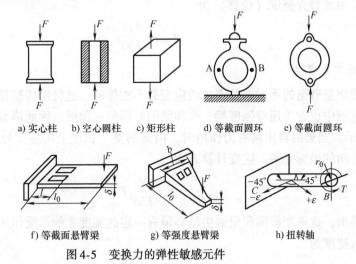

a) 实心柱  b) 空心圆柱  c) 矩形柱  d) 等截面圆环  e) 等截面圆环

f) 等截面悬臂梁    g) 等强度悬臂梁    h) 扭转轴

图4-5 变换力的弹性敏感元件

1. 实心柱敏感元件

设轴的截面积为 $S$，材料的弹性模量为 $E$，材料的泊松比为 $\mu$。当等截面轴承受轴向拉力或压力时，轴向的应变为

$$\varepsilon_x = \frac{F}{SE} \tag{4-7}$$

与轴向垂直的应变为

$$\varepsilon_y = -\mu \frac{F}{SE} = -\mu\varepsilon_x \qquad (4-8)$$

实心柱敏感元件的特点是加工方便，精度高，但灵敏度小，适用于截面积较大的场合。

空心圆柱如图 4-5b 所示，在同样的截面积下，轴的直径可加大，从而提高轴的抗弯能力。

**2. 环形敏感元件**

环状弹性元件多做成等截面圆环，如图 4-5d、e 所示。圆环有较高的灵敏度，多用于测量较小的力。圆环的缺点是加工困难，环的各个部位的变形及应力不相等。

当力 $F$ 作用于圆环上时，环上的 A、B 点产生较大的应变。当环的半径比环的厚度大得多时，A 点内外表面的应变大小相等、符号相反。

**3. 等截面悬臂梁**

悬臂梁是一端固定、一端自由的弹性敏感元件，它的特点是结构简单、加工方便，输出可以是应变也可以是挠度。由于其灵敏度比等截面轴及圆环高，所以多用于较小力的测量。

对于梁上的任意一点 A 来说，上下表面的应变大小相等、符号相反。设梁的截面厚度为 $\delta$，宽度为 $b$，总长度为 $l_0$，则在距离固定端 $l$ 处的应变为

$$\varepsilon = \frac{6(l_0 - l)}{Eb\delta^2}F \qquad (4-9)$$

从式(4-9) 可知，最大应变产生在梁的根部。在实际应用中，还常把悬臂梁自由端的挠度作为输出，在自由端装上电感传感器、霍尔或电涡流传感器等，可进一步将挠度变为电量。梁的自由端最大挠度（位移）为

$$y_{\max} = \frac{4Fl^3}{Eb\delta^3}$$

**4. 等强度悬臂梁**

在等截面悬臂梁的不同部位产生的应变是不相等的，这将给传感器设计带来麻烦，因而在非电量电测中也常采用等强度梁，这种梁的外形呈三角形，因此横截面积处处不相等，如图 4-5g 所示。当梁的自由端有力作用时，沿梁的整个长度上的应变处处相等，即其灵敏度与梁长度方向的坐标无关。应变计算式为

$$\varepsilon = \frac{6l_0}{Eb\delta^2}F \qquad (4-10)$$

必须指出，这种变截面积梁的尖端必须有一定的宽度才能承受作用力。等强度悬臂梁自由端的最大挠度为

$$y_{\max} = \frac{6Fl^3}{Eb\delta^3}$$

## 4.1.6 变换压力的弹性敏感元件

变换压力的弹性敏感元件是能将气体和液体等的压力转换为位移或应变的弹性敏感元件。常用变换压力的敏感元件有弹簧管、波纹管、等截面薄板、膜片、膜盒、薄壁圆筒、薄

壁半球。这些元件的变形计算复杂，本章只对它们作定性分析。

**1. 弹簧管**

弹簧管又称为波登管，它是弯成各种形状的空心管子，它一端固定、一端自由，如图 4-6a 所示。弹簧管可将压力转换为位移，其工作原理如下：弹簧管截面形状多为椭圆形或更复杂的形状，压力 $p$ 通过固定端导入内腔，弹簧管的另一端（自由端）由盖子密封，并借助盖子与传感元件相连。在压力的作用下，弹簧管的截面力图变成圆形，截面的短轴力图伸长，长轴缩短，截面形状的改变导致弹簧管趋向伸直，一直到与压力的作用相平衡为止，如图 4-6a 中的虚线所示。由此可见，利用弹簧管可以把压力变换为位移。C 型弹簧管灵敏度较小，因此常作为测量较大压力的弹性敏感元件。

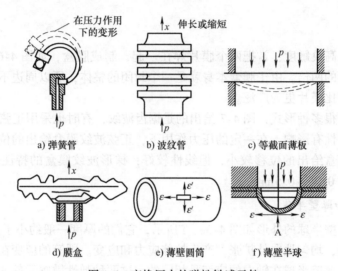

图 4-6　变换压力的弹性敏感元件

**2. 波纹管**

波纹管是一种表面上有许多同心环形皱纹的薄壁圆管。它的一端与被测压力相通，另一端密封，如图 4-6b 所示。

波纹管在压力的作用下将产生伸长或缩短，所以利用波纹管可以把压力变换为位移。在非电量测量中，波纹管的直径一般为 $12 \sim 160\text{mm}$，被测压力的范围为 $10^2 \sim 10^7\text{Pa}$。

**3. 等截面薄板**

等截面薄板又称为平膜片，如图 4-6c 所示。它是周围固定的圆薄板。当它的上下两面受到均匀分布的压力时，薄板将弯向压力小的一面，并在薄板表面产生压力，从而把均匀分布压力变换为薄板的位移和应变。将应变片粘贴在薄板表面可以组成电阻应变式压力传感器。利用薄板的位移（挠度）可以组成电容式、霍尔式压力传感器。

平膜片直径方向上各点的应变不同。设膜片的半径为 $r_0$，在 $r < \sqrt{\dfrac{r_0}{3}}$ 处的圆心周围的应变是正的（拉应变），在 $r > \sqrt{\dfrac{r_0}{3}}$ 的边缘区域的应变是负的（压应变），最大应变产生在膜的周围。

平膜片中心的位移与压力 $p$ 之间呈非线性关系。只有当位移量比薄板的厚度小得多时，才能获得较小的非线性误差。例如，当中心位移量等于薄板厚度 1/3 时，非线性误差可达 5%。

4. 波纹膜片

波纹膜片是压有同心圆形的薄膜，如图 4-7 所示。为了便于和传感元件相连接，在膜片中央留有一个光滑的部分，有时还在中心上焊接一块圆形金属片，称为膜片的硬心。当膜片的四周固定，两侧面存在压差时，膜片将弯向压力小的一侧，因此能够将压力变为位移。波纹膜片比平膜片柔软得多，因此可用来测量较小压力的弹性敏感元件。

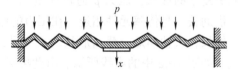

图 4-7　波纹膜片

5. 膜盒

为了进一步提高灵敏度，常把两个膜片焊在一起，制成膜盒，如图 4-6d 所示，其中心位移量为单个膜片的两倍。由于膜盒本身就是一个封闭的整体，所以周边不需要固定，给安装带来方便，应用比膜片更为广泛。

膜盒的形状有很多种形式，图 4-7 给出的是锯齿波纹，有时也采用正弦波纹。波纹的形状对膜盒的输出特性有影响，在一定的压力作用下，正弦波纹膜盒给出的位移最大，但线性较差；锯齿波纹膜盒给出的位移较小，但线性较好；梯形波纹膜盒的特性介于上述两者之间，膜片的厚度为 0.05 ~ 0.5mm。

6. 薄壁圆筒和薄壁半球

薄壁圆筒和薄壁半球的外形如图 4-6e、f 所示，它们的厚度一般约小于直径的 1/20，内腔与被测压力相通，均匀地向外扩张，产生拉伸应力和应变。圆筒的应变在轴向和周围方向上是不相等的，而薄壁半球在轴向的应变是相同的。这两种弹性敏感元件的灵敏度较低，但坚固性较好，适用于特殊结构要求的场合。

# 4.2　电阻应变片

1856 年，英国物理学家开尔文（Kelvin）在指导敷设大西洋海底电缆时，发现了金属材料在压力和张力的作用下会发生电阻变化的现象，金属材料的这种应变-电阻效应，是现今电阻应变片的基本原理。

1938 年，美国加利福尼亚理工学院教授西蒙斯（E. Simmons）和麻省理工学院教授鲁奇（A. Ruge）几乎同时发明了现今的电阻应变片。1954 年，美国贝尔实验室的史密斯（C. S. Smith）发现了半导体材料的硅、锗的压阻效应。自此半个世纪以来，半导体应变片在传感器方面的应用有了新的进展。由于半导体应变片的发现，使传感器集成化、微型化以及智能化成为可能。

## 4.2.1　电阻应变片的基本结构和工作原理

1. 基本结构

电阻应变片种类繁多，但其基本结构大体相似，现以金属丝绕式应变片结构为例加以说明，其结构示意图如图4-8所示。图中，$L$为敏感栅长度；$b$为敏感栅宽度。

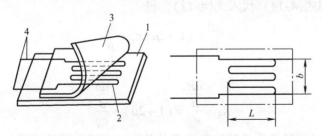

图4-8 电阻丝应变片的结构示意图

1—基片 2—直径约为0.025mm的高电阻率的合金电阻丝 3—覆盖层 4—引线（用以和外接导线连接）

电阻丝应变片主要由敏感栅、基底、盖片、引线等四部分构成。将金属电阻丝粘贴在基片上，上面覆一层薄膜，使它们变成一个整体，这就是电阻丝应变片的基本结构。用一根具有高电阻系数的金属丝（如康铜或镍铬合金等），绕成栅形，粘贴在绝缘的基片和覆盖层之间，由引出导线接于电路上。当金属丝应变片在外力作用下发生机械变形时，其电阻值发生变化，此现象称为电阻应变效应，这也是电阻应变片工作的物理基础。

在测量时，将应变片用黏结剂牢固的黏结在被测试件的表面，随着试件受力变形，应变片的敏感栅也获得同样的变形，从而使其电阻随之发生变化，此电阻变化与试件应变成比例，这样就可以反映出外界作用力的大小。

敏感栅是应变片的核心部分，它粘贴在绝缘的基片上，其上再粘贴起保护作用的覆盖层，两端焊接引出导线。

### 2. 灵敏系数

所谓应变片的灵敏系数就是单位应变所能引起的电阻的相对变化。下面研究对灵敏系数的影响因素。

金属导体的电阻$R$为

$$R = \rho \frac{L}{A} \tag{4-11}$$

如果对电阻丝长度作用均匀应力，则$\rho$、$L$、$A$的变化$\mathrm{d}\rho$、$\mathrm{d}L$、$\mathrm{d}A$将引起电阻$\mathrm{d}R$的变化，$\mathrm{d}R$可通过式(4-11)的全微分求得，即

$$\mathrm{d}R = \frac{\rho}{A}\mathrm{d}L + \frac{L}{A}\mathrm{d}\rho - \frac{\rho L}{A^2}\mathrm{d}A$$

相对变化量为

$$\frac{\mathrm{d}R}{R} = \frac{\mathrm{d}L}{L} + \frac{\mathrm{d}\rho}{\rho} - \frac{\mathrm{d}A}{A} \tag{4-12}$$

若电阻丝是圆形的，则$A = \pi r^2$，$r$为电阻丝的半径，对$r$微分得$\mathrm{d}A = 2\pi r\mathrm{d}r$，则

$$\frac{\mathrm{d}A}{A} = \frac{2\pi r\mathrm{d}r}{\pi r^2} = 2\frac{\mathrm{d}r}{r} \tag{4-13}$$

令$\dfrac{\mathrm{d}L}{L} = \varepsilon_x$为金属丝的轴向应变，$\dfrac{\mathrm{d}r}{r} = \varepsilon_y$为金属丝的径向应变。在弹性范围内，金属丝受拉力时，沿轴向伸长，沿径向缩短，那么轴向应变和径向应变的关系可表示为

$$\varepsilon_y = -\mu\varepsilon_x \tag{4-14}$$

式中，$\mu$ 为金属材料的泊松系数。

将式(4-13) 和式(4-14) 代入式(4-12)，得

$$\frac{\mathrm{d}R}{R} = (1 + 2\mu)\varepsilon_x + \frac{\mathrm{d}\rho}{\rho} \tag{4-15}$$

或令

$$K_{\mathrm{S}} = \frac{\dfrac{\mathrm{d}R}{R}}{\varepsilon_x} = (1 + 2\mu) + \frac{\dfrac{\mathrm{d}\rho}{\rho}}{\varepsilon_x} \tag{4-16}$$

式中，$K_{\mathrm{S}}$ 为金属丝的灵敏系数，其物理意义是单位应变所引起的电阻相对变化。灵敏系数受两个因素影响，一个是受力后材料几何尺寸的变化，即 $1 + 2\mu$；另一个是受力后材料的电阻率发生的变化，即 $\dfrac{\mathrm{d}\rho}{\rho\varepsilon_x}$。对于确定的材料，$1 + 2\mu$ 项是常数，其数值在 $1 \sim 2$ 之间。实验证明，$\dfrac{\mathrm{d}\rho}{\rho\varepsilon_x}$ 也是一个常数，因此可得

$$\frac{\mathrm{d}R}{R} = K_{\mathrm{S}}\varepsilon_x$$

或

$$K_{\mathrm{S}} = \frac{\mathrm{d}R}{R\varepsilon_x} \tag{4-17}$$

式(4-17) 表明金属电阻丝的电阻相对变化与轴向应变成正比关系。

3. 横向效应

如图 4-9 所示，应变片的敏感栅由多条直线和圆弧部分组成，应变片受拉时，其直线段沿轴向拉应变，应变量为 $\varepsilon_x$，会导致电阻丝电阻增加；其原弧段沿轴向应变，应变量为 $\varepsilon_y$，会导致电阻丝电阻减小。

电阻应变片横向效应定义为：将电阻丝缠绕成敏感栅构成应变片后，在轴单向应力作用下，由于敏感栅横栅段（圆弧或直线）上的应变状态不同于敏感栅直线段上的应变，因此灵敏系数有所降低。

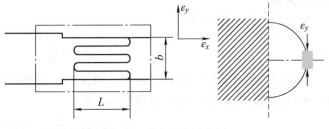

图 4-9  横向效应示意图

也就是说，电阻应变片的灵敏系数 $K$ 小于电阻丝的灵敏系数 $K_{\mathrm{S}}$。通常减小横向效应误差的措施就是采用箔式应变片。

4. 应变片测量原理

用应变片测量应变或应力时，根据上述结构特点，在外力作用下，被测对象产生微小机械变形，应变片随之发生相应的变化，同时，应变片电阻也发生相应变化。当测得应变片电阻值变化量为 $\Delta R$ 时，便可得到被测对象的应变值 $\varepsilon$，根据应力和应变的关系，可得应力值为

$$\sigma = E\varepsilon \tag{4-18}$$

式中，$\sigma$ 为试件的应力；$\varepsilon$ 为试件的应变；$E$ 为试件材料的弹性模量。

由此可知，应力 $\sigma$ 正比于应变 $\varepsilon$，而试件应变又正比于电阻值的变化 $\mathrm{d}R$，所以应力正比于电阻值的变化。这就是利用应变片测量应变的基本原理。

## 4.2.2　电阻应变片的种类

电阻应变片品种繁多，形式多样，但常用的应变片可分为两类：金属电阻应变片和半导体电阻应变片。

### 1. 金属电阻应变片

金属电阻应变片主要有丝式应变片和箔式应变片两种结构形式。它们根据需要可以制作成各种形状，如图4-8所示的回线式应变片。为了克服回线式应变片的横向效应，又常用短接方式构造成如图4-10a所示的应变片。箔式应变片是利用光刻、腐蚀等工艺制成的一种很薄的金属箔栅，其厚度一般在 $0.003 \sim 0.010\mathrm{mm}$，结构如图4-10b所示。箔式应变片的优点是表面积和截面积之比大，散热条件好，允许通过的电流较大，可制成各种需要的形状，便于大批量生产。基于上述优点，箔式应变片有逐渐取代丝式应变片的趋势。

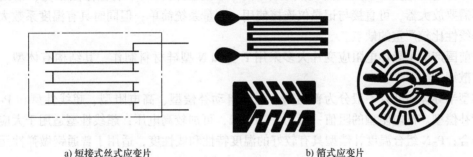

a) 短接式丝式应变片　　　　　　　　　b) 箔式应变片

图4-10　金属电阻应变片结构

大量实验证明，金属电阻应变片在极限应变范围内的灵敏系数 $K$ 可认为是一常数，即

$$K = \frac{\dfrac{\mathrm{d}R}{R}}{\varepsilon} \approx 1 + 2\mu$$

对比式(4-16) 可知，对于金属应变片，发生应变时，$\dfrac{\mathrm{d}\rho}{\rho \varepsilon_x}$ 的值非常小。

电阻应变片的标准电阻有 $60\Omega$、$120\Omega$、$350\Omega$、$600\Omega$、$1000\Omega$ 等，常用的是 $120\Omega$。

### 2. 半导体应变片

半导体应变片是用半导体材料，采用与丝式应变片相同方法制成。其结构如图4-11所示。

半导体应变片的工作原理是基于半导体材料的压阻效应。所谓压阻效应是指半导体材料当某一轴向受外力作用时，其电阻率 $\rho$ 发生变化的现象。

半导体应变片受轴向力作用时，其电阻相对变化为

$$\frac{\Delta R}{R} = (1 + 2\mu)\varepsilon_x + \frac{\Delta \rho}{\rho} \tag{4-19}$$

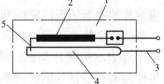

图4-11　半导体应变片结构

1—基片　2—半导体敏感条　3—外引线
4—引线连接片　5—内引线

71

式中，$\dfrac{\Delta\rho}{\rho}$ 为半导体应变片的电阻率相对变化，其值与半导体敏感条在轴向所受的应变力之比为一常数，即

$$\frac{\Delta\rho}{\rho} = \pi\sigma = \pi E\varepsilon_x \qquad\qquad (4\text{-}20)$$

式中，$\pi$ 是半导体材料的压阻系数。

将式(4-20)代入式(4-19)中得

$$\frac{\Delta R}{R} = (1 + 2\mu + \pi E)\varepsilon_x$$

式中，$1+2\mu$ 项随几何形状而变化；$\pi E$ 项为压阻效应，随电阻率而变化。实验证明：$\pi E$ 比 $1+2\mu$ 大近百倍，所以 $1+2\mu$ 可忽略，因而半导体应变片的灵敏系数为

$$K_S = \frac{\dfrac{\Delta R}{R}}{\varepsilon_x} = \pi E$$

半导体电阻应变片最突出的优点是体积小，灵敏度高，频率响应范围很宽，输出幅值大，不需要放大器，可直接与记录仪连接使用，测量系统简单；但同时具有温度系数大、应变时非线性比较严重的缺点。

目前国产的半导体电阻应变片大多采用 P 型和 N 型硅材料制作，其结构有体型、薄膜型和扩散型。

体型半导体应变片一般分为普通型、温度自动补偿型、高电阻型、超线性型和 P-N 组合温度补偿型。高电阻型的阻值一般为 $2\sim10\mathrm{k}\Omega$，可加较高电压；超线性型适用于大应变范围的场合；P-N 组合温度补偿型具有较好的温度特性和线性度，适用于普通钢做弹性元件的场合。

薄膜型半导体应变片是利用真空沉积技术将半导体材料沉积在带有绝缘层的试件上或蓝宝石上制作而成，灵敏度约为 30，电阻值为 $120\sim160\Omega$，非线性误差约为 0.2%，使用温度范围为 $-150\sim200℃$，也是一种粘贴式应变片。

扩散型半导体应变片是在硅材料的基片上用集成电路工艺制成的扩散电阻。其特点是稳定性好、机械滞后和蠕变小。其线性度较金属应变片和体型半导体应变片差，灵敏度和温度系数与体型半导体应变片相同，都比金属电阻应变片和薄膜型半导体应变片大。

半导体电阻应变片最突出的优点是灵敏度高，机械滞后小，横向效应小，体积小，使用范围广；最大的缺点是热稳定性差，因掺杂等因素影响，灵敏度离散度大；在较大应变作用下非线性误差大等。

### 3. 应变片的命名

应变片的命名依据国家标准 GB/T 13992—1992，从 1993 年 7 月 1 日开始实施，其内容如下：每种应变片产品型号命名由汉语拼音字母和数字组成，共七项。由左至右依次排列，第 I 项字母表示应变片类别；第 II 项字母表示应变片基底材料；第 III 项数字表示标准电阻值，单位为 $\Omega$，带括号的规格不推荐采用；第 IV 项数字表示应变片栅长，小于 1mm 时小数点省略；第 V 项由两个字母组成，表示应变片结构形状，表 4-1 列出了常用的代表字母；第 VI 项数字表示应变片的极限工作温度，对常温应变片此项省略；第 VII 项括号内数字表示温度自补偿应变片所适用试件材料的线膨胀系数。

表4-1　常用应变片型号命名表

| I | | II | | III | IV | V | VI | VII |
|---|---|---|---|---|---|---|---|---|
| 应变片类别 | | 基底材料种类 | | 标准电阻值 /Ω | 应变片栅长 /mm | 敏感栅的结构形状 | 极限工作温度/℃ | 适用材料的线膨胀系数 /(10⁻⁶/℃) |
| 名称 | 符号 | 名称 | 符号 | | | | | |
| 丝绕式<br>短接式<br>箔式<br>特殊用途 | S<br>D<br>B<br>T | 纸<br>环氧类<br>酚醛类<br>聚酯类<br>缩醛类<br>聚酰西胺类<br>玻璃布浸胶<br>金属箔片<br>临时基底 | Z<br>H<br>F<br>J<br>X<br>A<br>B<br>P<br>L | 60<br>(90)<br>120<br>(150)<br>200<br>(250)<br>350<br>500<br>(650)<br>1000 | 0.2　10<br>0.5　12<br>1　15<br>2　20<br>3　30<br>4　50<br>5　100<br>6　150<br>8　200 | （略）<br>单轴<br>AA<br>二轴90°<br>BA<br>三轴45°<br>CA<br>圆膜栅<br>KA | 例<br>150<br>200<br>250<br>350<br>400<br>550<br>700<br>800<br>900 | 钛合金　9<br>低碳钢　11<br>合金钢　14<br>不锈钢　16<br>铝合金　23<br>镁合金　27 |

例如，BH350—3AA150(16) 为单轴箔式环氧基底温度自补偿应变片，用于线膨胀系数 $16 \times 10^{-6}$/℃的材料，最高工作温度150℃，栅长3mm。

## 4.3　电阻应变式传感器的测量电路

将力学量转换为电量的装置称为力传感器，力传感器包括称重传感器、力矩传感器等。其中称重传感器是历史最悠久、应用最广、技术相对成熟的传感器。

目前应变式力传感器已成为非电量电测技术中非常重要的检测手段，广泛地应用于工程测量和科学实验中。它具有以下优点：

1）精度高，测量范围广。对测力传感器而言，量程可从零点几牛至几百千牛，精度可达 0.05%FS(FS 表示满量程)；对测压传感器，量程可从几十帕至 $10^{11}$ 帕，精度为 0.1%FS。应变测量范围一般可由数 $\mu\varepsilon$ 至数千 $\mu\varepsilon$（微应变，$1\mu\varepsilon$ 相当于长度为 1m 的试件，其变形为 $1\mu\varepsilon$ 时的相对变形量，即 $1\mu\varepsilon = 1 \times 10^{-6}\varepsilon$）。

2）频率响应特性较好。一般电阻应变式传感器的响应时间为 $10^{-7}$s，半导体应变式传感器可达 $10^{-11}$s，若能在弹性元件设计上采取措施，则应变式传感器可测几十甚至上百千赫兹的动态过程。

3）结构简单，尺寸小，重量轻。应变片粘贴在被测试件上对其工作状态和应力分布的影响很小。同时使用、维修方便。

4）可在高（低）温、高速、高压、强烈振动、强磁场及核辐射和化学腐蚀等恶劣条件下正常工作。

5）易于实现小型化、固态化。随着大规模集成电路工艺的发展，目前已有将测量电路甚至 A/D 转换器与传感器组成一个整体。传感器可直接接入计算机进行数据处理。

6）价格低廉，品种多样，便于选择。

同时，应变式传感器也存在一些缺点：在大应变状态中具有较明显的非线性，半导体应变式传感器的非线性更为严重；应变式传感器输出信号微弱，抗干扰能力较差，因此信号线需要采取屏蔽措施；应变式传感器测出的只是一点或应变栅范围内的平均应变，不能显示应力场中应力梯度的变化等。

尽管应变式传感器存在上述缺点，但通过采取一定的补偿措施，仍不失为非电量电测技术中应用最广和最有效的敏感元件。目前市场上的力传感器大都是应变式力传感器，它可将力、扭矩、加速度、荷重等非电量力学量转换为电量。

由于机械应变一般都很小，要把微小应变引起的微小电阻值的变化测量出来，同时，还要把电阻的相对变化转换为电压或电流的变化，因此，需要设计专用的测量电路。电桥电路的主要指标是桥路灵敏度、非线性和负载特性。下面具体讨论电桥电路及其相关指标。

## 4.3.1 直流电桥

1. 平衡条件

直流电桥的基本形式如图 4-12 所示。$R_1$、$R_2$、$R_3$、$R_4$ 为电桥的桥臂，$R_L$ 为其负载（可以是测量仪表内阻或其他负载）。

当 $R_L \to \infty$ 时，电桥的输出电压 $U_o$ 应为

$$U_o = E\left(\frac{R_1}{R_1 + R_2} - \frac{R_3}{R_3 + R_4}\right) \qquad (4\text{-}21)$$

当电桥平衡时，$U_o = 0$，由式(4-21) 可得

$$R_1 R_4 = R_2 R_3$$

或

$$\frac{R_1}{R_2} = \frac{R_3}{R_4} \qquad (4\text{-}22)$$

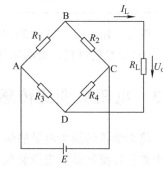

图 4-12　直流电桥

式(4-22) 称为电桥平衡条件。平衡电桥就是桥路中相邻两臂阻值之比应相等，从而使流过负载电阻的电流为零。

2. 电压灵敏度

如果在实际测量中，第一桥臂 $R_1$ 由应变片替代，微小应变引起的微小电阻的变化，电桥输出不平衡电压的微小变化。一般需要加入放大器放大。由于放大器的输入阻抗可以比桥路输出电阻高得多，所以此时仍视电桥为开路。当受应变时，若应变片电阻变化为 $\Delta R_1$，其他桥臂固定不变，则电桥输出电压 $U_o \neq 0$。不平衡电桥的输出电压 $U_o$ 为

$$U_o = E\left(\frac{R_1 + \Delta R_1}{R_1 + \Delta R_1 + R_2} - \frac{R_3}{R_3 + R_4}\right) = \frac{\Delta R_1 R_4}{(R_1 + \Delta R_1 + R_2)(R_3 + R_4)} E$$

$$= \frac{\left(\dfrac{R_4}{R_3}\right)\left(\dfrac{\Delta R_1}{R_1}\right)}{\left(1 + \dfrac{\Delta R_1}{R_1} + \dfrac{R_2}{R_1}\right)\left(1 + \dfrac{R_4}{R_3}\right)} E \qquad (4\text{-}23)$$

设桥臂电阻比为 $n = \dfrac{R_2}{R_1}$，由于 $\Delta R_1 \ll R_1$，分母中 $\dfrac{\Delta R_1}{R_1}$ 可忽略，考虑到起始平衡条件 $\dfrac{R_2}{R_1} = \dfrac{R_4}{R_3}$，由式(4-23) 可得

$$U_o' \approx E\frac{n}{(1 + n)^2}\frac{\Delta R_1}{R_1} \qquad (4\text{-}24)$$

电桥电压灵敏度定义为

$$S_V = \frac{U_o'}{\dfrac{\Delta R_1}{R_1}} = E \frac{n}{(1+n)^2} \tag{4-25}$$

由式(4-25)可知：①电桥电压灵敏度正比于电桥供电电压（简称为供桥电压），供桥电压越高，电桥电压灵敏度越高，但供桥电压的提高受到应变片允许功耗的限制，所以一般应适当选择供桥电压。②电桥电压灵敏度是桥臂电阻比值 $n$ 的函数，因此必须恰当地选择桥臂电阻比 $n$ 的值，保证电桥具有较高的电压灵敏度。

下面分析当供桥电压 $E$ 确定后，$n$ 应取何值，电桥电压灵敏度最高。

由 $\dfrac{\partial S_V}{\partial n} = 0$ 求 $S_V$ 的最大值，由此得

$$\frac{\partial S_V}{\partial n} = \frac{1-n^2}{(1+n)^4} = 0 \tag{4-26}$$

求得 $n=1$ 时，$S_V$ 最大。也就是说，在供桥电压确定后，当 $R_1 = R_2$，$R_3 = R_4$ 时，电桥的电压灵敏度最高。此时可分别将式(4-23)、式(4-24)、式(4-25)简化为

$$U_o = \frac{E}{4} \frac{\Delta R_1}{R_1} \frac{1}{1 + \dfrac{1}{2} \dfrac{\Delta R_1}{R_1}} \tag{4-27}$$

$$U_o' \approx \frac{E}{4} \frac{\Delta R_1}{R_1} \tag{4-28}$$

$$S_V = \frac{1}{4} E \tag{4-29}$$

由式(4-27)~式(4-29)可知，当电源电压 $E$ 和电阻相对变化 $\dfrac{\Delta R_1}{R_1}$ 一定时，电桥的输出电压及其灵敏度也是定值，且与各桥臂阻值大小无关。

## 4.3.2　交流电桥

直流电桥有电源稳定、电路简单的优点，但也有放大器电路比较复杂，存在零点漂移、工频干扰等缺点。在某些情况下会采用交流电桥及其配套的交流放大器。

交流电桥也称为不平衡电桥，采用交流供电，利用电桥的输出电流或输入电压与电桥的各个参数之间的关系进行工作。交流电桥放大电路简单，无零点漂移，不易受干扰，为特定传感器带来方便，但需要专用的测量仪器或电路，不易取得高精度。

图 4-13 为差动交流电桥的一般形式，$\dot{U}$ 为交流电源，开路输出电压为 $\dot{U}_o$。由于电桥电源为交流电源，引线分布电容使得两个桥臂应变片呈现复阻抗特性，即相当于两片应变片各并联一个电容，则每个桥臂上的复阻抗分别为

$$\begin{cases} Z_1 = \dfrac{R_1}{R_1 + j\omega R_1 C_1} \\[2mm] Z_2 = \dfrac{R_2}{R_2 + j\omega R_2 C_2} \\[2mm] Z_3 = R_3 \\[1mm] Z_4 = R_4 \end{cases} \tag{4-30}$$

式中，$C_1$、$C_2$ 为应变片的引线分布电容。

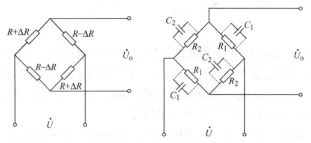

图 4-13　差动交流电桥

由交流电路分析可得

$$\dot{U}_o = \frac{\dot{U}(Z_1 Z_4 - Z_2 Z_3)}{(Z_1 + Z_2)(Z_3 + Z_4)} \tag{4-31}$$

要满足电桥的平衡条件，即 $\dot{U}_o = 0$，则有

$$Z_1 Z_4 = Z_2 Z_3 \tag{4-32}$$

联立式(4-31)、式(4-32)，可得

$$\frac{R_1}{1 + j\omega R_1 C_1} R_4 = \frac{R_2}{1 + j\omega R_2 C_2} R_3 \tag{4-33}$$

整理可得

$$\frac{R_3}{R_1} + j\omega R_3 C_1 = \frac{R_4}{R_2} + j\omega R_4 C_2 \tag{4-34}$$

式(4-34)实部、虚部分别相等。整理后可得交流电桥的平衡条件为

$$\frac{R_2}{R_1} = \frac{R_4}{R_3} \tag{4-35}$$

及

$$\frac{R_2}{R_1} = \frac{C_1}{C_2} \tag{4-36}$$

按照计算得到的参数设计电桥，在实际应用中由于器件本身的误差，电桥的初始状态并不一定平衡，图 4-14 给出了两种交流电桥平衡调节电路。

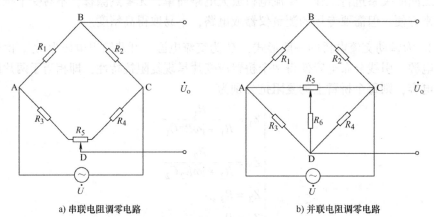

a) 串联电阻调零电路　　　　　　　　　　b) 并联电阻调零电路

图 4-14　交流电桥平衡调节电路

图 4-14a 为串联电阻调零电路图，通过调节电阻 $R_5$ 调节电桥平衡。图 4-14b 为并联电阻调零电路图，电阻 $R_6$ 决定可调范围，$R_6$ 越小，可调范围越大，但测量误差也越大，$R_5$ 和 $R_6$ 取相同的值。这两种方法同时也可用于直流电桥的调零。

## 4.3.3 非线性误差及其补偿方法

上述分析均假定应变片的参数变化很小，而且忽略 $\dfrac{\Delta R_1}{R_1}$，这是一种理想情况。实际情况应按式(4-23)计算，分母中的 $\dfrac{\Delta R_1}{R_1}$ 不可忽略，此时式(4-23)中的输出电压 $U_o$ 与 $\dfrac{\Delta R_1}{R_1}$ 的关系是非线性的。实际的非线性特性曲线与理想的线性特性曲线的偏差称为绝对非线性误差。下面计算非线性误差。

设在理想情况下，式(4-23)中忽略 $\dfrac{\Delta R_1}{R_1}$，记输出电压为 $U_o'$，非线性误差为

$$r = \frac{U_o - U_o'}{U_o'} = \frac{U_o}{U_o'} - 1 = \frac{\dfrac{\left(\dfrac{R_4}{R_3}\right)\left(\dfrac{\Delta R_1}{R_1}\right)E}{\left[1 + \left(\dfrac{\Delta R_1}{R_1}\right) + \left(\dfrac{R_2}{R_1}\right)\right]\left(1 + \dfrac{R_4}{R_3}\right)}}{\dfrac{\left(\dfrac{R_4}{R_3}\right)\left(\dfrac{\Delta R_1}{R_1}\right)E}{\left(1 + \dfrac{R_2}{R_1}\right)\left(1 + \dfrac{R_4}{R_3}\right)}} - 1$$

$$= \frac{\dfrac{1}{1 + \dfrac{\Delta R_1}{R_1} + \dfrac{R_2}{R_1}}}{\dfrac{1}{1 + \dfrac{R_2}{R_1}}} - 1 = \frac{1 + \dfrac{R_2}{R_1}}{1 + \dfrac{\Delta R_1}{R_1} + \dfrac{R_2}{R_1}} - 1 = \frac{-\dfrac{\Delta R_1}{R_1}}{1 + \dfrac{\Delta R_1}{R_1} + \dfrac{R_2}{R_1}} \qquad (4\text{-}37)$$

对于一般应变片，所受应变 $\varepsilon$ 通常在 $5000\mu$ 以下，若取灵敏系数 $K_S = 2$，则 $\dfrac{\Delta R_1}{R_1} = K_S\varepsilon = 5000 \times 10^{-5} \times 2 = 0.01$，代入式(4-37)，计算可得非线性误差为 $0.5\%$ 不算太大；但对于电阻相对变化较大的应变片，如半导体应变片，$K_S = 300$，当所受 $\varepsilon$ 为 $1000\mu$ 时，$\dfrac{\Delta R_1}{R_1} = K_S\varepsilon = 130 \times 1000 \times 10^{-6} = 0.130$，代入式(4-37)，计算得到非线性误差为 $6\%$，该非线性误差相当大，不可忽略。所以对半导体应变片的测量电路要做特殊处理，才能减小非线性误差。

减小或消除非线性误差的方法有如下几种。

### 1. 提高桥臂比

由式(4-37)可知，提高桥臂比 $n = \dfrac{R_2}{R_1}$，可以减小非线性误差；但从电压灵敏度 $S_V \approx$

$E\dfrac{1}{n}$ 考虑，电桥电压灵敏度也将降低。因此，为了达到既减小非线性误差又不降低其灵敏度的目的，必须适当提高供桥电压 $E$。

### 2. 采用差动电桥

根据被测试件的受力情况，若使一片应变片受拉、一片受压，则应变符号相反；测试时，将两片应变片接入电桥的相邻臂上，如图4-15所示，称为半桥差动电路。该电桥输出电压 $U_o$ 为

$$U_o = E\left(\frac{R_1 + \Delta R_1}{R_1 + \Delta R_1 + R_2 - \Delta R_2} - \frac{R_3}{R_3 + R_4}\right) \quad (4-38)$$

若 $\Delta R_1 = \Delta R_2$，$R_1 = R_2$，$R_3 = R_4$，则得

$$U_o = \frac{E}{2}\frac{\Delta R_1}{R_1} \quad (4-39)$$

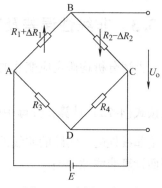

图 4-15　半桥差动电路

由式(4-39)可知，$U_o$ 与 $\dfrac{\Delta R_1}{R_1}$ 成线性关系，差动电桥无非线性误差，而且电压灵敏度为 $S_V = \dfrac{1}{2}E$，比使用一片应变片提高了一倍，同时可以起到温度补偿的作用。

若将电桥四臂接入四片应变片，如图4-16所示，即两片应变片受拉、两片受压，将两个应变符号相同的接入相对臂上，则构成全桥差动电路。若满足 $\Delta R_1 = \Delta R_2 = \Delta R_3 = \Delta R_4$，则输出电压为

$$U_o = E\frac{\Delta R_1}{R_1} \quad (4-40)$$

相应的电压灵敏度为

$$S_V = E$$

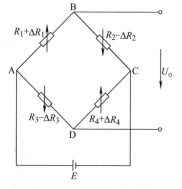

图 4-16　全桥差动电路

由此可知，采用全桥差动电路电压灵敏度是用单片应变片的5倍，比用半桥差动电路提高了一倍。

### 3. 采用高内阻的恒流源电桥

通过电桥各臂的电流不恒定也是产生非线性误差的重要原因，所以供给半导体应变电桥的电源一般采用恒流源，如图4-17所示。供桥电流为 $I$，通过各臂的电流为 $I_1$ 和 $I_2$，若测量电路输入阻抗较高，则

$$\begin{cases} I_1(R_1 + R_2) = I_2(R_3 + R_4) \\ I = I_1 + I_2 \end{cases} \quad (4-41)$$

解该方程组得

$$I_1 = \frac{R_3 + R_4}{R_1 + R_2 + R_3 + R_4}I$$

$$I_2 = \frac{R_1 + R_2}{R_1 + R_2 + R_3 + R_4}I$$

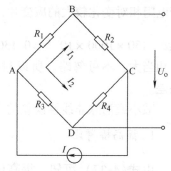

图 4-17　恒流源电桥

输出电压为

$$U_o = I_1 R_1 - I_2 R_3 = \frac{R_1 R_4 - R_2 R_3}{R_1 + R_2 + R_3 + R_4} I$$

若电桥初始处于平衡状态（$R_1 R_4 = R_2 R_3$），且 $R_1 = R_2 = R_3 = R_4 = R$，当第一桥臂电阻 $R_1$ 变为 $R_1 + \Delta R_1$ 时，电桥输出电压为

$$U_o = \frac{R \Delta R}{4R + \Delta R} I = \frac{I}{4} \Delta R \frac{1}{1 + \frac{\Delta R}{4R}} \tag{4-42}$$

比较式(4-42) 与式(4-27) 可知，采用恒流源电桥比单臂供压电桥的非线性误差减少了50%。

## 4.3.4  测量电路设计注意事项

1）当增大电桥供电电压时，虽然会使输出电压增大，放大电路本身的漂移和噪声相对减小，但电源电压或电流的增大会造成应变片发热，从而造成测量误差，甚至使应变传感器损坏，故一般电桥的供电电压应低于6V。

2）由于应变片电阻的分散性，即使应变片处于无电压状态，电桥仍会有电压输出，故电桥应设计调零电路。

3）由于应变片受温度影响，应考虑温度补偿电路。

## 4.3.5  应变片传感器的温度特性

粘贴在试件上的应变片，当环境温度发生变化时，其电阻也将随之发生变化。在有些情况下，这个数值甚至要大于应变引起的信号变化。这种由于温度变化引起的应变输出称为热输出。

### 1. 使应变片产生热输出的因素

1）当温度变化时，应变片敏感元件材料的电阻值将随温度的变化而变化（即电阻温度系数的影响），其电阻变化率为

$$\left(\frac{\Delta R}{R}\right)_\alpha = \alpha \Delta t \tag{4-43}$$

式中，$\alpha$ 为敏感元件材料的电阻温度系数；$\Delta t$ 为环境温度的变化量。

2）当温度变化时，应变片与试件材料会产生膨胀。如果应变片敏感元件与试件材料的线膨胀系数不同，它们的伸缩量也将不同，从而使应变片敏感元件产生附加应变，并引起电阻变化，其电阻变化率为

$$\left(\frac{\Delta R}{R}\right)_\beta = K(\beta_E - \beta_S) \Delta t \tag{4-44}$$

式中，$\beta_S$、$\beta_E$ 为应变片与试件材料的线膨胀系数；$K$ 为应变片的灵敏系数。

因此，应变片由电阻变化所引起的总电阻变化为

$$\left(\frac{\Delta R}{R}\right)_t = \left(\frac{\Delta R}{R}\right)_\alpha + \left(\frac{\Delta R}{R}\right)_\beta = [\alpha + K(\beta_E - \beta_S)] \Delta t \tag{4-45}$$

应变片的热输出为

$$\varepsilon_t = \frac{\left(\dfrac{\Delta R}{R}\right)_t}{K} = \left[\frac{\alpha}{K} + (\beta_E - \beta_S)\right]\Delta t \qquad (4\text{-}46)$$

例如，贴在钢质试件上的康铜电阻应变片 $K = 2$，$\alpha = 20 \times 10^{-6}/℃$，$\beta_S = 15 \times 10^{-6}/℃$，$\beta_E = 11 \times 10^{-6}/℃$，当温度变化 $\Delta t = 10℃$ 时，应变片的热输出为

$$\varepsilon_t = \left[\frac{20 \times 10^{-6}}{2} + (11 - 15) \times 10^{-6}\right] \times 10 = 60 \times 10^{-6} = 60\mu\varepsilon(微应变)$$

若钢质试件的弹性模量 $E = 2 \times 10^6 \mathrm{kg/cm^2}$，则上述热输出相当于试件应力为

$$\sigma = E\varepsilon_t = 2 \times 10^6 \times 60 \times 10^{-6} \mathrm{kg/cm^2} = 120\mathrm{kg/cm^2}$$

时的应变值。

由此可见，由于温度变化而引起的热输出是比较大的，必须采取温度补偿措施以减小或消除温度变化的影响。

**2. 电阻应变片的温度补偿方法**

电阻应变片的温度补偿方法通常有线路补偿法和应变片自补偿法两大类。

**（1）线路补偿法**

线路补偿法是利用电桥电路的特点进行温度补偿。

当相邻两桥臂均为应变片时，若满足 $R_1 = R_2$，$\Delta R_1 = \Delta R_2$（$R_3 = R_4$ 为固定电阻），则电桥平衡，即 $U_o = 0$。因此，将 $R_1$ 作为工作片，即测量片，承受应力，$R_2$ 作为补偿片，不承受应力；工作片 $R_1$ 粘贴在被测试件上需要测量应变的地方，补偿片 $R_2$ 粘贴在一块不受应力但与被测试件材料相同的补偿块上，放置于相同的温度环境中，如图 4-18 所示。

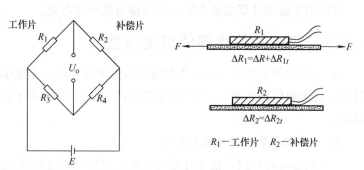

图 4-18 电桥线路补偿法

当温度发生变化时，工作片 $R_1$ 和补偿片 $R_2$ 的电阻都将发生变化。由于 $R_1$ 与 $R_2$ 为同类应变片，又粘贴在相同的材料上，因此，由于温度变化而引起的应变片的电阻变化量相同，即 $\Delta R_{1t} = \Delta R_{2t}$，与 $U_o = \dfrac{E}{4R}(\Delta R_1 - \Delta R_2 - \Delta R_3 + \Delta R_4)$ 联立可得

$$U_o = \frac{E}{4R}(\Delta R_1 - \Delta R_2 - \Delta R_3 + \Delta R_4)$$
$$= \frac{E}{4R}(\Delta R_1 - \Delta R_2)$$
$$= \frac{E}{4R}\left[(\Delta R + \Delta R_{1t}) - \Delta R_{2t}\right]$$
$$= \frac{E}{4}\frac{\Delta R}{R}$$

相当于电桥单臂工作。很明显，由于工作片 $R_1$ 和补偿片 $R_2$ 分别接在电桥的相邻两桥臂

上，此时，因温度变化而引起的电阻变化 $\Delta R_{1t}$ 和 $\Delta R_{2t}$ 的作用相互抵消，试件未受应力时电桥仍然平衡；工作时，只有工作片 $R_1$ 感受应变。因此，电桥输出只与被测试件的应变有关，而与环境温度无关，从而起到温度补偿的作用。

线路补偿法的优点是简单、方便，在常温下补偿效果比较好；缺点是在温度变化梯度较大时，很难做到工作片与补偿片处于温度完全一致的状态，因而影响了补偿效果。

（2）应变片温度自补偿法

应变片温度自补偿法是利用自身具有温度补偿作用的特殊应变片，这种能够进行温度补偿的特殊应变片称为温度自补偿应变片。

1）选择式自补偿应变片。由式(4-46)不难得出，实现温度自补偿的条件为

$$\alpha = -K(\beta_E - \beta_S) \tag{4-47}$$

即当被测试件选定后，就可以选择合适的敏感材料的应变片以满足式(4-47)的要求，从而达到温度自补偿的目的。

这种补偿方法的优点是简便实用，在检测同一材料构件及精度要求不高时尤为重要；缺点是一种值的应变片只能在一种材料上使用，因此，局限性很大。

2）敏感栅自补偿应变片。敏感栅自补偿应变片又称组合式自补偿应变片，是利用某些材料的电阻温度系数有正、负的特性，将这两种不同的电阻丝栅串联成一个应变片来实现温度补偿。应变片两段敏感栅随温度变化而产生的电阻增量大小相等、符号相反，即 $\Delta R_1 = \Delta R_2$，从而实现温度补偿。

这种补偿方法的优点是在制造时可以调节两段敏感栅的线段长度，以实现对某种材料在一定的温度范围内获得较好的温度补偿，补偿效果可达 $\pm 0.45\mu\varepsilon/℃$。

# 4.4　电阻应变式传感器的应用

电阻应变式传感器由于具有测量精度高、动态响应好、使用简单和体积小等优点，因而被广泛应用于应变、压力、弯矩、扭矩、加速度和位移等物理量的测量中。电阻应变片应用可分为两大类：一种是将应变片粘贴在弹性敏感元件上，由弹性敏感元件在被测物理量（如力、压力、加速度等）的作用下，产生一个与之成正比的应变，然后由应变片作为传感元件将应变转换为电阻变化，通过测量电路检测出被测物理量，这样就可以组成各种专用的应变式传感器，在目前的传感器中，尤其是在称重测力传感器中占有重要的地位；另一种是直接将应变片粘贴在被测构件上，然后将其接到应变仪上就可以直接从应变仪上读到相应的应变值，如电阻应变仪。需要注意的是，应在弹性元件或被测构件应变最大的部位粘贴应变片。

## 4.4.1　测力与称重传感器

载荷和力传感器是工业测量中使用较多的一种传感器，量程从几克到几百吨。测力传感器主要作为各种电子秤和材料试验的测力元件，或用于发动机推力测试、水坝坝体承载状况的监测等。

力传感器的弹性元件有柱式、梁式、轮辐式、环式等。

### 1. 柱式力传感器

柱式力传感器的弹性元件有实心柱与空心柱两种，以实心柱为例，设钢制圆筒截面积为

$S$（单位为 $m^2$），泊松比为 $\mu$，弹性模量为 $E$（单位为 $N/m^2$），应变片的灵敏系数为 $K$。四片特性相同的应变片对称地贴在圆筒外表面，如图 4-19 所示，并连接成全桥形式。这种连接方式可提高检测灵敏度和温度稳定性，最大测力（或荷重）量程可达 $10^7 N$。

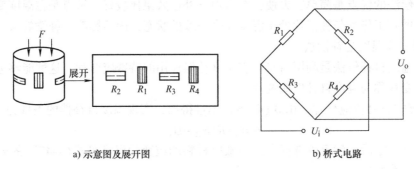

a) 示意图及展开图          b) 桥式电路

图 4-19　柱式力传感器示意图

### 2. 悬臂梁式力传感器

悬臂梁式力传感器是一种高精度、性能优良、结构简单的称重测力传感器，最小可以测量几十克，最大可以测量几十吨的质量，精度可达 0.02% FS。悬臂梁式力传感器采用弹性梁和应变片作为转换元件，当力作用在弹性梁上时，弹性梁与应变片一起变形，使应变片电阻值发生变化，应变电桥输出的电压信号与力成正比。

悬臂梁主要有两种形式：等截面梁和等强度梁。结构特征为弹性元件一端固定，力作用在自由端，所以称为悬臂梁。

### （1）等截面梁

等截面梁的特点是悬臂梁的横截面积处处相等，其结构如图 4-20a 所示。当外力 $F$ 作用在梁的自由端时，固定端产生的应变最大，粘贴在应变片处的应变为

$$\varepsilon = \frac{6Fl_0}{bh^2 E} \tag{4-48}$$

式中，$l_0$ 为梁上应变片至自由端的距离；$b$、$h$ 分别为梁的宽度和厚度。

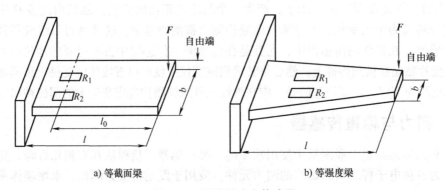

a) 等截面梁          b) 等强度梁

图 4-20　悬臂梁式力传感器

等截面梁测力时，因为应变片的应变大小与力的作用距离有关，所以应变片应粘贴在距固定端较近的表面，顺梁的长度方向上下各粘贴两片应变片，四片应变片组成全桥。上面两片应变片受压时，下面两片受拉，应变大小相等、极性相反。这种称重传感器适用于测量

500kg 以下的荷重。

（2）等强度梁

等强度梁的结构如图 4-20b 所示，悬臂梁长度方向的截面积按一定规律变化，是一种特殊形式的悬臂梁。当力 $F$ 作用在自由端时，距作用点任何位置横截面上应力相等。应变片处的应变大小为

$$\varepsilon = \frac{6Fl}{bh^2E} \tag{4-49}$$

在力的作用下，梁表面整个长度上产生大小相等的应变，所以等强度梁对应变片的粘贴位置要求不高。另外，除等截面梁、等强度梁外，梁的形式还有很多，如单孔梁、平行双孔梁、工字梁、S 形拉力梁等。图 4-21 给出了三种常见的梁式传感器。

### 3. 薄壁圆环式力传感器

圆环式弹性元件结构也比较简单，如图 4-22 所示，其特点是在外力作用下，各点的应力差别比较大。

a) S形拉力梁　　b) 平行双孔梁　　c) 单孔梁

图 4-21　常见的梁式传感器　　　　　　图 4-22　薄壁圆环式力传感器

图 4-22 中，薄壁圆环的厚度为 $h$，外半径为 $R$，圆环的宽度为 $b$，应变片 $R_1$、$R_4$ 贴在外表面，$R_2$、$R_3$ 贴在内表面，贴片处的应变量为

$$\varepsilon = \pm \frac{3F[R - (h/2)]}{bh^2E}\left(1 - \frac{2}{\pi}\right) \tag{4-50}$$

其线性误差可达 0.2%，滞后误差可达 0.1%，但上下受力点必须是线接触。

### 4. 膜片式压力传感器

膜片式压力传感器主要用于测量管道内部的压力，如内燃机燃气的压力、压差、喷射力，发动机和导弹试验中的脉动压力以及各种领域中的流体压力。这类传感器的弹性敏感元件是一个圆形的金属膜片，结构如图 4-23a 所示，金属弹性元件的膜片周边被固定，当膜片一面受到压力 $p$ 作用时，膜片的另一面有径向应变和切向应变，如图 4-23b 所示，径向应变 $\varepsilon_r$

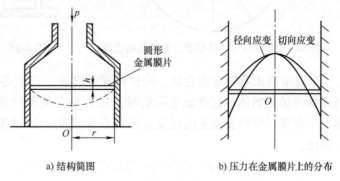

a) 结构简图　　　　　b) 压力在金属膜片上的分布

图 4-23　膜片式压力传感器的原理及特性

和切向应变 $\varepsilon_t$ 的应变值分别为

$$\varepsilon_r = \frac{3p}{8Eh^2}(1-\mu^2)(r^2-3x^2) \tag{4-51}$$

$$\varepsilon_t = \frac{3p}{8Eh^2}(1-\mu^2)(r^2-x^2) \tag{4-52}$$

式中，$r$、$h$ 分别为膜片半径和厚度；$x$ 为任意点离圆心的距离；$E$ 为膜片的弹性模量；$\mu$ 为泊松比。

由膜片式传感器应变变化特性可知，在膜片中心（即 $x=0$ 处），径向应变 $\varepsilon_r$ 和切向应变 $\varepsilon_t$ 都达到正的最大值，这时 $\varepsilon_t$ 和 $\varepsilon_r$ 大小相等，即

$$\varepsilon_{min} = \varepsilon_{max} = \frac{3p}{8Eh^2}(1-\mu^2)r^2 \tag{4-53}$$

在膜片边缘 $x=r$ 处，切向应变 $\varepsilon_t=0$，径向应变 $\varepsilon_r$ 达到负的最大值，即

$$\varepsilon_{min} = -\frac{3p}{8Eh^2}(1-\mu^2)r^2 = -\varepsilon_{max} \tag{4-54}$$

由此可以找到径向应变为零，即 $\varepsilon_r=0$ 的位置（距离圆心 $x=r/\sqrt{3}\approx0.58r$ 的圆环附近）。

在制作这类传感器时，根据应力的分布区域，四片应变片的粘贴位置如图 4-24 所示。$R_1$、$R_4$ 粘贴在径向应变最大的区域，测量径向应变；$R_2$、$R_3$ 粘贴在切向应变最大的区域，测量切向应变，四片应变片组成全桥电路。此类传感器一般可测量 $10^5 \sim 10^6$ Pa 的气体压力。

5. 应变式加速度传感器

应变式加速度传感器的结构原理如图 4-25 所示，主要由悬臂梁、应变片、质量块、基座外壳组成。

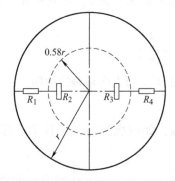
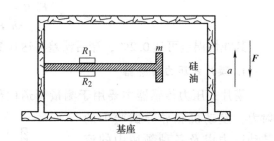

图 4-24　膜片式压力传感器应变片粘贴位置　　图 4-25　应变式加速度传感器的结构原理

悬臂梁自由端固定质量块，壳体内充满硅油，产生必要的阻尼。其基本工作原理是，当壳体与被测物体一起做加速运动时，悬臂梁在质量块的惯性作用下反方向运动，使梁体发生形变，粘贴在梁上的应变片阻值发生变化，通过测量阻值的变化求出待测物体的加速度。

已知加速度 $a=F/m$，物体与质量块有相同的加速度。物体运动的加速度 $a$ 与其上面产生的惯性力 $F$ 成正比，应变大小为

$$\varepsilon = \frac{6ml}{bh^2E}a \qquad (4-55)$$

式中，$m$ 为质量块质量；$l$ 为梁的长度；$b$ 为梁的宽度；$h$ 为梁的厚度。

惯性力的大小可由悬臂梁上的应变片变化的电阻值测量，电阻变化引起电桥不平衡输出。梁的上下各粘贴两片应变片组成全桥电路。应变式加速度传感器不适用于测量较高频率的振动冲击，常用于低频振动测量，一般测量频率范围为 $10 \sim 60\,\mathrm{Hz}$。

### 4.4.2 电子秤

电子秤是直接使用将重量转换成电信号的称重传感器来检测料斗（或容器）、吊车、带式输送机、平台等装载物料的重量，同时将电信号放大显示，从而控制称重设备（或装置）。

电子秤的分类从计量方式来分，有动态和静态两种；按用途和使用场合来分，主要有料斗秤、吊车秤、带式秤、平台秤、轨道衡、油罐秤等。一般来说，电子秤主要由以下几个部分组成：

1）承重和传力机构。将被称物体的重量或力传递给称重传感器的全部机械系统，包括承重台面、秤桥结构、吊挂连接单元、安全限位装置等。

2）称重传感器。将作用于传力机构的重量或力按一定的函数关系（一般为线性关系）转换为电量（电压、电流、频率等）输出，有时又称为一次变换元件。

3）显示记录仪表。用于测量称重传感器输出的电信号数值或状态，以指针或数码形式显示出来（其中包括测量电路。现代测量显示仪表还包括数据处理、打印装置等），一般又称为二次显示仪表。

4）电源。用于向称重传感器测量桥路馈电，要求稳定度较高，可以是交流或直流稳压电源。

下面介绍采用 S 形双弯曲悬臂梁应变式测力传感器和单片机相结合的数字式电子秤的结构、工作原理和电路。它具有零点跟踪、非线性校正、精度选择、称重、去皮重、累计、显示、打印等多种功能。

传感器弹性体为双弯曲梁，四片应变片分别粘贴在梁的上、下两表面上组成全桥电路，如图 4-26a 所示。当载荷 $W$ 作用时，$R_1$、$R_2$ 受拉伸，阻值增加；$R_3$、$R_4$ 受压缩，阻值减小，电桥失去平衡，产生输出电压 $\Delta U$，且 $\Delta U$ 与 $W$ 成正比，即

$$\Delta U = U\frac{\Delta R}{R} = K_S\varepsilon U \qquad (4-56)$$

对于双弯曲梁的应变为

$$\varepsilon = \frac{3W\left(d - \frac{a}{2} - \delta\right)}{Ebh^2} \qquad (4-57)$$

式中，$d$ 为梁端到梁中心的距离；$\delta$ 为梁端到应变片的距离；$h$ 为梁的厚度；$b$ 为梁的宽度；$E$ 为材料的弹性模数；$a$ 为应变片的基长。

双连孔传感器的输出为

$$\Delta U = K_S U \frac{3W\left(d - \frac{a}{2} - \delta\right)}{Ebh^2} \qquad (4-58)$$

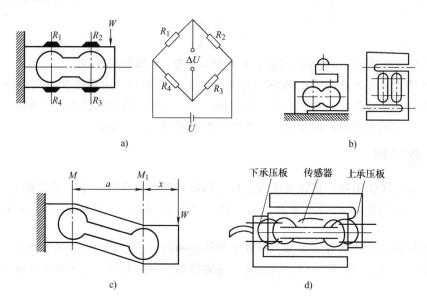

图 4-26  S形双弯曲梁应变式测力传感器结构原理

电压的相对变化量为

$$S = \frac{\Delta U}{U} = K_S \frac{3W\left(d - \frac{a}{2} - \delta\right)}{Ebh^2} \tag{4-59}$$

S形双弯曲悬臂梁应变式测力传感器具有以下特点：

1）输出灵敏度高。由于结构是双连孔形，粘贴应变片处较薄，应变大，而其他部位较厚，故强度和刚度都很好。

2）变化加载点不影响输出。在传感器上装配上、下承压板，变成了S形，如图4-26d所示。传感器部分如图4-26c所示，由图可知：

$$M_1 = Wx$$
$$M_2 = W(x + a)$$
$$M_2 - M_1 = W(x + a) - Wx = Wa$$

可见，输出只与应变片基长 $a$（常数）有关，而与重物加载点 $x$ 无关。

3）抗侧向力强。若增加一个侧向力，对于中间梁而言，只增加了一对轴向力，四片应变片将同时增、减 $\Delta R$，故对输出无影响。

4）该电子秤只用了一个测力传感器，结构简单、精度高、量程宽、工作可靠。

为了提高测量精度，传感器可采用多种补偿措施消除有关误差。例如，图4-27是一种调零电路。电桥2（补偿电桥）串接在应变片传感器的输出和测量仪表之间，通过调节补偿电桥中的电位器RP，改变其输出电压 $U_{o2}$，用 $U_{o2}$ 来抵消传感器的零点漂移输出电压 $U_{o1}$，因此调节RP可使传感器在空载时输出电压 $U_o$ 为零。

一种电子秤的逻辑框图如图4-28所示。其中，数字倍增器的作用是保证各量程的分辨率始终保持在一个固定数值上。如果用微处理器与模拟电路结合的方案可以将图4-28中的若干数字电路省略，只要用如图4-29所示的框图即可实现自动称重的目的，而且灵活性大大增加。它可以根据预先编制的程序对称重进行采样、处理和控制，完成自动校准、自动调零、自动量程、自动判断、自动计价、自动显示和打印结果等功能。

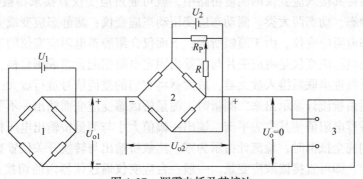

图 4-27　调零电桥及其接法

1—称重传感器　2—调零电路　3—测量仪器

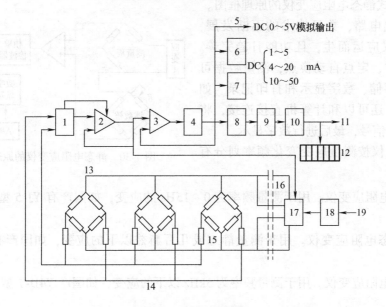

图 4-28　电子秤逻辑框图

1—零点自动调节器　2—前置放大器　3—输出放大器　4—低通滤波器　5—模拟输出

6—电流放大器　7—给定值控制器　8—A/D 转换器　9—数字倍增器　10—脉冲存储器

11—BCD 码输出　12—数字显示器　13—传感器非线性补偿　14—传感器桥路　15—隔离电阻

16—远距离传输补偿　17—电压调节器　18—电源　19—交流电网

　　常用的电子秤有：容器电子秤，可以用来称量气体、液体和粉粒状物料的重量；吊车电子秤，用于物料吊送过程中的称重；带式电子秤，主要针对带式输送机所载物料的称重；平台电子秤，包括电子地中衡、地面平台秤、电子汽车衡以及低台面轴重计、轮重计等。

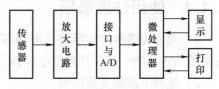

图 4-29　带微处理器的电子秤

## 4.4.3　电阻应变仪

　　电阻应变仪是专门用于测量电阻应变片应变量的仪器。实际测量时，只要将应变片贴于被测点上，然后将其接入应变仪的测量桥路中，就可通过应变仪直接求得被测点的应变值。电阻应变仪有静态、动态两大类。测动态应变用动态应变仪；测静态应变或变化较为缓慢的应变，可用静态电阻应变仪。由于篇幅所限，下面仅介绍静态电阻应变仪的工作原理。

常规的静态电阻应变仪是将应变片与仪器内固定电阻相配合组成测量桥，测量桥和仪器内另一读数桥反极性串联后接入放大器，放大器将它们的差值信号进行放大，放大后的信号经相敏检波之后由检流计显示出来。测量时，测量桥因感受应变而输出一不平衡电压，适当改变读数桥的桥臂电阻值使其失去平衡，输出一幅值大小与测量桥输出电压相等而相位相反的电压，当它们完全抵消时，检流计指示为零。读数桥输出与转换开关位置有关，只要对其用应变值来标定，即可直接读取应变量。一般一台应变仪通过仪器内的切换开关可测 20 个测点。如要测多于 20 个测点，可采用预调平衡箱。图 4-30 为上海华东电子仪器厂生产的 YJ-16 型数字式静态电阻应变仪的原理框图。

随着集成电路、数显技术的不断发展，数字式应变仪应运而生，且功能日趋完善。测量时能定时、定点自动换点，测量数据可自动修正、存储、数字显示和打印记录。如配适当接口，还可以和计算机直接连接，将其转换成数字信号，最后进行数字显示。

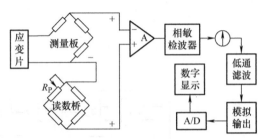

图 4-30　静态电阻应变仪的原理框图

电阻应变仪按测量应变变化频率划分有以下几种：

1）静态电阻应变仪。用于测量频率为 0 ~ 15Hz 的应变，如国产有 YJ-5 型、YJB-I 型、YJS-14 型等。

2）静动态电阻应变仪。用于测量静态或几百赫兹以下的应变，如国产有 YJD-1 型、YJD-7 型等。

3）动态电阻应变仪。用于测量频率为 5kHz 以下的应变，如国产 Y4D-1 型、Y6D-2 型、YD-15 型等。

4）超动态电阻应变仪。用于测量频率从零至几十千赫兹的动态应变，如国产 Y6C-9 型等。

5）遥测应变仪。用于解决无法用有线传输信号时的应变测量，如测量旋转件、运动件等的应变。

## 4.4.4　使用注意事项

1）测力传感器的标准输出有 2mV/V 或 3mV/V（每输入 1V 电压时，传感器的输出为 2mV 或 3mV 两种，若采用外施电压 DC 12V 时，则额定输出电压为（3mV/V）×12V＝36mV。

2）绝对不准超负荷使用。

3）一般来说，在额定负荷下测力传感器本身的应变约为 0.2mm 的微小位移；固有频率相当高，约 300 ~ 2000Hz；且响应快。

4）在振动大的地点设置传感器时，需要考虑测力传感器本身振动而引起的疲劳。使用传感器的容量及个数应按图 4-31 确定。

图4-31　传感器容量及个数确定准则

## 4.5　习题

4-1　电子秤所使用的应变片选择（　　）应变片；为提高集成度，测量气体压力应选择（　　）；一次性、几百个应力实验测点选择（　　）应变片。
A. 金属丝式　　　B. 金属箔式　　　C. 电阻应变仪　　　D. 固态压阻式传感器

4-2　应变测量中，希望灵敏度高、线性好、有温度自补偿功能，应选择（　　）测量转换电路。
A. 单臂半桥　　　B. 双臂半桥　　　C. 四臂半桥　　　D. 独臂

4-3　MQN 气敏电阻可测量（　　）的浓度；$TiO_2$ 气敏电阻可测量（　　）的浓度。
A. $CO_2$
B. $N_2$
C. 气体打火机车间的有害气体
D. 锅炉烟道中剩余的氧气

4-4　湿敏电阻用交流电作为激励电源是为了（　　）。
A. 提高灵敏度
B. 防止产生极化、电解作用
C. 减小交流电桥平衡难度
D. 减小电阻

4-5　在使用测谎仪时，被测人由于说谎、紧张而手心出汗可以用（　　）传感器来检测。
A. 应变片　　　B. 热敏电阻　　　C. 气敏电阻　　　D. 湿敏电阻

4-6　说明电阻应变测试技术具有的独特优点。

4-7　金属电阻应变片与半导体电阻应变片的应变效应有什么不同？金属电阻应变片直流测量电桥和交流测量电桥有什么区别？

4-8　一应变片的电阻 $R_0 = 120\Omega$，$K = 2.05$，用作应变为 $800\mu m/m$ 的传感元件，求：
1）$\Delta R$ 与 $\Delta R/R$。
2）若电源电压 $U_i = 3V$，求其惠斯通测量电桥的非平衡输出电压 $U_o$。

4-9　一试件的轴向应变 $\varepsilon_x = 0.0015$，这表示多大的微应变（$\mu\varepsilon$）？该试件的轴向相对伸长率为百分之几？

4-10　某 $120\Omega$ 电阻应变片的额定功耗为 $40mW$，如接入等臂直流电桥中，试确定所用的激励电压。

4-11　如果将 $120\Omega$ 的应变片贴在柱形弹性试件上，该试件的截面积 $S = 0.5 \times 10^{-4} m^2$，材料弹性模量 $E = 2 \times 10^{11} N/m^2$。若由 $5 \times 10^4 N$ 的拉力引起的应变片电阻变化为 $1.2\Omega$，求该应变片的灵敏系数 $K$。

4-12　现有基长为 $10mm$ 与 $20mm$ 的两种丝式应变片，欲测钢构件频率为 $10kHz$ 的动态应力，若要求应变波幅测量的相位误差小于 $0.5\%$，试问应选用哪一种应变片？为什么？

4-13 有四片性能完全相同的应变片（$K = 2.0$），将其贴在压力传感器圆板形感压膜片上。已知膜片的半径 $R = 20mm$，厚度 $h = 0.3mm$，材料的泊松比 $\mu = 0.285$，弹性模量 $E = 2.0 \times 10^{11} N/m^2$。现将四片应变片组成全桥测量电路，供桥电压 $U_i = 6V$。求：

1）确定应变片在感压膜片上的位置。

2）当被测压力为 0.1MPa 时，求各应变片的应变值及测量桥路输出电压 $U_o$。

3）该压力传感器是否具有温度补偿作用？为什么？

4）桥路输出电压与被测压力之间是否存在线性关系？

4-14 线绕电位器式传感器线圈电阻为 $10k\Omega$，电刷最大行程为 4mm，若允许最大消耗功率为 40mW，传感器用激励电压为允许的最大激励电压。试求当输入位移量为 1.2mm 时，输出电压是多少？

4-15 一测量线位移的电位器式传感器，测量范围为 0 ~ 10mm，分辨力为 0.05mm，灵敏度为 2.7V/mm，电位器绕线骨架外径 $d = 5mm$，电阻丝材料为铂铱合金，其电阻率为 $\rho = 3.25 \times 10^{-4} \Omega \cdot mm$。当负载电阻 $R_L = 10\Omega$ 时，求传感器的最大负载误差。

# 第5章 电感式传感器

电感式传感器是利用电磁感应原理，将被测非电量（如位移、振动、压力、流量、比重等）的变化转换成线圈自感系数 $L$ 或互感系数 $M$ 的变化的一种机电转换装置。利用电感式传感器可以把连续变化的线位移或角位移转换成线圈的自感或互感的连续变化，经过一定的转换电路再变成电压或电流信号以供显示。它除了可以对直线位移或角位移进行直接测量外，还可以通过一定的感受机构对一些能够转换成位移量的其他非电量，如振动、压力、应变、流量等进行检测。

电感式传感器具有以下特点：

1）结构简单，传感器无活动电触点，因此工作可靠，寿命长。

2）灵敏度和分辨力高，能测出 $0.01\mu m$ 的位移变化。传感器的输出信号强，电压灵敏度一般每毫米的位移可达数百毫伏的输出。

3）线性度和重复性都比较好，在几十微米至数毫米一定位移范围内，传感器非线性误差为 $0.05\% \sim 0.1\%$，并且稳定性也较好。同时，这种传感器能实现信息的远距离传输、记录、显示和控制，在工业自动控制系统中被广泛采用；缺点是频率响应较低，不宜快速动态测控等。

电感式传感器的种类很多，按转换原理的不同，可分为自感式（电感式）、互感式（差动变压器式）及电涡流式三大类，前两类属于接触型传感器，而电涡流式属于非接触型传感器，且局限于被测物体为导体。

## 5.1 自感式传感器

自感式传感器是由铁心和线圈构成的将直线或角位移的变化转换为线圈电感量变化的传感器，又称电感式位移传感器。这种传感器的线圈匝数和材料磁导率都是一定的，其电感量的变化是由唯一输入量导致线圈磁路的集合尺寸变化而引起。根据铁心的形状可以分为 $\Pi$ 形、E 形和螺管型三种。图5-1就是一个最简单的 $\Pi$ 形电感式传感器原理图。铁心和活动衔铁均由导磁材料制成，铁心和活动衔铁之间有空气隙。当活动衔铁上下移动时，铁心磁路中气隙的磁阻发生变化，从而引起线圈电感的变化，这种电感的变化与衔铁的位置（即气隙大小）相对应。要测定线圈电感的变化，必须把电感传感器连接到一定的测量线路中，使电感的变化进一步转换为电压、电流或频率的变化，所以电感传感器在使用时都要带有测量电路。图中的电流表就是一个输出显示设备。

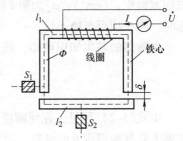

图5-1 电感式传感器原理图

常见的自感式电感传感器形式有变隙式、变截面式和螺线管式等三种，原理示意图如图 5-2a ~ c 所示，螺线管外形如图 5-2d 所示。

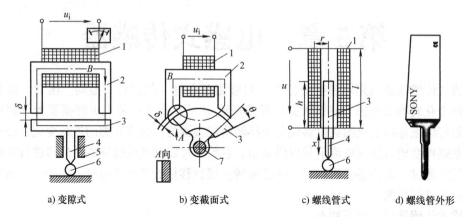

a) 变隙式        b) 变截面式        c) 螺线管式        d) 螺线管外形

图 5-2  自感传感器原理示意图及外形

1—线圈  2—铁心  3—衔铁  4—测杆  5—导轨  6—工件  7—转轴

## 5.1.1  变隙式电感传感器

图 5-2a 为闭磁路变隙式电感传感器的结构原理图，它主要由线圈、衔铁和铁心等几部分组成。

传感器工作时，衔铁与被测体连接，当被测体按图示方向产生位移时，衔铁与其同步移动，引起磁路中的气隙磁阻发生相应变化，从而导致线圈电感的变化。因此，只要能测出电感的变化，就能确定衔铁（即被测体）位移量的大小和方向。

由磁路的基本知识可知，磁路的总磁阻可表示为

$$\sum R_m = \sum_{i=1}^{n} \frac{\delta_i}{\mu_i S_i} + \frac{2\delta}{\mu_0 S_0} \approx \frac{2\delta}{\mu_0 S_0} \tag{5-1}$$

式中，$S_0$ 为空气隙的等效截面积（$cm^2$）；$\delta$ 为空气隙的厚度（cm）；$\mu_0$ 为空气（或真空）的磁导率，$\mu_0 = 4\pi \times 10^{-9} H/cm$；$\delta_i$ 为铁心磁路上第 $i$ 段的长度（cm）；$S_i$ 为铁心磁路上第 $i$ 段的截面积，（$cm^2$）；$\mu_i$ 为第 $i$ 段磁导率 $H/cm$；$R_m$ 为磁路的磁阻。当铁心工作在非饱和状态时，第一项可忽略不计。

由磁路的基本知识可知，线圈匝数为 $N$ 时，线圈的电感 $L$ 为

$$L = \frac{W^2}{R_m} = \frac{N^2 \mu_0 S_0}{2\delta} \tag{5-2}$$

由式（5-2）可见，在线圈匝数 $N$ 确定后，若保持气隙截面积 $S$ 为常数，则 $L = f(\delta)$，即电感 $L$ 是气隙厚度 $\delta$ 的函数，故称这种传感器为变隙式电感传感器。

对于变隙式电感传感器，电感 $L$ 与气隙厚度 $\delta$ 成反比，变隙式电感传感器的 $\delta$-$L$ 特性曲线如图 5-2a 所示，输入输出是非线性关系。$\delta$ 越小，灵敏度越高。实际输出特性如图 5-3a 中实线所示。为了保证一定的线性度，变隙式电感传感器只能工作在一段很小的区域，因而只能用于微小位移的测量。

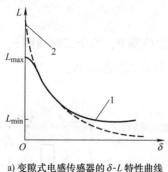

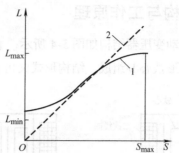

a) 变隙式电感传感器的 $\delta\text{-}L$ 特性曲线    b) 变截面式电感传感器的 $S\text{-}L$ 特性曲线

图 5-3  电感传感器的输出特性
1—实际输出特性  2—理想输出特性

## 5.1.2  变截面式电感传感器

由式(5-1) 可知，在线圈匝数 $N$ 确定后，若保持气隙厚度 $\delta_0$ 为常数，则 $L=f(S)$，即电感 $L$ 是气隙截面积 $S$ 的函数。故称这种传感器为变截面式电感传感器，其结构示意图如图 5-2b 所示。

对于变截面式电感传感器，理论上电感 $L$ 与气隙截面积 $S$ 成正比，输入输出呈线性关系，变面积式电感传感器的 $S\text{-}L$ 特性曲线如图 5-3b 中虚线所示，灵敏度为一常数。但是，由于漏感等原因，变截面式电感传感器在 $S=0$ 时仍有较大的电感，所以其线性区较小，而且灵敏度较低。

## 5.1.3  螺线管式电感传感器

单线圈螺线管式电感传感器的结构如图 5-2c 所示。主要元件是一只螺线管和一根柱形衔铁。传感器工作时，衔铁在线圈中伸入长度的变化将引起螺线管电感量的变化。

对于长螺线管 $(l \gg r)$，当衔铁工作在螺线管的中部时，可以认为线圈内磁场强度是均匀的。此时线圈电感 $L$ 与衔铁插入深度 $l_l$ 大致成正比。

螺线管式电感传感器结构简单，制作容易，但灵敏度稍低，且衔铁在螺线管中间部分工作时，才有希望获得较好的线性关系。螺线管式电感传感器适用于测量稍大一点的位移。

## 5.2  互感式传感器

前面介绍的电感式传感器是基于将电感线圈的自感变化代替被测量的变化，从而实现位移、压强、荷重、液位等参数的测量。本节介绍的互感式传感器则是把被测量的变化转换为变压器的互感变化。变压器一次线圈输入交流电压，二次线圈则互感应出电动势。由于变压器的二次线圈常接成差动形式，故又称为差动变压器式传感器。

差动变压器式传感器结构形式较多，但其工作原理基本一致。下面介绍螺管型差动变压器。它可以测量 1～100mm 的机械位移，并具有测量精度高、灵敏度高、结构简单、性能可靠等优点，因此也被广泛用于非电量的测量。

## 5.2.1 结构与工作原理

螺管型差动变压器结构如图 5-4 所示。它由一次线圈 P、两个二次线圈 $S_1$、$S_2$ 和插入线圈中央的圆柱形铁心 b 组成，结构形式又可分为三段式和两段式等。

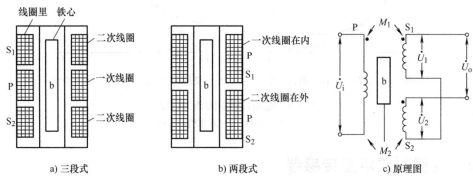

图 5-4 螺管型差动变压器结构原理

差动变压器线圈连接如图 5-4c 所示。二次线圈 $S_1$ 和 $S_2$ 反极性串联。当一次线圈 P 加上某一频率的正弦交流电压 $\dot{U}_i$ 后，二次线圈产生感应电压 $\dot{U}_1$ 和 $\dot{U}_2$，其大小与铁心在线圈内的位置有关。$\dot{U}_1$ 和 $\dot{U}_2$ 反极性连接便得到输出电压。

当铁心位于线圈中心位置时，$\dot{U}_1 = \dot{U}_2$，$\dot{U}_0 = 0$。当铁心向上移动（见图 5-4c）时，$\dot{U}_1 > \dot{U}_2$，$|\dot{U}_0| > 0$，$M_1$ 大，$M_2$ 小；当铁心向下移动（见图 5-4c）时，$\dot{U}_2 > \dot{U}_1$，$|\dot{U}_0| > 0$，$M_1$ 小，$M_2$ 大。

铁心偏离中心位置时，输出电压 $\dot{U}_0$ 随铁心偏离中心位置，$\dot{U}_1$ 或 $\dot{U}_2$ 逐渐加大，但相位相差 180°，如图 5-5 所示。实际上，铁心位于中心位置时，输出电压 $\dot{U}_0$ 并不是零电位，而是 $U_x$，$U_x$ 被称为零点残余电压。$U_x$ 产生的原因很多，如变压器的制作工艺和导磁体安装等问题可能产生 $U_x$，$U_x$ 一般在几十毫伏以下。在实际使用时，必须设法减小 $U_x$，否则将会影响传感器的测量结果。

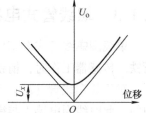

图 5-5 差动变压器输出电压特性曲线

## 5.2.2 等效电路

差动变压器利用磁感应原理制作。在制作时，理论计算结果和实际制作后的参数相差很大，往往还要借助实验和经验数据来修正。如果考虑差动变压器的涡流损耗、铁损和寄生（耦合）电容等，其等效电路将非常复杂。本节忽略上述因素，给出差动变压器的等效电路，如图 5-6 所示。

图 5-6 中，$L_P$、$R_P$ 为一次线圈电感和损耗电阻；$M_1$、

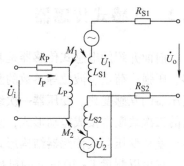

图 5-6 差动变压器等效电路

$M_2$ 为一次线圈与两个二次线圈间的互感系数；$\dot{U}_i$ 为一次线圈激励电压；$\dot{U}_o$ 为输出电压；$L_{S1}$、$L_{S2}$ 为两个二次线圈的电感；$R_{S1}$、$R_{S2}$ 为两个二次线圈的损耗电阻；$\omega$ 为激励电压的频率。

当二次侧开路时，一次线圈交流电流为

$$\dot{I}_P = \frac{\dot{U}_i}{R_P + j\omega L_P} \tag{5-3}$$

二次线圈感应电动势为

$$\dot{U}_1 = -j\omega M_1 \dot{I}_P \tag{5-4}$$

$$\dot{U}_2 = -j\omega M_2 \dot{I}_P \tag{5-5}$$

差动变压器输出电压为

$$\dot{U}_o = -j\omega(M_1 - M_2)\frac{\dot{U}_i}{R_P + j\omega L_P} \tag{5-6}$$

输出电压的有效值为

$$U_o = \frac{\omega(M_1 - M_2)U_i}{\sqrt{R_P^2 + (\omega L_P)^2}} \tag{5-7}$$

下面分三种情况进行分析

1）磁心处于中间平衡位置时，$M_1 = M_2 = M$，则

$$U_o = 0 \tag{5-8}$$

2）磁心上升时，$M_1 = M + \Delta M$，$M_2 = M - \Delta M$，则

$$U_o = \frac{2\omega\Delta M U_i}{\sqrt{R_P^2 + (\omega L_P)^2}} \tag{5-9}$$

与 $U_1$ 同极性。

3）磁心下降时，$M_1 = M - \Delta M$，$M_2 = M + \Delta M$，则

$$U_o = \frac{-2\omega\Delta M U_i}{\sqrt{R_P^2 + (\omega L_P)^2}} \tag{5-10}$$

与 $U_2$ 同极性。

## 5.2.3　测量电路

差动变压器输出的是交流电压，若用交流模拟数字电压表测量，只能反映铁心位移的大小，不能反映移动方向。另外，其测量值必定含有零点残余电压。为了达到能辨别移动方向和消除零点残余电压的目的，实际测量时，常采用如下两种测量电路：差动整流电路和相敏检波电路。

### 1. 差动整流电路

图5-7为实际的全波相敏整流电路，根据半导体二极管单向导通原理进行解调。如传感器的一个二次线圈的输出瞬时电压极性，在 f 点为 "＋"，e 点为 "－"，则电流路径为 fgdche（见图5-7a）；反之，如 f 点为 "－"，e 点为 "＋"，则电流路径为 ehdcgf。可见，无

论二次线圈的输出瞬时电压极性如何，通过电阻 $R$ 的电流总是从 d 到 c。同理可分析另一个二次线圈的输出情况，输出电压波形如图 5-7b 所示，其值为 $U_{SC} = e_{ab} + e_{cd}$。

### 2. 相敏检波电路

二极管相敏检波电路如图 5-8 所示。$U_1$ 为差动变压器输入电压，$U_2$ 为 $U_1$ 的同频参考电压，且 $U_2 > U_1$，它们作用于相敏检波电路中两个变压器 $T_1$ 和 $T_2$ 上。

当 $U_2 = 0$ 时，由于 $U_2$ 作用，在正半周时，如图 5-8a 所示，$VD_3$、$VD_4$ 处于正向偏置，电流 $i_3$ 和 $i_4$ 以不同方向流过电流表 PA，只要 $U_2' = U_2''$，且 $VD_3$、$VD_4$ 性能相同，通过电流表的电流为 0，所以输出为 0。在负半周时，$VD_1$、$VD_2$ 导通，$i_1$ 和 $i_2$ 相反，输出电流为 0。

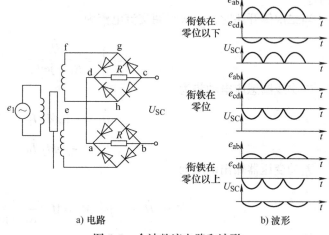

图 5-7 全波整流电路和波形

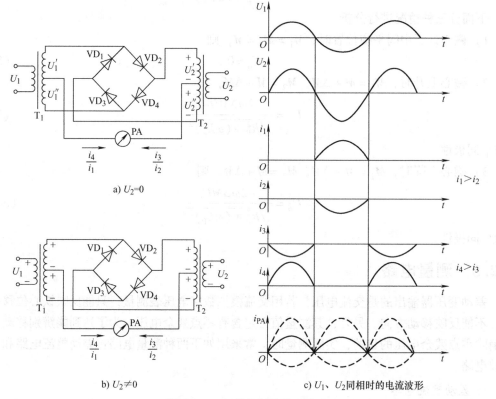

图 5-8 二极管相敏检波电路

当 $U_2 \neq 0$ 时，分两种情况进行分析。

首先讨论 $U_1$ 和 $U_2$ 同相位情况：正半周时，电路中电压极性如图 5-8b 所示。由于 $U_2 > U_1$，

VD$_3$、VD$_4$ 仍然导通，但作用于 VD$_4$ 两端的信号为 $U_2 + U_1$，因此 $i_4$ 增加，而作用于 VD$_3$ 两端的电压为 $U_2 - U_1$，所以 $i_3$ 减小，则 $i_{PA}$ 为正。负半周时，VD$_1$、VD$_2$ 导通，此时，在 $U_1$ 和 $U_2$ 作用下，$i_1$ 增加而 $i_2$ 减小，$i_{PA} = i_1 - i_2 > 0$。$U_1$ 和 $U_2$ 同相时，各电流波形如图 5-8c 所示。

当 $U_1$ 和 $U_2$ 反相时，在 $U_2$ 为正半周、$U_1$ 为负半周时，VD$_3$ 和 VD$_4$ 仍然导通，但 $i_3$ 将增加、$i_4$ 将减小，通过 PA 的电流 $i_{PA}$ 不为零，而且是负的。$U_2$ 为负半周时，$i_{PA}$ 也是负的。

所以，上述相敏检波电路可以由流过电流表的平均电流的大小和方向来判别差动变压器的位移大小和方向。

## 5.2.4　应用举例

自感传感器和差动变压器传感器主要用于位移测量，凡是能转换成位移变化的参数，如力、压力、压差、加速度、振动、工件尺寸等均可测量。

### 1. 位移测量

中原量仪股份有限公司生产的轴向式电感测微器的结构如图 5-9 所示。测量时红宝石（或钨钢）端接触被测物，被测物尺寸的微小变化使衔铁在差动线圈中产生位移，造成差动线圈电感的变化，此电感变化通过电缆接到电桥，电桥的电压输出反映了被测物尺寸的变化。测微仪器的各档量程为 ±3pm、±10μm、±30μm、±100μm，相应的指示表的分度值为 0.1μm、0.5μm、1.5μm、2μm，分辨力最高可达 0.1μm，精度约为 0.1%。

### 2. 不圆度测量

图 5-10 是测量轴类工件不圆度的示意图。电感测头围绕工件缓慢旋转，可以是测头固定不动，工件绕轴心旋转；也可以是测头固定不动，工作轴心旋转。耐磨测端（多为钨钢或红宝石）与工件接触，通过杠杆将工件不圆度引起的位移变化传递给电感测头中的衔铁，从而使差动电感有相应的输出。信号经计算机处理后的结果如图 5-10b 所示。该图形按一定的比例放大工件的不圆度，以便用户分析测量结果。

### 3. 压力测量

差动变压器式压力变送器结构、外形及电路如图 5-11 所示。它适用于测量各种生产流程中液体、水蒸气及气体压力。图中选用膜盒作为将压力转换为位移的弹性敏感元件。

膜盒由两片波纹膜片焊接而成。所谓波纹膜片是一种压有同心波纹的圆形薄膜。当膜片四周固定，两侧面存在压差时，膜片将弯向压力低的一侧，因此能够将压力转换为位移。波纹膜片比平膜片柔软得多，因此多用于测量较小压力的弹性敏感元件。

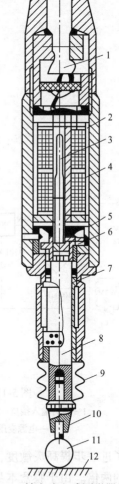

图 5-9　轴向式电感测微器的结构
1—引线电缆　2—固定磁筒　3—衔铁
4—线圈　5—测力弹簧　6—防转销
7—钢球导轨（直线轴承）　8—测杆
9—密封套　10—测端
11—被测工件　12—基准面

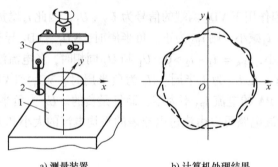

a) 测量装置        b) 计算机处理结果

图 5-10　轴类工件不圆度的测量

1—被测物　2—耐磨测端　3—电感传感器

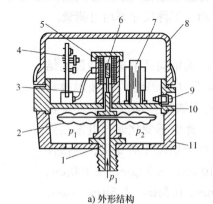

a) 外形结构

b) 电路图

图 5-11　差动变压器式压力变送器的外形结构及电路

1—压力输入接口　2—波纹膜盒　3—电缆　4—印制电路板　5—差动线圈　6—衔铁

7—电源变压器　8—罩壳　9—指示灯　10—密封隔板　11—安装底座

为了进一步提高灵敏度，常把两片膜片周边焊在一起，制成膜盒。它中心的位移量为单片膜片的两倍。由于膜盒本身是一个封闭的整体，所以密封性好，周边无需固定，给安装带来方便，其应用比波纹膜片广泛得多。

当被测压力未导入传感器时，波纹膜盒无位移。这时，活动衔铁在差动线圈的中间位置，因而输出电压为零。当被测压力从输入口导入波纹膜盒时，波纹膜盒在被测介质的压力作用下，其自由端产生正比于被测压力的位移，测杆使衔铁向上位移，在差动变压器的二次绕组中产生的感应电动势发生变化从而有电压输出，此电压经过安装在印制电路板上的电子电路处理后，送给二次仪表加以显示。将压力转换成位移的弹性敏感元件除膜盒外，还有波纹管、弹簧管、等截面薄板、薄壁圆筒、薄壁半球等，薄壁圆筒、薄壁半球的灵敏度很低，适合于较大压力的测量。

差动变压器式压力变送器的电路图如图 5-11b 所示。220V 交流电通过降压、整流、滤波、稳压后，由多谐振荡器及功率驱动电路转变为 6V、2kHz 的稳频、稳幅交流电压，作为差动变压器的励磁源。差动变压器二次绕组的输出电压通过半波差动整流电路、低通滤波电路后，作为变送器的输出信号，可接入二次仪表加以显示。电路中 $R_{P1}$ 是调零电位器，$R_{P2}$ 是调量程电位器。差动整流电路的输出也可以进一步做电压/电流变换，输出与压力成正比的电流信号，称为电流输出型变送器。电流输出型变送器在各种变送器中占有很大的比例。

图 5-11 中的压力变送器已经将传感器与信号处理电路组合在一个壳体中，并安装在检测现场，在工业中常被称为一次仪表。一次仪表的输出信号可以是电压，也可以是电流。由于电流信号不易受干扰，且便于远距离传输（可以不考虑线路压降），所以在一次仪表中多采用电流输出型。

# 5.3  电涡流式传感器

电涡流式传感器利用金属导体中的涡流与激励磁场之间进行电磁能量传递，因此必须有一个交变磁场的激励源（传感器线圈）。被测对象则以某种方式调制磁场，从而改变激励线圈的电感。从这个意义上来看，电涡流式传感器也是一种电感传感器，是一种特别的电感传感器。这种传感技术属于主动测量技术，即在测试中测量仪器主动发射能量，观察被测对象吸收（透射式）或反射能量，不需要被测对象主动做功。像大多数主动测量装置一样，电涡流式传感器的测量属于非接触测量，这给使用和安装带来很大的方便，特别是在测量运动的物体时。电涡流式传感器的应用没有特定的目标，不像电感、电容、电阻等传感器有相对固定的输入量，因此一切与涡流有关的因素都可用于测量目标。

本节着重介绍电涡流式传感器的基本原理，并简要介绍其典型应用。

## 5.3.1  工作原理与等效电路

### 1. 电涡流式传感器的工作原理

电涡流式传感器的原理图如图 5-12 所示。当线圈接正弦交流电 $\dot{I}_1$ 时，（角频率为 $\omega$），线圈周围产生磁场 $H_1$；而处于 $H_1$ 中的金属板将产生电涡流 $\dot{I}_2$，$\dot{I}_2$ 也将产生一个新磁场 $H_2$，$H_2$ 与 $H_1$ 方向相反，力图削弱原磁场 $H_1$，从而导致线圈的电感、阻抗和品质因数发生变化。这些参数变化量的大小既与被测金属导体的电阻率 $\rho$、磁导率 $\mu$ 以及几何尺寸有关，又与传感器线圈几何尺寸、线圈中激励电流 $I$ 以及频率 $f$ 有关，同时还与线圈与金属导体间的距离 $x$ 有关。其中，传感器线圈受电涡流效应时等效阻抗 $Z$ 的函数关系式为

$$Z = F(\rho, \mu, r, I, f, x) \tag{5-11}$$

式中，$r$ 为线圈与被测金属导体的尺寸因子。

如果保持式（5-11）中其他参数不变，只改变其中一个参数，传感器线圈阻抗 $Z$ 就仅仅是这个参数的单值函数。通过与传感器配用的转换电路测出阻抗 $Z$ 的变化量，即可实现对

该参数的测量，从而构成测量该参数的传感器。常用的电涡流测距传感器在 $\rho$、$\mu$、$r$、$I$、$f$ 恒定不变时，阻抗仅仅是距离 $x$ 的单值函数。因此，电涡流式传感器应看作是由传感器线圈和被测金属导体两部分组成，且缺一不可。

为了方便分析问题，可以将被测导体上形成的电涡流等效为一个短路环中的电流。这样，线圈与被测导体便等效为相互耦合的两个线圈，如图 5-13 所示。设线圈的电阻为 $R_1$，电感为 $L_1$，阻抗为 $Z_1 = R_1 + j\omega L_1$，短路环的电阻为 $R_2$，电感为 $L_2$，线圈与短路环之间的互感系数为 $M$，且 $M$ 随它们之间的距离 $x$ 减小而增大，加在线圈两端的激励电压为 $U_1$。根据基尔霍夫定律，电压平衡方程组为

$$\begin{cases} R_1\dot{I}_1 + j\omega L_1\dot{I}_1 - j\omega M\dot{I}_2 = \dot{U}_1 \\ -j\omega M\dot{I}_1 + R_2\dot{I}_2 + j\omega L_2\dot{I}_2 = 0 \end{cases} \tag{5-12}$$

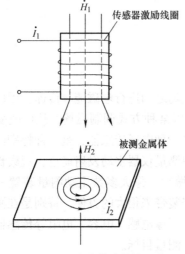

图 5-12  电涡流式传感器的基本原理

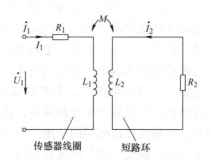

图 5-13  电涡流式传感器的等效电路

解得

$$\dot{I}_1 = \frac{\dot{U}_1}{R_1 + \dfrac{\omega^2 M^2}{R_2^2 + (\omega L_2)^2}R_2 + j\omega\left[L_1 - \dfrac{\omega^2 M^2}{R_2^2 + (\omega L_2)^2}L_2\right]} \tag{5-13}$$

由此可求得线圈受金属导体涡流影响后的等效阻抗为

$$Z = \frac{\dot{U}_1}{\dot{I}_1}R_1 + R_2\frac{\omega^2 M^2}{R_2^2 + (\omega L_2)^2} + j\omega\left[L_1 - \frac{\omega^2 M^2}{R_2^2 + (\omega L_2)^2}L_2\right] \tag{5-14}$$

线圈的等效电阻、等效电感分别为

$$R = R_1 + R_2\frac{\omega^2 M^2}{R_2^2 + (\omega L_2)^2} \tag{5-15}$$

$$L = L_1 - L_2\frac{\omega^2 M^2}{R_2^2 + (\omega L_2)^2} \tag{5-16}$$

考虑到线圈的初始品质因数 $Q_0 = \omega L_1/R_1$，则受涡流影响后线圈的等效品质因数为

$$Q = \frac{\omega L}{R} = \frac{\omega L_1 - R_2 \dfrac{\omega^2 M^2}{R_2^2 + \omega^2 L_2^2} \omega L_2}{R_1 + R_2 \dfrac{\omega^2 M^2}{R_2^2 + \omega^2 L_2^2}} = Q_0 \frac{1 - \dfrac{L_2 \omega^2 M^2}{L_1 + Z_2^2}}{1 + \dfrac{R_2 \omega^2 M^2}{R_1 Z_2^2}} \tag{5-17}$$

综上所述，由于涡流的影响，线圈的等效电阻增大，等效电感减小，线圈的品质因数下降。$Q$ 值的下降是由于涡流损耗所引起，并与金属材料的导电性能和距离 $x$ 直接有关。当金属导体是磁性材料时，影响 $Q$ 值的还有磁滞损耗与磁性材料对等效电感的作用。

2. 等效阻抗分析

图 5-13 中的电感线圈称为电涡流线圈。交变激励电流 $I_1$ 将使该线圈产生一个交变磁场 $H_1$，而电涡流 $I_2$ 也将产生一个新的磁场 $H_2$。根据楞次定律，$H_2$ 与 $H_1$ 的方向必然相反，相互抵消。由于磁场 $H_2$ 的反作用将使通电线圈 $L_1$ 的等效阻抗发生变化。$I_2$ 越大，对 $L_1$ 的影响也越大。

将被测非磁性金属导体上形成的电涡流等效为一个短路环，它与传感器线圈磁通相耦合。电涡流式传感器等效电路如图 5-13 所示。设电涡流线圈在高频时的等效电阻为 $R_1$（大于直流电阻为 $R_0$），电感为 $L_1$（无被测导体靠近电涡流线圈时的电感为 $L_0$）。当有被测非磁性导体靠近电涡流线圈时，则被测导体表面等效为一个耦合电感（短路环），线圈与导体之间存在一个互感系数 $M$。互感系数随线圈与导体之间距离的减小而增大。短路环可看作一匝短路线圈，其等效电阻为 $R_2$、电感为 $L_2$。根据基尔霍夫定律，可得

$$\begin{cases} R_1 I_1 + \mathrm{j}\omega L_1 \dot{I}_1 - \mathrm{j}\omega M \dot{I}_2 = \dot{U}_i & (5\text{-}18) \\ -\mathrm{j}\omega M \dot{I}_1 + R_2 \dot{I}_2 + \mathrm{j}\omega L_2 \dot{I}_2 = 0 & (5\text{-}19) \end{cases}$$

解上列方程组，可得电涡流线圈受被测金属导体影响后的等效阻抗 $Z$ 为

$$\begin{aligned} Z &= \frac{\dot{U}}{\dot{I}} \\ &= \left[ R_1 + R_2 \frac{\omega^2 M^2}{R_2^2 + (\omega L_2)^2} \right] + \mathrm{j} \left[ \omega L_1 - \omega L_2 \frac{\omega^2 M^2}{R_2^2 + (\omega L^2)^2} \right] \\ &= R + \mathrm{j}\omega L \end{aligned} \tag{5-20}$$

式中，$R$、$L$ 分别为电涡流线圈靠近被测导体时的等效电阻和等效电感。

由式(5-20) 可知，当距离 $x$ 减小时，互感 $M$ 增大，等效电感 $L$ 减小，等效电阻 $R$ 增大。从理论上和实测中都证明，线圈的感抗 $X_L$ 的变化比 $R$ 的变化大得多，此时流过线圈的电流 $i_1$ 增大。从能量守恒角度来看，也要求增加流过电涡流线圈的电流，从而为被测金属导体上的电涡流提供额外的能量。

由于线圈的品质因数 $Q(Q = X_L/R = \omega L/R)$ 与等效电感成正比，与等效电阻（高频时的等效电阻比直流电阻大得多）成反比，所以当电涡流增大时，$Q$ 下降很多。可以通过测量 $Q$ 值的变化来间接判断电涡流的大小。

## 5.3.2 高频反射涡流传感器

1. 高频反射涡流传感器的结构

电涡流式传感器主要由框架和安置在框架上的线圈组成，目前使用比较普遍的是有

矩形截面的扁平线圈。线圈的导线应选用电阻率小的材料，一般选用高强度漆包线。对线圈框架要求用损耗小、电性能好、热膨胀系数小的材料，一般可选用聚四氟乙烯、高频陶瓷、环氧玻璃纤维等。在选择线圈与框架端面胶接的形式时，一般可以选用粘贴应变片用的胶水。

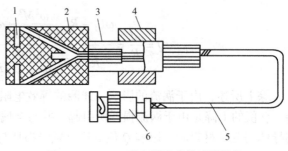

图 5-14　CZF-I 型电涡流式传感器结构
1—线圈　2—框架　3—框架衬套
4—支架　5—电缆　6—插头

图 5-14 为国产 CZF-I 型电涡流式传感器的结构图。它采用导线绕在框架上的形式，框架采用聚四氟乙烯，电涡流式传感器的线圈外径越大，线性范围也越大，但灵敏度也越低。理论推导和实践证明，细长线圈的灵敏度高，线性范围小；扁平线圈则相反。

2. 高频反射涡流传感器的基本原理

电涡流式传感器产生涡流的基本原理如图 5-15 所示。当通有一定交变电流 $i$（频率为 $f$）的电感线圈 $L$ 靠近金属导体时，在金属周围产生交变磁场，同时在金属表面将产生电涡流 $i_1$，根据电磁感应理论，电涡流也将形成一个方向相反的磁场。此电涡流的闭合流线的圆心同线圈在金属板上的投影的圆心重合。

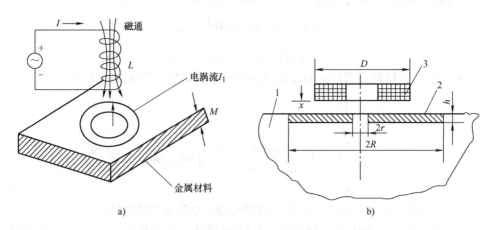

图 5-15　电涡流式传感器基本原理示意图
1—金属导体　2—电涡流区　3—电感线圈

据有关资料介绍，涡流区和线圈几何尺寸有如下关系：

$$\begin{cases} 2R = 1.39D \\ 2r = 0.525D \end{cases} \tag{5-21}$$

式中，$2R$ 为电涡流区外径；$2r$ 为电涡流区内径。

涡流渗透深度为

$$h = 5000\sqrt{\frac{\rho}{\mu_r f}} \tag{5-22}$$

式中，$h$ 为涡流渗透深度，cm；$\rho$ 为导体电阻率（$\Omega \cdot cm$）；$f$ 为交变磁场的频率；$\mu_r$ 为相对磁导率。

在金属导体表面感应的涡流所产生的电磁场又反作用于线圈 $L$ 上，力图改变线圈电感的大小，其变化程度与线圈 $L$ 的尺寸、距离 $x$ 和 $\rho$、$\mu_r$ 有关。

### 5.3.3 低频透射涡流传感器

图 5-16 为低频透射涡流传感器原理图。发射线圈 $L_1$ 和接收线圈 $L_2$ 是两个绕于胶木棒上的线圈，分别位于被测物体的上下方。

当振荡器产生的音频（频率较低）电压 $\dot{U}_1$ 加到 $L_1$ 的两端，线圈中即流过一个同频率的交流电流，并在其周围产生一个交变磁场。如果两线圈间不存在被测物体 M 时，$L_1$ 的磁场将直接贯穿 $L_2$，$L_2$ 的两端会产生一交变电动势 $\dot{U}_2$。

在 $L_1$ 与 $L_2$ 间放置一金属片 M 后，$L_1$ 产生的磁力线必然透过 M，并在其中产生涡流 $\dot{I}$。涡流 $\dot{I}$ 损耗了部分磁场能量，使到达 $L_2$ 上的磁力线减少，引起 $\dot{U}_2$ 下降。M 的厚度 $d$ 越大，$\dot{U}_2$ 越小，$U_2$ 和 $d$ 的关系曲线如图 5-17 所示。

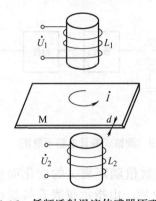

图 5-16 低频透射涡流传感器原理图

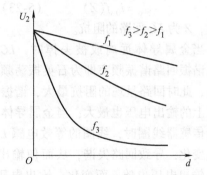

图 5-17 不同频率下 $U_2$ 和 $d$ 的关系曲线

一般 $f$ 取 1000Hz，测量电导率较大的材料如纯铜时，$f$ 取 500Hz；当测量电导率较小时的材料如黄铜、铝时，$f$ 取 2kHz。

### 5.3.4 测量电路

用于涡流传感器的测量电路主要有调频式、调幅式两种。

#### 1. 调频式测量电路

调频式测量电路原理如图 5-18 所示。传感器线圈接入 LC 振荡回路，当传感器与被测导体距离 $x$ 改变时，在涡流影响下，传感器的电感变化，从而导致振荡频率的变化，该变化的频率是距离 $x$ 的函数 $f = L(x)$，该频率由数字频率计直接测量，或者通过 $F\text{-}V$ 变换，用数字电压表测量对应的电压。振荡器电路如图 5-18b 所示。它由克拉泼电容三点式振荡器（$C_2$、$C_3$、$L$、$C$ 和 $VT_1$）以及射极跟随器两部分组成。振荡器的频率为 $f = \dfrac{1}{2\pi\sqrt{L(x)C}}$，为了避免输出电缆的分布电容的影响，通常将 $L$、$C$ 装在传感器内部。此时电缆分布电容并联在大电容 $C_2$、$C_3$ 上，从而大大减小了对振荡频率 $f$ 的影响。

103

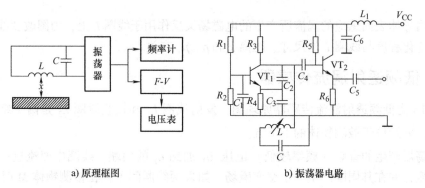

a) 原理框图           b) 振荡器电路

图 5-18    调频式测量电路原理

### 2. 调幅式测量电路

传感器线圈 $L$ 和电容器 $C$ 并联组成谐振回路，石英晶体组成石英晶体振荡电路，如图 5-19 所示。石英晶体振荡器起一个恒流源的作用，给谐振回路提供一个稳定频率（$f_0$）激励电流 $i_0$，$LC$ 回路输出电压为

$$U_o = i_0 f(Z) \qquad (5-23)$$

式中，$Z$ 为 $LC$ 回路的阻抗。

当金属导体远离或被去掉时，$LC$ 并联谐振回路谐振频率即为石英振荡频率 $f_0$，此时回路呈现的阻抗最大，谐振回路上的输出电压也最大；当金属导体靠近传感器线圈时，线圈的等效电感 $L$ 发生变化，导致回路失谐，从而使输出电压降低，$L$ 的数值随距离 $x$ 的变化而变化；因此，输出电压也随 $x$ 而变化。输出电压经过放大、检波后，由指示仪表直接显示出 $x$ 的大小。

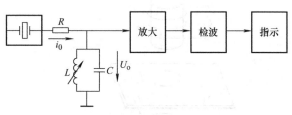

图 5-19    调幅式测量电路示意图

## 5.3.5    应用举例

### 1. 位移测量

由电涡流式传感器的工作原理可知，电涡流式传感器的等效阻抗 $Z$ 与被测材料的电阻率 $\rho$、磁导率 $\mu_r$、励磁频率 $f$ 及线圈与被测件间的距离 $x$ 有关。当 $\rho$、$\mu_r$、$f$ 确定后，$Z$ 只与 $x$ 有关。通过适当的测量电路，可得到输出电压与距离 $x$ 的关系曲线，如图 5-20 所示。在曲线中部呈线性关系，一般其线性范围为扁平线圈外径的 $\frac{1}{5} \sim \frac{1}{3}$，线性误差为 3% ~ 4%。

根据上述关系，可用电涡流式传感器测量位移，如汽轮机主轴的轴向窜动（见图 5-21a），金属材料的热膨胀系数，钢水液位等。量程范围可以从 0 ~ 1mm 到 0 ~ 30mm，一般分辨力为满量程的 0.1%。

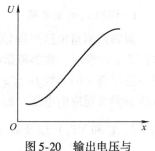

图 5-20    输出电压与距离的关系曲线

**2. 振幅测量**

为了非接触式地测量各种振动的振幅，如机床主轴振动形状的测量，可以使用多个涡流传感器安置在被测轴附近，如图 5-21b 所示，再通过多通道测量仪或记录器，可测出机床主轴振动时瞬时振动的分布形状。

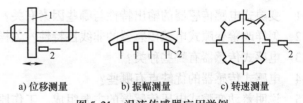

a) 位移测量 b) 振幅测量 c) 转速测量

图 5-21　涡流传感器应用举例

1—被测件　2—传感器

**3. 转速测量**

在一个旋转金属体上安装有一个 $N$ 个齿的齿轮，旁边安装电涡流式传感器（见图 5-21c），当旋转体转动时，齿轮的齿与传感器的距离变小，电感变小；距离变大，电感变大。经电路处理后按周期输出信号，该输出信号频率 $f$ 可用频率计测出，然后换算成转速，即

$$n = \frac{f}{N} \times 60 \tag{5-24}$$

式中，$n$ 为被测转速，r/min。

**4. 涡流膜厚测量**

利用涡流检测法能够检测金属表面的氧化膜、漆膜和电镀膜等膜的厚度；但因金属材料的性质不同，其膜厚检测也有很大的不同。下面介绍金属表面氧化层厚度的测量，它是各种膜厚测量方法中较为有效的一种方法。

氧化层膜厚测量方法如图 5-22 所示。假定某金属表面有氧化膜，则电感传感器与金属表面的距离为 $x$；因为金属表面电涡流对传感器线圈中磁场的反作用，改变了传感器的电感，设此时的电感为 $L_0 - \Delta L$；当金属表面无氧化层时，传感器与其表面距离为 $x_0$，对应的电感为 $L_0$，则该金属表面的氧化层厚度应为 $x_0 - x$，可通过电感的变化而测得。

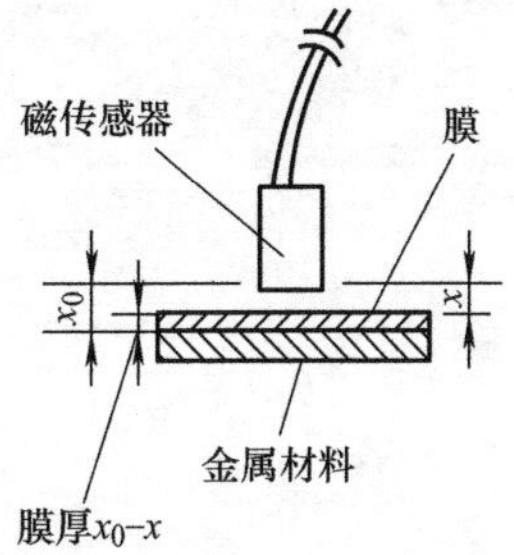

除此之外，还可用电阻率或磁导率的变化对材料进行无损伤等测定。

图 5-22　膜厚测量示意图

**5. 探伤仪**

涡流探伤仪常用来测试金属材料的表面裂纹、砂眼、气泡、热处理裂痕，以及焊接部的探伤等。检查时，使传感器与被测物体的距离保持不变，如有裂纹出现，传感器的阻抗将发生变化，从而使测量电路的输出电压改变，从而达到探伤的目的。电涡流传感器可以探测地下埋没的管道或金属体，包括探测带金属零件的地雷。如图 5-23 所示，探雷时探雷者戴上耳机，平时耳机没有声音。当探到金属体时，探雷传感器的 $L$ 变化，耳机出现声音报警。

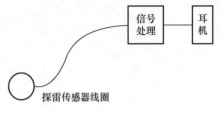

图 5-23　探雷传感器示意图

## 5.4 习题

5-1 变隙式电感传感器的输出特性与哪些因素有关？

5-2 怎样改善变隙式电感传感器的非线性特性？怎样提高其灵敏度？

5-3 电感式传感器有哪些种类？

5-4 电感式传感器的优缺点有哪些？

5-5 说明差动变隙式电压传感器的主要组成、工作原理和基本特性。

5-6 差动变压器式传感器有几种结构形式？各有什么特点？

5-7 简述互感式传感器的工作原理。

5-8 何谓涡流效应？怎样利用涡流效应进行位移测量？

5-9 试推导差动变隙式电感传感器的灵敏度，并与单极式相比较。

5-10 已知变气隙电感传感器的铁心截面积 $S = 1.5 \text{cm}^2$，磁路长度 $L = 20 \text{cm}$，相对磁导率 $\mu_i = 5000$，气隙 $\delta_0 = 0.5 \text{cm}$，$\Delta \delta = \pm 0.1 \text{mm}$，真空磁导率 $\mu_0 = 4\pi \times 10^{-7} \text{H/m}$，线圈匝数 $N = 3000$，求单极式传感器的灵敏度 $\Delta L / \Delta \delta$，若做成差动结构形式，其灵敏度将如何变化？

# 第6章　电容式传感器

电容测量技术近几年进展迅速，不但广泛应用于位移、振动、角度、加速度等机械量的精密测量，而且，还逐步扩大到压力、差压、液面、料面、成分含量等方面的测量。电容式传感器是以不同类型的电容器作为传感元件，并通过电容传感元件把被测物理量的变化转换成电容量的变化，然后再经转换电路转换成电压、电流或频率等信号输出的测量装置。随着电子技术的迅速发展，特别是集成电路的出现，电容式传感器所具有的优点将得到进一步体现，而它存在的分布电容、非线性等缺点也将不断得到改善。

电容式传感器与电阻式、电感式传感器相比具有以下优点：

（1）受本身发热影响小

电容值一般和电极的材料无关，仅取决于电极的几何尺寸，电容式传感器大多用真空空气和其他气体作为绝缘介质，介质损耗非常小，热能损失也小。因此，实际上可以认为电容式传感器几乎不存在自身发热的问题。

（2）静电引力小

电容式传感器两极板之间存在静电场，因此在极板上作用着静电引力，但由于平板电容，$A = 12.7\text{mm}^2$，$d = 0.0254\text{mm}$，极板间电压 $U = 10\text{V}$，静电引力 $F = 8.7 \times 10^{-5}\text{N}$，所以，在信号检测过程中只需要施加较小的作用力，即工作时需要作用的能量小。因此，电容式传感器受到的静电引力小，适宜用来解决输入能量低的问题。

（3）动态响应好

电容式传感器能在几兆赫兹的频率下工作，具有良好的动态响应能力。这是由于电容式传感器可动部分质量很小，因此其固有频率很高，适用于动态信号的测量。又由于其介质损耗小，可以在较高供电频率下正常工作，因此系统工作频率高。

（4）结构简单，适应性强

在电容式传感器中，一般采用无机材料，如石英、陶瓷等，作为绝缘支架，用金属或在非金属材料上镀以金属作为极板。所以，结构简单，易于制造，易于保证高的精度，且体积小，方便在某些特殊场合下进行测量。由于不用有机材料和磁性材料制造元件，因此能在高温、低温、强辐射及强磁场等各种恶劣的环境条件下工作，适应能力强。

（5）可以进行非接触式测量

在测量机械振动（测量振幅变化）时，常把运动的机件作为电容传感元件的一个极板，把测试仪器中的一个探头作为电容传感元件的另一极板。例如，测量大带锯机锯条振动，其原理如图 6-1 所示。由于这种测量传感器不与被测物体接触，被称为非接触测量。

电容式传感器同时具有以下缺点：

（1）输出阻抗较高、带负载能力差

电容式传感器由于受几何尺寸的限制，起始电容量小，一般为几十到几百微法。在工作时输出的电容变化量更小，有的只有几皮法，而视在功率 $P_c = U^2\omega C$，由此可见，电容量越小，容抗就越大，视在功率就越小。电容式传感器是高输出阻抗、小功率的传感器，因而带负载能力差，易受外界干扰产生不稳定现象，给使用带来不便。

（2）寄生电容影响大

电容式传感器的初始电容量小，而连接传感器的电缆电容、电子线路的杂散电容，以及电容式传感器内极板与周围导体构成的电容等所谓寄生电容却较大，不仅降低了传感器的灵敏度，而且这些寄生电容随机变化，常将使仪器工作不稳定，影响测量精度。

近年来，由于材料、工艺，特别是测量电路及半导体集成技术等方面的高水平发展，寄生电容的影响得到较好的解决，使电容式传感器的优点得以充分发挥。

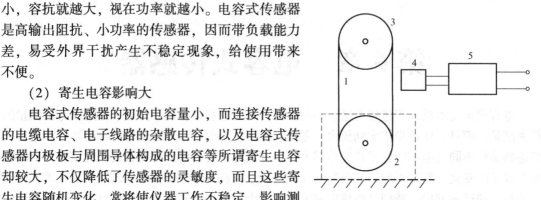

图 6-1　测量带锯机锯条振动的
电容式传感器的原理示意图
1—振动的带锯机锯条　2、3—锯轮
4—电容式测振传感器　5—测振电路

## 6.1　电容式传感器的工作原理和结构

### 6.1.1　基本工作原理及分类

平板式电容器由两个金属极板、中间夹一层电介质构成，如图 6-2 所示。若在两极板间加上电压，电极上就储存电荷，所以电容器实际上是一种储存电场能的元件。

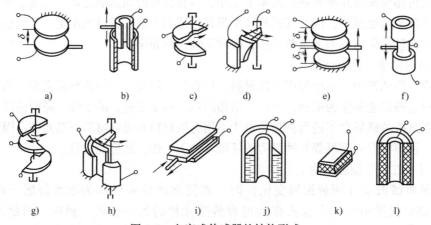

图 6-2　电容式传感器的结构形式

平板式电容器在忽略其边缘效应时的电容为

$$C = \frac{\varepsilon S}{d} = \frac{\varepsilon_r \varepsilon_0 S}{d} \tag{6-1}$$

式中，$S$ 为电容器两极板遮盖面积（$m^2$）；$\varepsilon$ 为介质的介电常数（F/m），$\varepsilon_r$ 为介质的相对介电常数；$\varepsilon_0$ 为真空的介电常数，且 $\varepsilon_0 = 8.85 \times 10^{-2} F/m$；$d$ 为极板间距离（m）。

由式(6-1)可知，若三个变量中任意两个为常数而改变另外一个，电容量就会发生变化。根据该原理，如果保持其中两个参数不变，而仅改变其中一个参数时，就可以把该参数的变化转换为电容量的变化，通过测量电路就可以转换为电量输出。因此，电容式传感器的工作方式可分为变极距型、变面积型和变介质（变介电常数）型三种。图 6-2 为常用电容器的结构形式，其中图 6-2a、图 6-2e 为变极距型，图 6-2b ~ 图 6-2d、图 6-2f ~ 图 6-2h 为变面积型，而图 6-2i ~ 图 6-2l 则为变介电常数型。

由电容式传感器组成的位移电测仪表，主要是应用电容极板间距离和极板相互遮盖面积的改变使电容器电容改变的原理，来实现位移量的测量。它可以检测线位移和角位移，并且可以检测物位和液位等。

## 6.1.2 变极距型电容式传感器

极板面积和介电常数为常数，而平板电容器的极间距为变量的传感器称为变极距型电容式传感器。这种传感器可以用来测量微小位移，范围为 $0.01\mu m ~ 0.1mm$。

变极距型电容式传感器的原理图如图 6-3a 所示。传感器两极板间的 $\varepsilon$ 和 $S$ 为常数，通过电容极板间距离 $d$ 的变化实现对相关物理量的测量。显然，$C-d$ 并不是线性关系，其特性曲线如图 6-3b 所示。

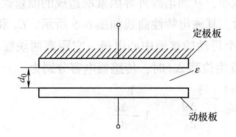
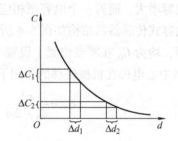

a) 变极距型电容式传感器原理图　　　　　　b) 电容量与极板间距离的特性曲线

图 6-3　变极距型电容式传感器

设初始极距为 $d_0$，则初始电容 $C_0 = \varepsilon S/d_0$。若电容动极板因被测量变化而向上移动 $\Delta d$ 时，则极板间距变为 $d = d_0 - \Delta d$，电容为

$$C = \frac{\varepsilon S}{d_0 - \Delta d} \tag{6-2}$$

极板移动前后电容的变化量 $\Delta C$ 为

$$\Delta C = C - C_0 = \frac{\varepsilon S}{d_0 - Dd} - \frac{\varepsilon S}{d_0} = \frac{\varepsilon S}{d_0}\frac{\Delta d}{d_0 - Dd} = C_0 \frac{\Delta d}{d_0 - \Delta d} \tag{6-3}$$

式(6-3)表明 $\Delta C$ 和 $\Delta d$ 不是线性关系。但当 $\Delta d << d_0$（即量程远小于极板间初始距离）时，可以认为 $\Delta C\text{-}\Delta d$ 的关系为线性，即

$$C \approx C_0 \frac{\Delta d}{d_0} \tag{6-4}$$

其灵敏度 $K$ 为

$$K = \frac{\Delta C}{\Delta d} = \frac{C_0}{d_0} = \frac{\varepsilon S}{d_0^2} \tag{6-5}$$

因此，变极距型电容传感器只在 $\Delta d / d_0$ 很小时才有近似线性输出，其灵敏度 $K$ 与初始极距 $d_0$ 的二次方成反比，故可通过减小初始极距 $d_0$ 来提高灵敏度。变极距型传感器的分辨力极高，一般用来测量微小变化的量，如对 $0.01\,\mu\mathrm{m} \sim 0.9\,\mathrm{mm}$ 位移的测量等。

电容初始极距 $d_0$ 的减小有利于灵敏度的提高，但 $d_0$ 过小可能会引起电容器击穿或短路。为此，极板间可采用高介电常数的材料，如云母、塑料膜等作为介质。此时电容 $C$ 变为

$$C = \frac{\varepsilon S}{d_0 + \dfrac{d_{\mathrm{g}}}{\varepsilon_{r2}}} \tag{6-6}$$

式中，$d_{\mathrm{g}}$、$\varepsilon_{r2}$ 分别为中间介质的厚度、相对介电常数。以云母片为例，相对介电常数是空气的 7 倍，其击穿电压不小于 $1000\,\mathrm{kV/mm}$，而空气仅为 $3\,\mathrm{kV/mm}$。因此采用云母片等介质后，极板初始间距可大大减小。

### 6.1.3 变极距差动型电容式传感器

在实际应用中，为了提高传感器的灵敏度和克服某些外界因素（如电源电压、环境温度等）对测量的影响，常把传感器做成差动形式。动极板移动后，$C_1$ 和 $C_2$ 成差动变化，即其中一个电容增大，而另一个电容则相应减小，从而消除外界因素所造成的测量误差。

差动电容式传感器的结构如图 6-4 所示，其输出特性曲线如图 6-5 所示。$C_1$ 和 $C_2$ 的初始电容相等，均为 $C_0$ 在零点位置上设置一个可动的接地中心电极，它距离两块极板的距离均为 $d_0$，当中心电极在机械位移的作用下发生位移 $\Delta d$ 时，传感器电容分别为

$$C_1 = \frac{\varepsilon A}{d_0 - \Delta d} = \frac{\varepsilon A}{d_0} \frac{1}{1 - \dfrac{\Delta d}{d_0}} = C_0 \frac{1}{1 - \dfrac{\Delta d}{d_0}} \tag{6-7}$$

$$C_2 = \frac{\varepsilon A}{d_0 - \Delta d} = C_0 \frac{1}{1 + \dfrac{\Delta d}{d}} \tag{6-8}$$

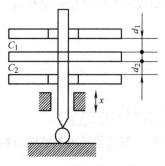

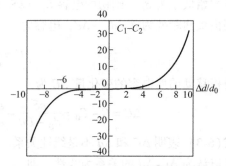

图 6-4　差动电容式传感器的结构示意图　　　　图 6-5　差动电容式传感器的输出特性曲线

若位移量 $\Delta d$ 很小，且 $\left| \dfrac{\Delta d}{d_0} \right| < 1$，式(6-7)、式(6-8) 可按级数展开，得

$$C_1 = C_0 \left[ 1 + \frac{\Delta d}{d_0} + \left( \frac{\Delta d}{d_0} \right)^2 + \left( \frac{\Delta d}{d_0} \right)^3 + \cdots \right] \tag{6-9}$$

$$C_2 = C_0 \left[ 1 - \frac{\Delta d}{d_0} + \left( \frac{\Delta d}{d_0} \right)^2 - \left( \frac{\Delta d}{d_0} \right)^3 + \cdots \right] \qquad (6\text{-}10)$$

电容总的变化量为

$$\Delta C = C_1 - C_2 = C_0 \left[ 2\frac{\Delta d}{d_0} + 2\left( \frac{\Delta d}{d_0} \right)^3 + \cdots \right] \qquad (6\text{-}11)$$

电容的相对变化量为

$$\frac{\Delta C}{C_0} = 2\frac{\Delta d}{d} \left[ 1 + \left( \frac{\Delta d}{d_0} \right)^2 + \left( \frac{\Delta d}{d_0} \right)^4 + \cdots \right] \qquad (6\text{-}12)$$

略去高次项，则 $\dfrac{\Delta C}{C_0}$ 与 $\dfrac{\Delta d}{d_0}$ 近似成线性关系，即

$$\frac{\Delta C}{C_0} \approx 2\frac{\Delta d}{d_0} \qquad (6\text{-}13)$$

式(6-13) 与图 6-5 中的特性曲线相对应。

差动电容式传感器的相对非线性误差 $r$ 近似为

$$r = \frac{\left| 2\left( \dfrac{\Delta d}{d_0} \right)^3 \right|}{\left| 2\left( \dfrac{\Delta d}{d_0} \right) \right|} \times 100\% = \left( \frac{\Delta d}{d_0} \right)^2 \times 100\% \qquad (6\text{-}14)$$

对于非差动电容式传感器，其电容为

$$C = C_0 \frac{1}{1 - \dfrac{\Delta d}{d_0}} \qquad (6\text{-}15)$$

则

$$\frac{\Delta C}{C_0} = \frac{\Delta d}{d_0} \left( 1 - \frac{\Delta d}{d_0} \right)^{-1} \qquad (6\text{-}16)$$

按级数展开，得

$$\frac{\Delta C}{C_0} = \frac{\Delta d}{d_0} \left[ 1 + \left( \frac{\Delta d}{d_0} \right) + \left( \frac{\Delta d}{d_0} \right)^2 + \left( \frac{\Delta d}{d_0} \right)^3 + \cdots \right] \qquad (6\text{-}17)$$

近似的线性关系为

$$\frac{\Delta C}{C_0} \approx \frac{\Delta d}{d_0} \qquad (6\text{-}18)$$

故单一电容式传感器的非线性误差为

$$r_1 = \frac{\left| \left( \dfrac{\Delta d}{d_0} \right)^2 \right|}{\left| \dfrac{\Delta d}{d_0} \right|} \times 100\% = \left| \frac{\Delta d}{d_0} \right| \times 100\% \qquad (6\text{-}19)$$

显然，差动电容式传感器的非线性误差 $r$ 与单一电容式传感器的非线性误差 $r_1$ 相比大大降低。

当与适当的测量电路配合后，差动电容式传感器的输出特性在 $\dfrac{\Delta d}{d_0} = \pm 33\%$ 的范围内，偏离直线的误差不超过 1%。

111

电容式传感器的灵敏度定义为电容变化与所引起该变化的可动部件的机械位移变化之比。平板型改变面积的线位移传感器的灵敏度为

$$\frac{\Delta C}{\Delta l} = \frac{\varepsilon b}{d} \tag{6-20}$$

式中，$b$ 为极板宽度（cm）。

平板型改变极距的线位移传感器的灵敏度为

$$\frac{\Delta C}{\Delta d} = \frac{\varepsilon A}{d^2} \tag{6-21}$$

显然，改变极距的传感器能够用减少极距 $d$ 来增加灵敏度，但实际上 $d$ 受电极表面粗糙度和极距非常小时的击穿电压所限制，因此，极距 $d$ 不能无穷小。

平板型差动电容式传感器的灵敏度为

$$\frac{\Delta C}{\Delta d} = 2\frac{\varepsilon d}{d^2} \tag{6-22}$$

## 6.1.4　变极板面积型电容式传感器

图 6-6 是变面积型传感器的原理图。测量中动极板移动时，两极板间的相对有效面积 $S$ 发生变化，引起电容 $C$ 发生变化。当电容两极板间有效覆盖面积由 $S_0$ 变为 $S$ 时，电容的变化量为

$$\Delta C = \frac{\varepsilon \Delta S}{d} - \frac{\varepsilon S}{d} = \frac{\varepsilon (S_0 - S)}{d} = \frac{\varepsilon \Delta S}{d} \tag{6-23}$$

可见电容的变化量 $\Delta C$ 与面积的变化量 $\Delta S$ 呈线性关系，其灵敏度 $K = \dfrac{\Delta C}{\Delta S} = \dfrac{\varepsilon}{d}$ 为常数。

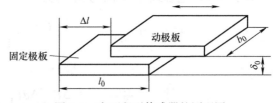

图 6-6　变面积型传感器的原理图

对于图 6-6 中的线位移式传感器，设动极板相对定极板沿长度 $l_0$ 方向平移 $\Delta l$ 时，$\Delta S = \Delta l b_0$，则式（6-23）变为

$$\Delta C = \frac{\varepsilon \Delta S}{d} = \frac{\varepsilon b_0}{d} \Delta l = \frac{\varepsilon b_0 l_0}{d} \frac{\Delta l}{l_0} = C_0 \frac{\Delta l}{l_0} \tag{6-24}$$

则

$$\frac{\Delta C}{C_0} = \frac{\Delta l}{l_0} \tag{6-25}$$

图 6-7 是一只电容式角位移传感器的原理图。当动极板有一个角位移 $\theta$ 时，与定极板的遮盖面积就会发生改变，从而改变了两极板间的电容量。当 $\theta = 0$ 时，则

$$C_0 = \frac{\varepsilon_1 A}{d_0} \tag{6-26}$$

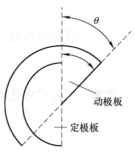

图 6-7　电容式角位移
传感器原理图

式中，$\varepsilon_1$ 为介电常数。

当 $\theta \neq 0$ 时，则

$$C_1 = \frac{\varepsilon_1 A\left(1 - \dfrac{\theta}{\pi}\right)}{d} = C_0 - C_0 \frac{\theta}{\pi} \tag{6-27}$$

电容灵敏度 $K$ 为

$$K = \frac{\Delta C}{\theta} = \frac{C_0}{\pi} = \frac{\varepsilon S_0}{d\pi} \tag{6-28}$$

可以看出，这种形式的传感器电容 $C$ 与角位移 $\theta$ 呈线性关系。由式(6-28) 可见，增大传感器的初始面积或减小极距 $d$ 有利于增大传感器的灵敏度 $K$。

## 6.1.5　变介质型电容式传感器

变介质电容式传感器的结构形式较多，可以用来测量纸张、绝缘薄膜等的厚度以及液位高低等，也可用来测量粮食、纺织品、木材或煤等非导电固体物质的湿度。

图 6-8 为变介质型电容式传感器的结构原理图。图 6-8a 中两平行极板固定不动，极距为 $d_0$，相对介电常数为 $\varepsilon_{r2}$ 的电介质以不同深度插入电容器中。传感器的总电容 $C$ 相当于两个电容 $C_1$ 和 $C_2$ 的并联，即

$$C = C_1 + C_2 = \frac{\varepsilon_0 b_0}{d_0}[\varepsilon_{r1}(L_0 - L) + \varepsilon_{r2}L] \tag{6-29}$$

式中，$L_0$、$b_0$ 为极板的长度和宽度；$L$ 为第二种介质进入极板间的长度。

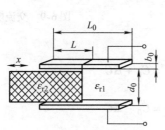
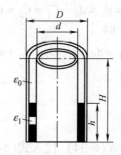

a) 变介质型电容式传感器结构图　　b) 电容式液位变换器结构图

图 6-8　变介质型电容式传感器结构图和电容式液位变换器结构图

若电介质 $\varepsilon_{r1} = 1$，当 $L = 0$ 时传感器的初始电容为 $C_0 = \varepsilon_0 L_0 b_0 / d_0$；当被测介质 $\varepsilon_{r2}$ 进入极板间 $L$ 深度后，引起电容的相对变化量为

$$\frac{\Delta C}{C_0} = \frac{C - C_0}{C_0} = \frac{\varepsilon_{r1} - 1}{L_0}L \tag{6-30}$$

由此可见，电容量的变化与被测电介质的移动量 $L$ 呈线性关系。

图 6-8b 为变介质型电容式传感器用于测量液位高低的结构原理图。设被测介质的介电常数为 $\varepsilon_1$，液位高度为 $h$，传感器变换器高度为 $H$，内桶外径为 $d$，外桶内径为 $D$，此时变换器电容为

$$C = \frac{2\pi\varepsilon_1}{\ln\dfrac{D}{d}} + \frac{2\pi\varepsilon(H-h)}{\ln\dfrac{D}{d}} = \frac{2\pi\varepsilon H}{\ln\dfrac{D}{d}} + \frac{2\pi h(\varepsilon_1 - \varepsilon)}{\ln\dfrac{D}{d}} = C_0 + \frac{2\pi h(\varepsilon_1 - \varepsilon)}{\ln\dfrac{D}{d}} \tag{6-31}$$

式中，$\varepsilon$ 为空气介电常数；$C_0$ 为由变换器的基本尺寸决定的初始电容值，即 $C_0 = \dfrac{2\pi\varepsilon H}{\ln\dfrac{D}{d}}$。由

式(6-31) 可知，此变换器的电容增量正比于被测液位高度 $h$。

113

## 6.2　电容式传感器的测量电路

电容式传感器的检测元件将被测非电量转换为电容的变化量后，由于电容值非常小，不能直接用现有的显示仪表显示，更难于传输，因此，还需要用测量电路把电容量的变化转换成与其成正比的电压（电流或频率）等电信号，以便显示、记录或传输。与电容式传感器配用的测量电路很多，常用的有桥式电路、调频振荡电路、运算放大器式电路和脉冲调宽型电路等几种。

### 6.2.1　交流电桥差动测量电路

当传感器采用差动接法时，可采用图 6-9 的交流电桥差动测量电路。其空载输出电压 $U_o$ 为

$$U_o = \frac{C_{1x}}{C_{1x} + C_{2x}} \dot{U} - \frac{1}{2} \dot{U} = \frac{C_{1x} - C_{2x}}{C_{1x} + C_{2x}} \times \frac{\dot{U}}{2} \quad (6-32)$$

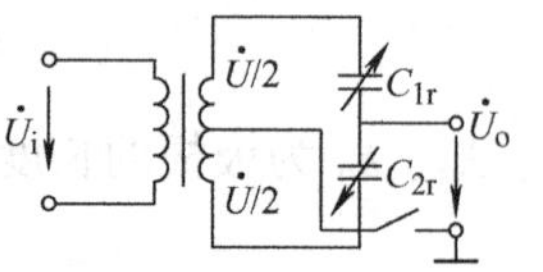

差动电容式传感器结构示意图如图 6-4 所示。开始时

$$d_1 = d_2 = d_0 \quad C_1 = C_2 = C_0$$

当活动片上移 $x$ 时

$$d_1 = d_0 - x \quad d_2 = d_0 + x$$

图 6-9　交流电桥差动测量电路

$$C_1 = \frac{\varepsilon S}{d_0 - x} = C_0 + \Delta C \quad (6-33)$$

$$C_1 = \frac{\varepsilon S}{d_0 + x} = C_0 - \Delta C \quad (6-34)$$

将式(6-33) 与式(6-34) 代入式(6-32)，得

$$U_o = \frac{(C_0 - \Delta C) - (C_0 + \Delta C)}{(C_0 + \Delta C) + (C_0 - \Delta C)} \frac{\dot{U}}{2} = +\frac{\Delta C}{C_0} \frac{\dot{U}}{2} \quad (6-35)$$

当活动片下移 $x$ 时

$$U_o = \frac{-\Delta C}{C_0} \frac{\dot{U}}{2} \quad (6-36)$$

交流电桥测量电路常用于尺寸自动检测系统中。但此电路仍需后接相敏检波电路判断被测构件的移动方向。

### 6.2.2　调频电路转换信号

调频电路是把电容式传感器作为振荡器电路的一部分，当被测量变化而使电容发生变化时，振荡频率也会发生相应的变化。由于振荡器的频率受电容式传感器的电容调制，故称为调频电路。图 6-10 为调频电路的原理框图。

图 6-10 中，电容式传感器的传感元件 $C_x$ 被接在 LC 振荡回路中，或作为晶体振荡器中石英晶体的负载电容。当传感器的电容发生变化（$\Delta C$）时，其振荡频率也会发生改变，从而实

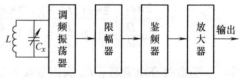

图 6-10　调频电路的原理框图

现了由电容到频率的转换。

设初始时（被测量 $x = 0$、$\Delta C = 0$）振荡器的频率 $f_0$ 为

$$f_0 = \frac{1}{2\pi\sqrt{LC_0}} \tag{6-37}$$

当 $\Delta C \neq 0$，振荡频率 $f$ 随 $\Delta C$ 而改变，其值为

$$f = f_0 \pm \Delta f = \frac{1}{2\pi\sqrt{LC}} \tag{6-38}$$

式中，$C$ 包括传感器电容 $C_x$（$C_x = C_0 \pm \Delta C$）、振荡回路中的微调电容 $C_1$ 和传感器电缆分布电容 $C_2$，即 $C = C_1 + C_2 + C_0 \pm \Delta C$。

由于振荡器输出有两个变化量，即频率 $\Delta f$ 和幅值 $\Delta u$，为了限制幅值的变化，常在后面加入限幅放大器（简称限幅器），使幅值成为定值，从而使输出量的变化只有 $\Delta f$，以此作为判断被测量的大小。又由于测量系统的非线性，且不便于由测量仪表显示，为此应在限幅器的后面加入鉴频器，用以补偿其他部分的非线性，使整个测量系统线性化，并将频率信号转换为电压或电流等模拟量输出至放大器，进行放大。如果要得到数字量，需要再进行模/数转换等处理，将信号转换成数字信号，便于数字显示或数字控制等。

调频测量电路的特点是灵敏度高，可以测量 $0.01\text{pF}$ 甚至更小的电容变化量。另外，其抗干扰能力强，能获得高电平的直流信号，也可获得数字信号输出。缺点是振荡频率受温度变化和电缆分布电容影响较大。

## 6.2.3　运算放大器式电路

由于运算放大器的放大倍数 $K$ 非常大，而且输入阻抗 $Z_i$ 很高，这一特点可以作为电容式传感器比较理想的测量电路，如图 6-11 所示，$C_x$ 为传感器电容，a 点为虚地点，由于 $Z_i$ 很高，所以 $\dot{I} \approx 0$，根据基尔霍夫定律，可列出如下方程：

$$\begin{cases} \dot{U}_i = \dfrac{\dot{I}_i}{j\omega C_i} \\[2mm] \dot{U}_o = \dfrac{\dot{I}_x}{j\omega C_x} \\[2mm] \dot{I}_i = -\dot{I}_x \end{cases} \tag{6-39}$$

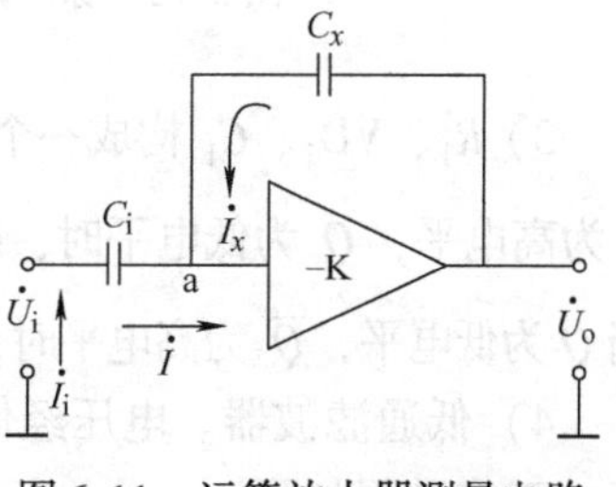

图 6-11　运算放大器测量电路

联立解得

$$\dot{U}_o = -\dot{U}_i \frac{C_i}{C_x} \tag{6-40}$$

如果传感器是一只平板电容，则

$$C_x = \frac{\varepsilon_0 A}{d} \tag{6-41}$$

将式(6-41) 代入式(6-40)，得

$$\dot{U}_o = -\dot{U}_i \frac{C_i}{\varepsilon_0 A} d \tag{6-42}$$

115

由式(6-42) 可知，运算放大器的输出电压与动极板机械位移 $d$（即极板距离）成线性关系，运算放大器电路解决了单个变极距型电容式传感器的非线性问题。式(6-42) 在 $K \to \infty$、$Z_i \to \infty$ 的前提下得到。由于实际使用的运算放大器的放大倍数 $K$ 和输入阻抗 $Z_i$ 总是一个有限值，所以该测量电路仍然存在一定的非线性误差；当 $K$、$Z_i$ 足够大时，这种误差相当小，可以使测量误差在要求范围之内。因此，运算放大器式电路仍不失其优点。

## 6.2.4　脉冲调宽型电路

因为 RC 电路的时间常数 $\tau = RC$，当 $C_1 = C_0 + \Delta C_1$，$C_2 = C_0 - \Delta C_2$ 时，$\tau_1 = R(C_0 + \Delta C_1)$，$\tau_2 = R(C_0 - \Delta C_2)$，而脉冲宽度 $T$ 是 $\tau$ 的函数，$\tau$ 是 $C$ 的函数，$C$ 是位移 $x$ 的函数，因此通过脉宽的变化即可知 $C$ 的变化，进而确定位移 $x$ 的变化。图 6-12 是脉冲调宽型电路，下面进行结构与工作过程分析。

脉冲调宽型电路中，$C_1$、$C_2$ 为差动电容式传感器的两个变极距为 $d$ 电容的，电路结构可分为比较器、RS 触发器、RC 充放电回路和低通滤波器。

1）比较器 $IC_1$、$IC_2$ 中，当 $U_+ > U_-$ 时，输出高电平；当 $U_+ < U_-$ 时，输出低电平。

2）RS 触发器。RS 触发器的功能见表 6-1。

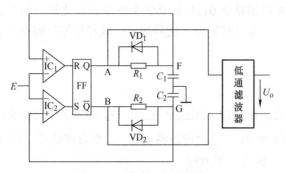

| $S$ | $R$ | $Q$ | $\bar{Q}$ |
|---|---|---|---|
| 0 | 0 | 保持原态 | |
| 0 | 1 | 0 | 1 |
| 1 | 0 | 1 | 0 |
| 1 | 1 | 不允许出现 | |

表 6-1　RS 触发器的功能

图 6-12　脉冲调宽型电路

3）$R_1$、$VD_1$、$C_1$ 构成一个 RC 充放电回路；$R_2$、$VD_2$、$C_2$ 构成另一个 RC 充放电回路。当 $Q$ 为高电平，$\bar{Q}$ 为低电平时，$C_1$ 充电回路为 $Q \to R_1 \to C_1 \to$ 地，$C_2$ 放电回路为 $C_2 \to VD_2 \to \bar{Q}$；当 $Q$ 为低电平，$\bar{Q}$ 为高电平时，$C_1$ 放电回路为 $C_1 \to VD_1 \to Q$，$C_2$ 充电回路为 $\bar{Q} \to R_2 \to C_2 \to$ 地。

4）低通滤波器。电压经低通滤波器后，获得输出电压平均值。

工作过程如下：

假设原态 $Q$ 为高电平，$\bar{Q}$ 为低电平，说明此时 $U_F < E$，$R = 0$，$U_G > E$，$S = 1$，则 $C_1$ 充电使 $U_F \uparrow$，充电回路为 $Q \to R_1 \to C_1 \to$ 地；$C_2$ 放电使 $U_F \downarrow$，放电回路为 $C_2 \to VD_2 \to \bar{Q}$。当 $U_F > E$，$R = 0$，$U_G < E$，$S = 0$ 时，$Q = 0$，$\bar{Q} = 1$，电路状态主要由 $C_1$ 充电决定，因为若 $C_2$ 放电较快，$U_G$ 先小于 $E$，$S = 0$；而 $C_1$ 充电较慢，$U_F$ 仍小于 $E$，$R = 0$ 时，$Q$ 处于保持状态，只有 $U_F > E$ 时 $Q$ 才变化。

当 $Q = 0$，$\bar{Q} = 1$ 时，$C_1$ 放电使 $U_F \downarrow$，$C_1$ 放电回路为 $C_1 \to D_1 \to Q$，$C_2$ 充电使 $U_F \uparrow$，$C_2$ 充电回路为 $\bar{Q} \to R_2 \to C_2 \to$ 地。当 $U_F < E$，$R = 0$，$U_G < E$，$S = 1$ 时，$Q = 0$，$\bar{Q} = 1$，又进行

下一轮充放电。

$C_1$ 充电时间为

$$T_1 = R_1 C_1 \ln \frac{U_H}{U_H - E} \tag{6-43}$$

$C_2$ 充电时间为

$$T_2 = R_2 C_2 \ln \frac{U_H}{U_H - E} \tag{6-44}$$

式中，$U_H$ 为触发器 FF 输出的高电平值；$E$ 为比较器 $IC_1$、$IC_2$ 的参考电压。

$Q$、$\bar{Q}$ 送入低通滤波器后，输出的平均电压为

$$U_o = \frac{T_1}{T_1 + T_2} U_H - \frac{T_2}{T_1 + T_2} U_H \tag{6-45}$$

即

$$U_o = \frac{T_1 - T_2}{T_1 + T_2} U_H \tag{6-46}$$

正常工作状态下，$R_1 = R_2$，$C_1 = C_2$，$T_1 = T_2$，$U_0 = 0$。当 $d$ 发生变化时，$C_1 \neq C_2$，设 $d_1 = d_0 - \Delta x$，$d_2 = d_0 + \Delta x$，则 $C_1 = C_0 + \Delta C$，$C_2 = C_0 - \Delta C$，输出电压为

$$U_o = \frac{T_1 - T_2}{T_1 + T_2} U_H = \frac{C_1 - C_2}{C_1 + C_2} U_H = \frac{\dfrac{\varepsilon S}{d_1} - \dfrac{\varepsilon S}{d_2}}{\dfrac{\varepsilon S}{d_1} + \dfrac{\varepsilon S}{d_2}} U_H = \frac{d_2 - d_1}{d_1 + d_2} U_H = \frac{\Delta x}{d_0} U_H \tag{6-47}$$

若 $d_1 = d_0 + \Delta x$，$d_2 = d_0 - \Delta x$，则

$$U_o = -\frac{\Delta x}{d_0} U_H \tag{6-48}$$

脉冲调宽型电路的各点电压波形如图 6-13 所示。

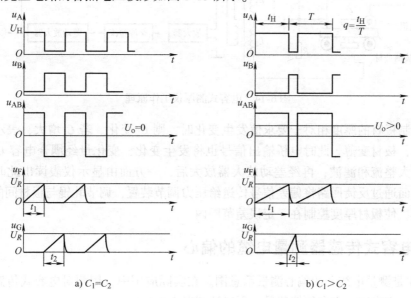

图 6-13　脉冲调宽型电路的各点电压波形

117

## 6.3 电容式传感器的应用举例

电子技术的发展，成功地解决了电容式传感器存在的技术问题，为电容式传感器的应用开辟了广阔的情景。电容式传感器不但广泛应用于厚度、位移、压力、速度、浓度、物位等物理量的测量，还用于测量力、压力、差压、流量、成分、液位等参数。下面举例说明电容式传感器的应用情况。

### 6.3.1 电容式传感器在板材轧制装置中的应用——电容式测厚仪

电容式测厚仪的关键部件之一是电容测厚传感器。在板材轧制过程中，由它来监测金属板材的厚度变化情况，现阶段常采用独立双电容测厚传感器来检测。应用独立双电容传感器，克服了两电容并联或串联式传感器的缺点，通过对被测板材在同一位置、同一时刻实时取样使其测量精度大大提高。

由电容式传感器组成的测厚仪的工作原理如图 6-14 所示。在被测带材的上、下两侧各置一块面积相等、与带材距离相等的极板，这样极板与带材就构成了两个电容器 $C_1$ 和 $C_2$。把两块极板用导线连成一个电极，而带材就是电容的另一个电极，其总电容 $C_x = C_1 + C_2$，总电容 $C_x$ 与固定电容 $C_0$、变压器的二次电感 $L_1$ 和 $L_2$ 构成电桥。音频信号发生器提供变压器一次信号，经耦合用作交流电桥的供桥电源。

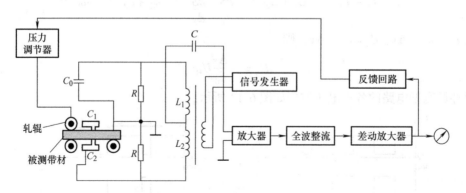

图 6-14 电容式测厚仪工作原理

当被轧制板材的厚度相对于要求值发生变化时，则 $C_x$ 变化。若 $C_x$ 增大，表示板材厚度变厚；反之，板材变薄。此时电桥输出信号也将发生变化，变化量经耦合电容 $C$ 输出给运算放大器放大整流和滤波；再经差动放大器放大后，一方面由显示仪表读出此时的板材厚度，另一方面通过反馈回路将偏差信号传送给压力调节装置，调节轧辊与板材间的距离，经过不断调节，使板材厚度控制在一定误差范围内。

### 6.3.2 电容式传感器测量电缆的偏心

图 6-15 是测量电缆芯的偏心测量示意图。在实际应用中，用两对电容式传感器分别测出电缆芯在 $x$ 方向和 $y$ 方向的偏移量，再经计算得出偏心值。

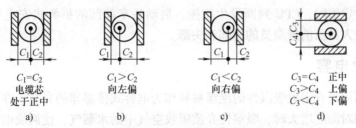

图6-15　测量电缆芯的偏心测量示意图

## 6.3.3　电容式加速度传感器

电容式加速度传感器的体积较小，核心部分只有$\phi$3mm左右，与测量转换电路一起装在8脚帽型TO-5金属封装中或16脚双列直插IC封装中，外形酷似普通的集成电路。表面微加工电容式加速度传感器结构示意图如图6-16所示。

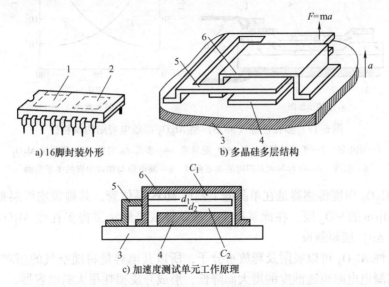

图6-16　表面微加工电容式加速度传感器结构示意图
1—加速度测试单元　2—信号处理电路　3—衬底　4—底层多晶硅（下电极）
5—多晶硅悬臂梁　6—顶层多晶硅（上电极）

由于微电子技术的发展，可以将一块多晶硅加工成多层结构。图6-16b是在硅衬底上，利用表面微加工技术，制造出三个多晶硅电极，组成差动电容$C_1$、$C_2$。底层多晶硅和顶层多晶硅固定不动，中间层多晶硅是一个可以上下微动的振动片，其左端固定在衬底上，所以相当于悬臂梁。

当电容式加速度传感器感受到上下振动时，$C_1$、$C_2$呈差动变化。与加速度测试单元封装在同一壳体中的信号处理电路将$\Delta C$转换成直流输出电压。它的激励源也装在同一壳体内，所以集成度很高。由于硅的弹性滞后很小，且悬臂梁的质量很小，所以频率响应可达1kHz以上，允许的撞击加速度可达$100g$（$1g=9.8\text{m/s}^2$）以上。

将该电容式加速度传感器安装在炸弹上，可以控制炸弹爆炸的延时时刻；安装在轿车上，可以作为碰撞传感器。当正常刹车和轻微碰撞时，传感器输出信号较小。当其测得的负

119

加速度值超过设定值时，CPU 判断发生碰撞，启动轿车前部的折叠式安全气囊迅速充气而膨胀，托住驾驶人员及前排乘员的胸部和头部。

## 6.3.4 湿敏电容

湿敏电容利用具有很大吸湿性的绝缘材料作为电容式传感器的介质，在其两侧面镀上多孔性电极。当相对湿度增大时，吸湿性介质吸收空气中的水蒸气，使两块电极之间的介质相对介电常数大为增加（水的相对介电常数为80），电容量增大。

目前，成品湿敏电容主要使用以下两种吸湿性介质：一种是多孔性氧化铝（$Al_2O_3$），另一种是高分子吸湿膜。多孔性硅（MOS）型 $Al_2O_3$ 湿敏电容结构简图及特性如图 6-17 所示。

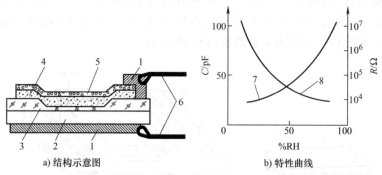

a) 结构示意图          b) 特性曲线

图 6-17    多孔性硅（MOS）型 $Al_2O_3$ 湿敏电容结构及特性

1—铝电极    2—单晶硅基底    3—$SiO_2$ 绝缘膜    4—多孔 Au 电极    5—吸湿层 $Al_2O_3$
6—引线    7—电容与相对湿度的关系曲线    8—漏电阻与相对湿度的关系曲线

MOS 型 $Al_2O_3$ 湿度传感器是在单晶硅上制成 MOS 晶体管。其栅极绝缘层是用热氧化法生成厚度约 $80\mu m$ 的 $SiO_2$ 膜，在此基础上，用蒸镀或电解法制得多孔性 $Al_2O_3$ 膜，然后再镀上多孔金（Au）膜而制成。

由于多孔性 $Al_2O_3$ 可以吸附及释放水分子，所以其电容量将随空气的相对湿度而改变。与此同时，其漏电电阻也随湿度的增大而降低，形成介质损耗很大的电容器。

将该湿敏电容作为 LC 振荡器中的振荡电容，通过测量其振荡频率和振荡幅度，可以换算成相对湿度值，还可以将它接到 RC 振荡器中。RC 振荡电路有 555 多谐振荡器、CMOS 两级反相器组成的 RC 振荡器、施密特反相器组成的 RC 振荡器等形式。

目前市售湿敏电容中，还有一个系列是用高分子亲水薄膜作为感湿材料，在该薄膜的两面制作多孔透气金电极。在水汽压力差的作用下，空气中的水分子可以透过多孔性电极，向亲水性高分子薄膜内部扩散，其扩散速度随着湿度的升高而加剧，由于水的介电常数很大，所以湿敏电容的电容量随湿度增大而增大。该湿敏电容也可采用 RC 振荡电路，但需要采取温度补偿措施。

## 6.3.5 电容式油量表

电容式油量表示意图如图 6-18 所示。当油箱中无油时，电容传感器的电容量 $C_x = C_{x0}$，调节匹配电容使 $C_0 = C_{x0}$，$R_4 = R_3$；并使调零电位器 $R_P$ 的滑动臂位于 0 点，即 $R_P$ 的电阻值为 0。此时，电桥满足 $C_x/C_0 = R_3/R_4$ 的平衡条件，电桥输出为零，伺服电动机不转动，油

量表指针偏转角 $\theta = 0$。

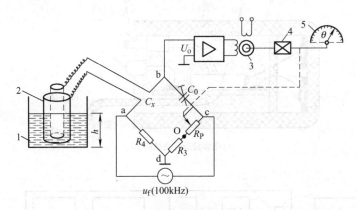

图6-18　电容式油量表示意图

1—油箱　2—圆柱形电容器　3—伺服电动机　4—减速箱　5—油量表

当油箱中注满油时，液位上升至 $h$ 处，$C_x = C_{x0} + \Delta C_x$，而 $\Delta C_x$ 与 $h$ 成正比，此时电桥失去平衡，电桥的输出电压 $U_o$ 经放大后驱动伺服电动机，再由减速箱减速后带动指针顺时针偏转，同时带动 $R_P$ 的滑动臂移动，从而使 $R_P$ 电阻值增大，$R_{cd} = R_3 + R_P$ 也随之增大。当 $R_P$ 的电阻值达到一定值时，电桥又达到新的平衡状态，$U_o = 0$，于是伺服电动机停转，指针停留在转角 $\theta$ 处。

由于指针及可变电阻的滑动臂同时为伺服电动机所带动，因此，$R_P$ 的电阻值与 $\theta$ 间存在着确定的对应关系，即 $\theta$ 正比于 $R_P$ 的电阻值，而 $R_P$ 的电阻值又正比于液位高度 $h$，因此可直接从刻度盘上读得液位高度 $h$。

当油箱中的油位降低时，伺服电动机反转，指针逆时针偏转（示值减小），同时带动 $R_P$ 的滑动臂移动，使 $R_P$ 的电阻值减小。当 $R_P$ 的电阻值达到一定值时，电桥又达到新的平衡状态，于是伺服电动机再次停转，指针停留在与该液位相对应的转角 $\theta$ 处。从以上分析可知，该装置采用了类似于天平的零位式测量方法，所以放大器的非线性及温度漂移对测量精度影响不大。

## 6.3.6　电容接近开关

### 1. 电容接近开关的结构及工作原理

电容接近开关的核心是以电容极板作为检测端的 LC 振荡器，圆柱形电容接近开关的结构及原理框图如图6-19所示。两块检测极板设置在接近开关的最前端，测量转换电路安装在接近开关壳体内，并用介质损耗很小的环氧树脂充填、灌封。

当没有物体靠近检测极板时，上、下检测极板之间的电容 $C$ 非常小，它与电感 $L$（在测量转换电路板 3 中）构成高品质因数的 LC 振荡电路，$Q = 1 / (\omega C R)$。

当被检测物体为导电体（如金属、水等）时，上、下检测极板经过与导电体之间的耦合作用，形成变极距电容 $C_1$、$C_2$。LC 振荡电路中的电容 $C$ 可以看作是 $C_1$、$C_2$ 的串联，电容量 $C$ 比圆柱形电容接近开关未靠近导电体时增大了许多，引起 LC 回路的 $Q$ 值下降，输出电压 $U_o$ 下降，$Q$ 值下降到一定程度时振荡器停振。

当含水的被测物（如饲料、人体等）接近检测极板时，由于检测极板上施加高频电压，

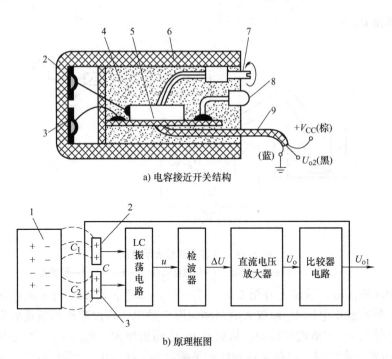

a) 电容接近开关结构

b) 原理框图

图6-19　圆柱形电容接近开关的结构及原理框图
1—被测物　2—上检测极板　3—下检测极板　4—充填树脂　5—测量转换电路板　6—塑料外壳
7—灵敏度调节电位器　8—工作指示灯　9—3 线电缆

在它附近产生交变电场，被检测物体就会受到静电感应，使内部分子产生极化现象，正负电荷分离，使上、下检测极板之间的等效电容增大，从而使 LC 回路的 $Q$ 值降低。对介质损耗较大的介质（如各种含水有机物）而言，它在高频交变极化过程中需要消耗一定的能量（转为热量），该能量由 LC 振荡电路提供，必然使 LC 振荡电路的 $Q$ 值进一步降低，振荡幅度减小。当被测物体靠近到一定距离时，振荡器的 $Q$ 值低到无法维持 LC 振荡电路的振荡而停振。根据输出电压的大小，可判定是否有上述被测体接近。当被测物为玻璃、陶瓷及塑料等介质损耗很小的物体时，电容接近开关的灵敏度就极低。

**2. 电容接近开关特性及使用注意事项**

如果在图6-19b 中的直流电压放大器之后设置迟滞比较器，该接近开关就具有类似于电涡流接近开关（也称为电感接近开关）的滞差特性。如果在比较器之后再设置一级 OC 门输出电路，就能提供较大的低电平灌电流能力。

电容接近开关的位置固定后，可以根据被测物的材质，调节接近开关尾部的灵敏度调节电位器（调节至工作指示灯亮为止），来修改确定动作距离。例如，当被测物（如液体）与接近开关之间隔着一层玻璃时，可以适当提高灵敏度，扣除玻璃的影响。

电容接近开关使用时必须远离金属物体。即使是绝缘体，对它仍有一定的影响。它对高频电场也十分敏感，因此两只电容接近开关也不能靠得太近，以免相互影响。

对金属物体而言，大可不必使用易受干扰的电容接近开关，而应选择电涡流接近开关。因此只有在测量含水分较多的介质时才应选择电容接近开关。

例如，可以将电容接近开关安装在饲料加工料斗上方。当谷物高度达到电容接近开关的底部时，电容接近开关就产生报警信号，关闭输送管道的阀门。

## 6.4 习题

6-1 根据工作原理可将电容式传感器分为哪几种类型？每种类型各有什么特点？各适用于什么场合？

6-2 分布和寄生电容的存在对电容式传感器有什么影响？一般采取哪些措施可以减小其影响？

6-3 试述变极距型电容式传感器产生非线性误差的原因。在设计中如何减小这一误差？

6-4 为什么高频工作时的电容式传感器的连接电缆不能任意变化？

6-5 电容式传感器主要有哪几种类型的信号调节电路？各有什么特点？

6-6 有一个以空气为介质的变面积型平板电容式传感器。其中，$a = 8mm$，$b = 12mm$，两极板间距离为 1mm。一块极板在原始位置上平移了 5mm 后，求该传感器的位移灵敏度 $K$（已知空气相对介电常数为 $1F/m$，真空时的介电常数为 $8.854 \times 10^{-12} F/m$）。

6-7 图 6-20 为电容式传感器的双 T 电桥测量电路，已知 $R_1 = R_2 = R = 40k\Omega$，$R_L = 20k\Omega$，$E = 10V$，$f = 1MHz$，$C_0 = 10pF$，$C_1 = 10pF$，$\Delta C_1 = 1pF$。求 $U_L$ 的表达式及对于上述已知参数的 $U_L$ 值。

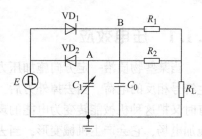

图 6-20 题 6-7 图

6-8 根据电容式传感器的工作原理说明它的分类。电容式传感器能够测量哪些物理量？

6-9 采用运算放大器作为电容式传感器的测量电路，其输出特性是否为线性？为什么？

6-10 差动电容式传感器接入变压器交流电桥，当变压器两个二次电压有效值均为 $U$ 时，试推导电桥空载输出电压 $U_o$ 与 $C_{x1}$、$C_{x2}$ 的关系式。若采用变极距型电容式传感器，初始极距均为 $d_0$，改变 $\Delta d$ 后，求空载输出电压 $U_o$ 与 $\Delta d$ 之间的关系式。

# 第7章 压电式传感器

压电式传感器是有源双向机电传感器，其工作原理基于压电材料的压电效应。石英晶体的压电效应早在 1880 年就已经发现，但直到 1948 年才制作出第一台石英晶体压电式传感器。压电式传感器是一种典型的自发电式力敏感传感器。它是以某些电介质的压电效应为基础，将力、压力、加速度、力矩等非电量转换为电量的器件。

压电式传感器具有使用频带宽、灵敏度高、信噪比高、结构简单、工作可靠、质量轻等优点。近年来随着电子技术的飞跃发展，以及与之配套的二次仪表，低噪声、高绝缘电阻，小电容量电缆的出现，压电式传感器获得了广泛的应用。

## 7.1 压电效应和压电材料

### 7.1.1 压电效应

当某些物质沿一定方向施加压力或拉力时，会产生变形，此时这种材料的两个表面将产生符号相反的电荷。当去掉外力后，它又重新回到不带电状态，这种现象被称为压电效应。有时又把这种机械能转变为电能的现象，称为正压电效应。反之，在某些物质的极化方向上施加电场，它会产生机械变形，当去掉外加电场后，该物质的变形随之消失，而把这种电能转变为机械能的现象，称为逆压电效应。具有压电效应的电介物质称为压电材料。在自然界中，大多数晶体都具有压电效应，但大多数晶体的压电效应都十分微弱。随着对压电材料研究的不断深入，石英晶体、钛酸钡、锆钛酸铅等人造压电陶瓷等性能优良的压电材料逐步被发现。

### 7.1.2 压电材料的主要特性参数

1）压电常数。压电常数是衡量材料压电效应强弱的参数，它直接关系到压电输出的灵敏度。

2）弹性常数。压电材料的弹性常数、刚度决定着压电器件的固有频率和动态特性。

3）介电常数。对于一定形状、尺寸的压电元件，其固有电容与介电常数有关，而固有电容又影响着压电传感器的频率下限。

4）机械耦合系数。在压电效应中，机械耦合系数的值等于转换输出能量（如电能）与输入能量（如机械能）之比的二次方根。它是衡量压电材料机电能量转换效率的一个重要参数。

5）绝缘电阻。压电材料的绝缘电阻可以减少电荷泄漏，从而改善压电传感器的低频特性。

6）居里点。压电材料开始丧失压电特性的温度称为居里点。

## 7.1.3 压电材料

传统压电材料分为压电晶体和压电陶瓷。前者为单晶体，后者为极化处理的多晶体。它们都具有较好的特性，如具有较大的压电常数，机械性能优良（强度高，固有振荡频率稳定），时间稳定性好，温度稳定性也很好等，是较理想的压电材料。此外，高分子压电材料是近年来发展很快的新型压电材料，应用广泛。

**1. 压电晶体**

常见的压电晶体有天然和人造石英晶体。石英晶体，其化学成分为二氧化硅（$SiO_2$），压电系数 $d_{11} = 2.31 \times 10^{-12} C/N$。在几百摄氏度的温度范围内，其压电系数稳定不变，能产生十分稳定的固有频率 $f_0$，能承受 $700 \sim 1000 kg/cm^2$ 的压力，是理想的压电传感器的压电材料。

除了天然和人造石英压电材料外，还有水溶性压电晶体。它属于单斜晶系，如酒石酸钾钠（$NaKC_4H_4O_6 \cdot 4H_2O$）、酒石酸乙烯二铵（$C_6H_4N_2O_6$）等，还有正方晶系，如磷酸二氢钾（$KH_2PO_4$）、磷酸二氢氨（$NH_4H_2PO_4$）等。

**2. 压电陶瓷**

压电陶瓷是人造多晶系压电材料。常用的压电陶瓷有钛酸钡、锆钛酸铅、铌酸盐系压电陶瓷。它们的压电常数比石英晶体高，如钛酸钡（$BaTiO_3$）压电系数 $d_{33} = 190 \times 10^{-12} C/N$，但介电常数、机械性能不如石英好。由于它们品种多，性能各异，可根据它们各自的特点制作各种不同的压电传感器，是一种很有发展前途的压电材料。

常用的压电材料的性能见表7-1。

**表7-1 常用压电材料性能**

| 压电材料性能 | 石英 | 钛酸钡 | 锆钛酸铅 PZT-4 | 锆钛酸铅 PZT-5 | 锆钛酸铅 PZT-8 |
|---|---|---|---|---|---|
| 压电系数/(pC/N) | $d_{11}=2.31$ $d_{14}=0.73$ | $d_{15}=260$ $d_{31}=-78$ $d_{33}=190$ | $d_{15}\approx410$ $d_{31}=-100$ $d_{33}=230$ | $d_{15}\approx670$ $d_{31}=-185$ $d_{33}=600$ | $d_{15}=330$ $d_{31}=-90$ $d_{33}=200$ |
| 相对介电常数（$\varepsilon_r$） | 4.5 | 1200 | 1050 | 2100 | 1000 |
| 居里点温度/℃ | 573 | 115 | 310 | 260 | 300 |
| 密度/($10^3 kg/m^3$) | 2.65 | 5.5 | 7.45 | 7.5 | 7.45 |
| 弹性模量/($10^9 N/m^2$) | 80 | 110 | 83.3 | 117 | 123 |
| 机械品质因数 | $10^5 \sim 10^6$ | | ≥500 | 80 | ≥800 |
| 最大安全应力/($10^5 N/m^2$) | 95~100 | 81 | 76 | 76 | 83 |
| 体积电阻率/$\Omega \cdot m$ | $>10^{12}$ | $10^{10}$（25℃） | $>10^{10}$ | $10^{10}$（25℃） | |
| 最高允许温度/℃ | 550 | 80 | 250 | 250 | |
| 最高允许湿度（%） | 100 | 100 | 100 | 100 | |

**3. 高分子压电材料**

典型的高分子压电材料有聚偏二氟乙烯（$PVF_2$ 或 PVDF）、聚氯乙烯（PVF）、改性聚氯乙烯（PVC）等。其中，以 PVF₂ 和 PVDF 的压电常数最高。有的高分子压电材料压电常数可比压电陶瓷高十几倍。其输出脉冲电压有的可以直接驱动 CMOS 集成门电路。

高分子压电材料是一种柔软的压电材料，可根据需要制成薄膜或电缆套管等形状，经极化处理后就显现出电压特性。它不易破碎，具有防水性，可以大量连续拉制，制成较大面积或较长的尺寸，因此价格便宜；其测量动态范围可达 80dB，频率响应范围为 0.1 ~ 10⁹Hz。这些优点是其他压电材料所不具备的。因此在一些不要求测量精度的场合，如水声测量，防盗、振动测量等领域中得到应用。高分子压电材料的声阻抗约为 0.02MPa/s，与空气的声阻抗有较好的匹配，因而是很有前景的电声材料。例如，在它的两侧面施加高压音频信号时，可以制成特大口径的壁挂式低音扬声器。

高分子压电材料的工作温度一般低于 100℃。温度升高时，灵敏度将降低；它的机械强度不够高，耐紫外线能力较差，不宜暴晒，以免老化。

现在还开发出一种压电陶瓷——高聚物复合材料，它是无机压电陶瓷和有机高分子树脂构成的压电复合材料，兼备无机和有机压电材料的性能。可以根据需要，综合两种材料的优点，制作性能更好的换能器和传感器。高聚物复合材料的接收灵敏度很高，更适合于制作水声换能器。

**4. 石英晶体的压电特性**

石英晶体是单晶体结构，其形状为六角形晶柱，两端呈六棱锥形状，如图 7-1 所示。石英晶体各个方向的特性是不同的。在三维直角坐标系中，$z$ 轴被称为晶体的光轴；经过六棱柱棱线，垂直于光轴 $z$ 的 $x$ 轴称为电轴，把沿电轴 $x$ 施加作用力后的压电效应称为纵向压电效应；垂直于光轴 $z$ 和电轴 $x$ 的 $y$ 轴称为机械轴，把沿机械轴 $y$ 方向的力作用下产生电荷的压电效应称为横向压电效应。沿光轴 $z$ 方向施加作用力则不产生压电效应。

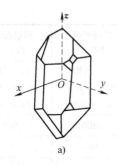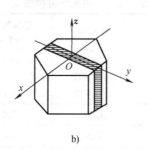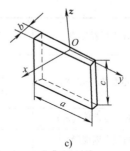

图 7-1　石英晶体

**（1）石英晶体工作原理定量分析**

若从石英晶体上沿 $y$ 方向切下一块晶体片，如图 7-1c 所示当在电轴 $x$ 方向施加作用力时，在与 $x$ 轴垂直的平面上将产生电荷 $q_x$，其大小为

$$q_x = d_{11}F_x \tag{7-1}$$

式中，$d_{11}$ 为 $x$ 轴方向受力的压电系数；$F_x$ 为作用力。

若在同一切片上，沿机械轴 $y$ 方向施加作用力 $F_y$，则仍在与 $x$ 轴垂直的平面上将产生电荷，其大小为

$$q_y = d_{12}\frac{a}{b}F_y = -d_{11}\frac{a}{b}F_y \tag{7-2}$$

式中，$d_{12}$ 为 $y$ 轴方向受力的压电系数，因石英轴对称，所以 $d_{12} = -d_{11}$；$a$、$b$ 为晶体片的长度和厚度。

电荷 $q_x$ 和 $q_y$ 的符号由受压力还是拉力决定。由式(7-1) 可知，$q_x$ 的大小与晶体片几何尺寸无关，而 $q_y$ 则与晶体片几何尺寸有关。

（2）石英晶体工作原理定性分析

为了直观地了解石英晶体压电效应和各向异性的原因，将一个单元组体中构成石英晶体的硅离子和氧离子在垂直于 $z$ 轴的 $xy$ 平面上的投影，等效为图7-2中的正六边形排列。图中阳离子代表 $Si^{4+}$ 离子，阴离子代表氧离子 $2O^{2-}$。

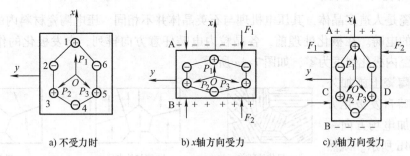

a) 不受力时      b) $x$ 轴方向受力      c) $y$ 轴方向受力

图7-2 石英晶体压电模型

当石英晶体未受外力作用时，带有 4 个正电荷的硅离子和 $2 \times 2$ 个负电荷的氧离子正好分布在正六边形的顶角上，形成 3 个大小相等、互成120°夹角的电偶极矩 $P_1$、$P_2$ 和 $P_3$，如图7-2a 所示。其中 $P = ql$，$q$ 为电荷量，$l$ 为正、负电荷之间的距离。电偶极矩方向从负电荷指向正电荷。此时，正、负电荷中心重合，电偶极矩的矢量和等于零，即 $P_1 + P_2 + P_3 = 0$，电荷平衡，所以晶体表面不产生电荷，即呈中性。

当石英晶体受到沿 $x$ 轴方向的压力作用时，将产生压缩变形，正、负离子的相对位置随之变动，正、负电荷中心不再重合，如图7-2b 所示。硅离子 1 被挤入氧离子 2 和 6 之间，氧离子 4 被挤入硅离子 3 和 5 之间，电偶极矩在 $x$ 轴方向的分量 $(P_1 + P_2 + P_3)_x < 0$，结果 A 表面呈负电荷，B 表面呈正电荷；如果在 $x$ 轴方向施加拉力，结果 A 表面和 B 表面上的电荷符号与图7-2b 相反。这种沿 $x$ 轴施加力，而在垂直于 $x$ 轴晶面上产生电荷的现象，即为纵向压电效应。

当石英晶体受到沿 $y$ 轴方向的压力作用时，晶体变形，如图7-2c 所示。电偶极矩在 $x$ 轴方向的分量 $(P_1 + P_2 + P_3)_x > 0$，即硅离子 3 和氧离子 2 以及硅离子 5 和氧离子 6 都向内移动同样数值；硅离子 1 和氧离子 4 向 A、B 表面扩伸，所以 C、D 表面上不带电荷，而 A、B 表面分别呈现正、负电荷。如果在 $y$ 轴方向施加拉力，结果在 A、B 表面产生如图7-2c 所示的相反电荷。这种沿 $y$ 轴施加力，而在垂直于 $x$ 轴的晶面上产生电荷的现象称为横向压电效应。

当石英晶体在 $z$ 轴方向受力作用时，由于硅离子和氧离子是对称平移，正、负电荷中心始终保持重合，电偶极矩在 $x$、$y$ 方向的分量为零。所以表面无电荷出现，因而沿光轴（$z$）方向施加力，石英晶体不产生压电效应。

图7-3 为晶体切片在 $x$ 轴和 $y$ 轴方向受拉力和压力的具体情况。图7-3a 是在 $x$ 轴方向受压力，图7-3b 是在 $x$ 轴方向受拉力，图7-3c 是在 $y$ 轴方向受压力，图7-3d 是在 $y$ 轴方向受拉力。

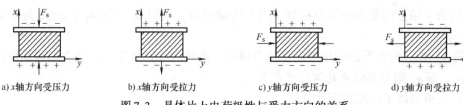

图7-3 晶体片上电荷极性与受力方向的关系

a) x轴方向受压力    b) x轴方向受拉力    c) y轴方向受压力    d) y轴方向受拉力

如果在片状压电材料的两个电极面上施加交流电压，那么石英晶体片将产生机械振动，即晶体片在电极方向有伸长和缩短的现象。这种电致伸缩现象即为逆压电效应。

### 5. 压电陶瓷的压电现象

压电陶瓷是人造多晶体，其压电机理与石英晶体并不相同。压电陶瓷材料内的晶粒有许多自发极化的电畴。在极化处理前，各晶粒内电畴任意方向排列，自发极化的作用相互抵消，压电陶瓷内极化强度为零，如图7-4a 所示。

在压电陶瓷上施加外电场时，电畴自发极化方向转到与外加电场方向一致，如图7-4b 所示。既然已极化，此时压电陶瓷具有一定极化强度。当外电

a) 极化处理前

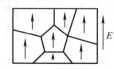
b) 施加外电场

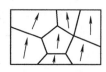
c) 撤销外电场

图7-4 压电陶瓷的极化

场撤销后，各电畴的自发极化在一定程度上按原外加电场方向取向，陶瓷极化强度并不立即恢复到零，如图7-4c 所示，此时存在剩余极化强度。同时陶瓷片极化的两端出现束缚电荷，一端为正，另一端为负，如图7-5 所示。由于束缚电荷的作用，在陶瓷片的极化两端很快吸附一层来自外界的自由电荷，这时束缚电荷与自由电荷数值相等，极性相反，因此陶瓷片对外不呈现极性。

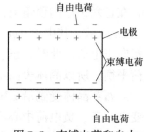

图7-5 束缚电荷和自由电荷排列示意图

如果在压电陶瓷片上施加一个与极化方向平行的外力，陶瓷片将产生压缩变形，片内的束缚电荷之间距离变小，电畴发生偏转，极化强度变小，因此，吸附在其表面的自由电荷有一部分被释放而呈现放电现象。当撤销压力时，陶瓷片恢复原状，极化强度增大，因此又吸附一部分自由电荷而呈现充电现象。

这种因受力而产生的机械效应转变为电效应、机械能转变为电能就是压电陶瓷的正压电效应。放电电荷的多少与外力成正比例关系，即

$$q = d_{33}F \tag{7-3}$$

式中，$d_{33}$ 为压电陶瓷的压电系数；$F$ 为作用力。

### 6. 压电方程

所谓压电方程，就是描述晶体的力学量（应力和应变）和电学量（电场强度和电位移）之间相互联系的关系式。当然，这些量不可避免地与热学量（温度和熵）有关。

压电方程由热力学函数推导而来，最基本的压电方程为 d 型压电方程，即

$$\begin{cases} S_h = S_{hk}^E T_k + d_{jh}E_j & h,k = 1,2,\cdots,6 \\ D_i = d_{ik}T_k + \varepsilon_{ij}^T E_j & i,j = 1,2,3 \end{cases} \tag{7-4}$$

式中，$S_h$ 为应变；$S_{hk}^E$ 为电场为定值时的弹性常数；$T_k$ 为应力；$d_{ih}$、$d_{ik}$ 均为压电常数；$E_j$ 为电场；$\varepsilon_{ij}^T$ 为常应力下的介电常数。

压电方程通常是在恒应力或恒电场两种情况下使用。下面讨论这两种情况的特例，即电场为零和应力为零的情况。

（1）电场为零

电场为零，即 $E=0$，晶体仅受应力作用，式(7-4)变为

$$\begin{cases} S_h = S_{hk}^E T_k \\ D_i = d_{ik} T_k \end{cases} \tag{7-5}$$

式(7-5)遵循胡克定律。如图7-6所示，仅 $z$ 方向有力作用，则 $T_k = T_3$，则 $z$ 方向的应变和电位移为

$$\begin{cases} S_3 = S_{33}^E T_3 \\ D_3 = d_{33} T_3 \end{cases} \tag{7-6}$$

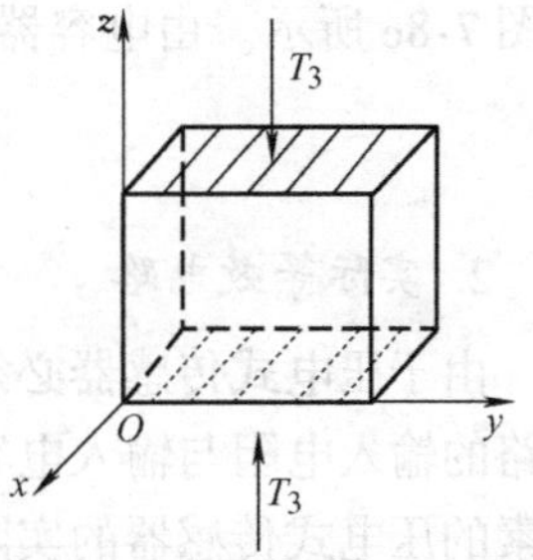

（2）应力为零

应力为零，即 $T=0$，晶体仅受电场作用，式(7-4)变为

$$\begin{cases} S_h = d_{jh} E_j \\ D_i = \varepsilon_{ij}^T E_j \end{cases} \tag{7-7}$$

图7-6　晶体仅受应力作用

如图7-7所示，仅 $z$ 方向有电场作用，则 $E_j = E_3$，则 $z$ 方向的应变和电位移为

$$\begin{cases} S_3 = d_{33} E_3 \\ D_3 = \varepsilon_{33}^T E_3 \end{cases} \tag{7-8}$$

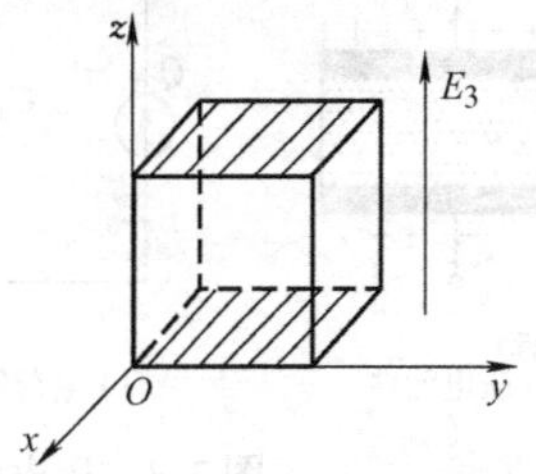

上述关系式在工程实践中非常实用。

由于压电元件的输出信号非常微弱，因此需要信号处理。以压电陶瓷 PZT-5A 为例，当压电元件受到力作用时，会产生电荷 $Q$。由压电方程 $D_3 = d_{33} E_3$，得

$$Q_3 = d_{33} T_3 S = d_{33} F_3$$

图7-7　晶体仅受电场作用

式中，PZT-5A 的压电常数 $d_{33} = 450\mathrm{pC/N}$。若给元件施加 1N 的力，即 $T_3 = 1\mathrm{N}$，电极面积 $S = 1\mathrm{m}^2$。

$$Q_3 = d_{33} F_3 = 450\mathrm{pC/N} \times 1\mathrm{N} = 4.5 \times 10^{-10}\mathrm{C}$$

工程中往往使用电压信号，主要是为了信号处理方便，如 A/D 转换，不仅要求输入量为电压而且要求电压为伏级。因此，压电元件在力作用下产生的电荷量，最好将它转换成输出电压使用。

# 7.2　压电式传感器的等效电路和测量电路

## 7.2.1　压电式传感器的等效电路

### 1. 压电元件自身等效电路

将压电晶片产生电荷的两个晶面封装上金属电极后，就构成了压电元件，如图7-8a所

示。当压电元件受力时，就会在两个电极上产生等量的正、负电荷，因此，压电元件相当于一个电荷源；两个电极之间是绝缘的压电介质，又相当于一个电容器，如图7-8b所示。其电容量为

$$C_a = \frac{\varepsilon_r \varepsilon_0 S}{h} \tag{7-9}$$

式中，$C_a$为压电元件内部电容；$\varepsilon_r$为压电材料的相对介电常数；$\varepsilon_0$为真空的介电常数，$S$为压电元件电极面积；$h$为压电晶片厚度。

因此，可以将压电元件等效为电荷源$Q$并联电容$C_a$的电荷等效电路，如图7-8b所示。根据电路等效变换原理，也可将压电元件等效为电压源$U_a$串联电容$C_a$的电压等效电路，如图7-8c所示。由电容器上电压、电荷、电容三者间的关系可得

$$U_a = \frac{Q}{C_a} \tag{7-10}$$

**2. 实际等效电路**

由于压电式传感器必须经配套的二次仪表进行信号放大与阻抗变换，所以还应考虑转换电路的输入电阻与输入电容，以及连接电缆的传输电容等因素的影响。图7-9是考虑了上述因素的压电式传感器的实际等效电路。图7-9中，$R_i$、$C_i$分别为前置放大器输入电阻、输入电容；$C_c$为连接电缆的传输电容；$R_a$为压电传感器的绝缘电阻。

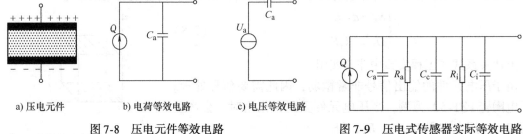

a) 压电元件 　　　b) 电荷等效电路 　　　c) 电压等效电路

图7-8　压电元件等效电路　　　　　　图7-9　压电式传感器实际等效电路

由图7-9可知，若要压电元件上的电荷长时间保存，必须使压电元件绝缘电阻与测量电路输入电阻为无穷大，以保证没有电荷泄漏回路。而实际上这是不可能的，所以压电传感器不能用于静态测量。压电元件在交变力的作用下，电荷量可以不断更新与补充，给测量电路提供一定的电流，故适用于动态测量。不过，随着电子技术的发展，转换电路的低频特性越来越好，已经实现在频率低于1Hz的条件下进行测量。

## 7.2.2　压电式传感器的测量电路

由于压电式传感器产生的电量非常小，因此要求测量电路输入端的输入电阻非常大，从而减小测量误差。在压电式传感器的输出端，总是先接入高输入阻抗的前置放大器，再接入一般的放大检波电路。

利用压电式传感器进行静态或准静态测量时，力作用在压电式传感器上会产生电荷，电荷量很微弱，会由自身泄漏掉，因此必须采取一定的措施。而在动态力作用下，电荷可以得到不断补充，可以供给测量电路一定的电流，故压电式传感器适宜做动态测量。

由于压电式传感器的输出电信号很微弱，通常先把传感器信号输入到高输入阻抗的前置

放大器中，经过阻抗交换后，再用一般的放大检波电路将信号输入到指示仪表或记录器中。测量电路的关键在于高阻抗输入的前置放大器。

前置放大器有两个作用，一是将压电传感器的输出信号放大；二是将高阻抗输出变换为低阻抗输出。压电式传感器的测量电路有电荷型与电压型两种，相应的前置放大器也有电荷型与电压型两种形式。

其中带电阻反馈的电压放大器，其输出电压与输入电压（即传感器的输出）成正比；带电容反馈的电荷放大器，其输出电压与输入电荷成正比。由于电荷放大器受电路电缆长度变化的影响不大，几乎可以忽略不计，故电荷放大器的应用较电压放大器广泛。

1. 电压放大器

图 7-10a 是压电式传感器与电压放大器连接后的等效电路，图 7-10b 是进一步简化后的电路图。图中：

$$R = \frac{R_a R_i}{R_a + R_i}$$

$$C = C_a + C_c + C_i$$

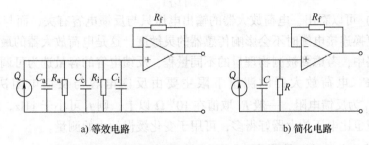

a) 等效电路　　　　　　　　　　　　b) 简化电路

图 7-10　压电传感器连接电压放大器的等效电路

假设作用在压电元件上的交变力为 $F$，其幅值为 $F_m$，角频率为 $\omega$，即

$$F = F_m \sin\omega t$$

若压电元件的压电常数为 $d$，在力 $F$ 作用下，产生的电荷 $Q$ 为

$$Q = dF = dF_m \sin\omega t$$

分析可得送到电压放大器输入端的电压为

$$U_i = dF \frac{j\omega R}{1 + j\omega RC} \tag{7-11}$$

压电式传感器的电压灵敏度 $S_V$ 为

$$S_V = \left| \frac{U_i}{F} \right| = \frac{d\omega R}{\sqrt{1 + (\omega RC)^2}} = \frac{d}{\sqrt{\frac{1}{(\omega R)^2} + (C_a + C_c + C_i)^2}} \tag{7-12}$$

现讨论如下：

1）当 $\omega$ 为零时，$S_V$ 为零，所以电压放大器不能测量静态信号。

2）当 $\omega R \gg 1$ 时，有 $S_V = \dfrac{d}{C_a + C_c + C_i}$，可见电压灵敏度与输入频率 $\omega$ 无关，说明电压放大器的高频特性良好。

3）$S_V$ 与 $C_c$ 有关，$C_c$ 改变时 $S_V$ 也会改变。所以，不能随意更换传感器出厂时的连接电

131

缆长度。另外，连接电缆也不能过长，否则将降低灵敏度。

电压放大器电路简单，元件便宜；但电缆长度对测量精度影响较大，限制了其应用。随着集成运算放大器价格的降低，20世纪90年代以后生产的仪器越来越多地使用集成运算放大器。

### 2. 电荷放大器

电荷放大器实际上是一个高增益放大器，其与压电式传感器连接后的等效电路如图7-11所示。图中，$C_c$为连接电缆的等效电容，$C_i$为集成运放的输入等效电容，则输出电压为

$$U_o = -\frac{qA}{C_a + C_c + C_i + (A+1)C_f}$$ （7-13）

式中，$C_f$为反馈电容；$A$为放大器的电压放大系数。当$A \gg 1$时，有

$$(1+A)C_f \gg C_a + C_c + C_i$$

则

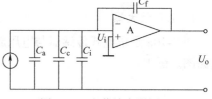

图7-11　电荷放大器原理

$$U_o \approx \left| \frac{q}{C_f} \right|$$ （7-14）

由式(7-14)可以看出，电荷放大器的输出电压只与反馈电容有关，而与连接电缆的传输电容无关，更换连接电缆时不会影响传感器的灵敏度，这是电荷放大器的最突出优点。

在实际电路中，考虑到被测物理量的不同量程，反馈电容的容量选为可调节，范围一般为$100 \sim 1000\text{pF}$。电荷放大器的测量下限主要由反馈电容与反馈电阻决定，即$f_L = 1/(2\pi R_f C_f)$，$R_f$为反馈电阻，一般$R_f$取值在$10^{10}\Omega$以上，则$f_L$可小于$1\text{Hz}$。所以，电荷放大器的低频响应也比电压放大器好得多，可用于变化缓慢的力的测量。

### 3. 实际电荷放大器的运算误差

若用$U_{io}$和$U_{po}$分别表示理想电荷放大器和实际电荷放大器的输出电压，则当$C_i$很小时，实际电荷放大器的测量误差与开环电压增益的关系为

$$\delta = \frac{U_{io} - U_{po}}{U_{io}} \times 100\%$$

$$= \frac{-\dfrac{Q}{C_f} - \left[ -\dfrac{A_d Q}{C_s + C_c + (1 + A_d)C_f} \right]}{-\dfrac{Q}{C_f}} \times 100\%$$

$$= \frac{C_c + C_s + C_f}{C_s + C_c + (1 + A_d)C_f} \times 100\%$$

式中，$C_s$为传感器固有电容；$A_d$为开环增益。可见，当$(1 + A_d)C_f \gg C_c + C_s$时，运算误差与开环增益$A_d$成反比。因此，应选择$A_d$较大的放大器，可以减小运算误差。

### 4. 电荷放大器的下限截止频率

电荷放大器的频率特性表达式为

$$U_o = \frac{-\text{j}\omega Q A_d}{G_f(1 + A_d) + G_i + C_c + \text{j}\omega C_f(1 + A_d) + \text{j}\omega(C_c + C_i + C_s)}$$ （7-15）

化简式(7-15)。由于开环增益很大，通常满足（实部与实部比较，虚部与虚部比较）：

$$G_f(1 + A_d) \gg G_f + G_c, C_f(1 + A_d) \gg C_s + C_c + C_i$$

式(7-15) 可表示为

$$U_o = \frac{-j\omega Q A_d}{(G_f + j\omega C_f)(1 + A_d)} \approx \frac{-Q}{C_f - j\dfrac{G_f}{\omega}} \tag{7-16}$$

式(7-16) 说明，电荷放大器的输出电压 $U_o$ 不仅与输入电荷 $Q$ 有关，而且和反馈网络参数 $G_f$、$C_f$ 有关。当信号频率 $f$ 较低时，$\left|\dfrac{G_f}{\omega}\right|$ 不能忽略，因此，式(7-16) 是表示电荷放大器的低频响应。当 $\left|\dfrac{G_f}{\omega}\right| = C_f$ 时，输出电压幅值为 $U_o = \dfrac{Q}{\sqrt{2}\,C_f}(C_f - jC_f$，其模为 $\sqrt{2}\,C_f)$，即下限截止频率点输出电压值，相应的下限截止频率为

$$f_L = \frac{1}{2\pi C_f / G_f} = \frac{1}{2\pi R_f C_f} \tag{7-17}$$

式(7-17) 是在 $\dfrac{G_i}{A_d} \ll G_f$ 的条件下得出的。如果 $\dfrac{G_i}{A_d}$ 与 $G_f$ 相当，且当 $\left|\dfrac{G_f + G_j/A_d}{\omega}\right| = C_f$ 时，有

$$f_L = \frac{G_f + C_i/A_d}{2\pi C_f} \tag{7-18}$$

由 $f_L = \dfrac{1}{2\pi C_f / G_f} = \dfrac{1}{2\pi R_f C_f}$ 与 $f_L = \dfrac{G_f + C_i/A_d}{2\pi C_f}$ 可见，若要设计下限截止频率 $f_L$ 很低的电荷放大器，则需选择足够大的反馈电容 $C_f$ 及反馈电阻 $R_f = \dfrac{1}{C_f}$，即增大反馈电路时间常数 $T_f = R_f C_f$。

由于反馈电阻很大，所以必须用高输入阻抗的运算放大器才能保证有强的直流负反馈，以减小输入端的零点漂移。

例如，$R_f = 10^{10}\,\Omega$，$C_f = 100\text{pF}$，$A_d = 10^4$，则 $f_L = 0.16\text{Hz}$；若 $R_f = 10^{12}\,\Omega$，$C_f = 10^4\text{pF}$，则 $f_L = 0.16 \times 10^{-4}\text{Hz}$。

电荷放大器的高频响应主要是受输入电缆分布电容、杂散电容的影响，特别是输入电缆很长时（几百米甚至几千米），考虑 $C_c$ 的影响，且当 $\left|\dfrac{G_c}{\omega}\right| = C_c + C_s$ 时，电荷放大器的上限截止频率为

$$f_H = \frac{1}{2\pi R_c(C_s + C_c)} \tag{7-19}$$

式中，$R_c$ 和 $C_c$ 分别为长电缆的直流电阻分布电容；$C_s$ 为传感器的固有电容。

例如，电缆为 100m，100pF/m，则 $C_c = 10^4\text{pF}$。

传感器电容一般为几千皮法，如 1000pF，电缆的直流电阻 $R_c = 10\,\Omega$（一般情况下很小），则 $f_H = 1.6\text{MHz}$；若电缆为 1000m，$C_c = 10^5\text{pF}$，则 $f_H = 16\text{MHz}$。

压电元件的串联谐振频率 $f_s$ 一般在兆赫兹以下，压电复合材料的串联谐振频率更低，一般在小于几十千赫兹的范围，因此，通常不考虑电荷放大器的截止频率 $f_H$。

**5. 电荷放大器的噪声及漂移特性**

如果构成换能器的压电元件的电容 $C_s$ 很小，则换能器在低频时容抗很大。因此，换能器的噪声就很大。

（1）噪声

由图 7-12 可分析等效输入噪声电压 $U_n$ 与其在输出端产生的噪声输出电压 $U_{on}$ 的关系。这时要将输入电荷 $Q$ 及等效零点漂移电压 $U_{off}$ 置零即可。

由图 7-12 列方程

$$U_n[j\omega(C_c + C_s) + G_i + G_c] = (U_{on} - U_n)(j\omega C_f + G_f) \tag{7-20}$$

解得

$$U_{on} = 1 + \left[\frac{j\omega(C_c + C_s) + G_i + G_c}{j\omega C_f + G_f}\right]U_n \tag{7-21}$$

当 $\omega(C_c + C_s) \gg (G_i + G_c)$，$\omega C_f \gg G_f$ 时，式(7-21) 可化简为

$$U_{on} = 1 + \left(\frac{C_c + C_s}{C_f}\right)U_n \tag{7-22}$$

由式(7-22) 可见，当等效输入噪声电压 $U_n$ 一定时，$C_f$ 越大，输出噪声电压 $U_{on}$ 越小。考虑到式(7-22) 成立的前提是 $\omega(C_c + C_s) \gg (G_i + G_c)$，因此，$C_c + C_s$ 增加、$C_f$ 增加才能使 $U_{on}$ 降低。

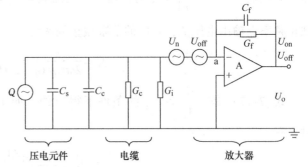

图 7-12 电荷放大器的噪声及
零点漂移实际等效电路

除了输入器件及电缆引起噪声之外，50Hz 的交流电压很容易通过杂散电容耦合到输入端。为了减小 50Hz 的交流干扰电压，必须在电荷放大器的输入端进行严格的静电屏蔽。

（2）零点漂移

用同样的方法可求得电荷放大器的零点漂移 $U_{off}$ 输出为

$$U_{off} = \left[1 + \frac{j\omega(C_c + C_s) + G_i + G_c}{j\omega C_f + G_f}\right]U_{off} \tag{7-23}$$

零点漂移是一种变化缓慢的信号，即 $f = 0$，代入式(7-23) 可得

$$U_{off} = \left(1 + \frac{G_i + G_c}{G_f}\right)U_{off} \tag{7-24}$$

由式(7-24) 可见，若要减小电荷放大器的零点漂移，必须增大放大器的输入电阻 $R_i$（即使 $G_i$ 减小）及电缆的绝缘电阻 $R_c$（即使 $G_c$ 减小），同时要减小反馈电阻 $R_f$（即使 $G_f$ 增加）。但是，减小 $R_f$ 会使下限截止频率相应提高。因此，减小零点漂移与降低下限截止频率相互矛盾，必须根据具体情况选择适当的 $R_f$ 值。

# 7.3 压电式力传感器的合理使用

## 7.3.1 压电元件的串并联

在压电式传感器中，为了提高灵敏度，一般不止用一片压电材料，常常是两片或两片以

上组合在一起使用。压电材料有极性，连接方法有两种，如图7-13所示。

图7-13a中，两片压电片的负极都集中在中间电极上，正电极在两边的电极上，这种接法称为并联。其输出电容 $C_并$ 为单片压电片电容 $C$ 的两倍，但输出电压 $U_并$ 等于单片压电片电压 $U$，极板上的电荷量 $q_并$ 为单片电荷量 $q$ 的两倍，即

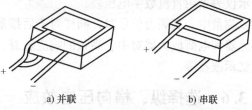

a) 并联　　b) 串联
图7-13　压电元件的串联和并联

$$q_并 = 2q \qquad U_并 = U \qquad C_并 = 2C$$

图7-13b中，正电荷集中在上极板，负电荷集中在下极板，而中间的极板上片产生的负电荷与下片产生的正电荷相互抵消，这种接法称为串联。其输出的总电荷 $q_串$ 等于单片压电片电荷 $q$，输出电压 $U_串$ 为单片压电片电压 $U$ 的两倍，总电容 $C_串$ 为单片压电片电容 $C$ 的一半，即

$$q_串 = q \qquad U_串 = 2U \qquad C_串 = \frac{C}{2}$$

上述两种接法中，并联接法输出电荷大，本身电容也大，时间常数大，适用于测量慢变信号，并且以电荷作为输出量的场合；而串联接法输出电压大，本身电容小，适用于以电压作为输出信号，并且测量电路输入阻抗很高的场合。

## 7.3.2　压电片预应力

在压电式传感器中，压电片必须有一定的预应力，从而可以保证在作用力变化时，压电片始终受到压力，其次是保证压电材料的电压与作用力成线性关系。这是因为压电片在加工时，即使研磨得很好，也难保证接触面绝对平坦。如果没有足够的压力，就不能保证均匀接触。因此接触电阻在最初阶段将不是常数，而是随压力变化。但是，压电片预应力也不能太大，否则将会影响其灵敏度。

## 7.3.3　压电式力传感器的安装

安装压电式力传感器时应保证传感器的敏感轴与受力方向一致。安装传感器的上、下接触面要经过精细加工，以保证平行度和平面度。

当接触表面粗糙时，对环形压电式力传感器，可以加装应力分布环，对并联传感器可加装应力分布块。在接触面不平行时，可加装球形环，应力环、块的弹性模量均不得低于传感器外壳金属材料的弹性模量。

为使传感器安装牢固，环形传感器可在中心孔加紧固螺栓。总之，装卡牢固非常重要，否则不仅会降低传感器的频率响应，还将影响测试的结果。

## 7.3.4　合理选择传感器的量程和频率响应

应根据所测力的极限选择压电式力传感器的量程和频响，不能使传感器所测负荷超过额定量程。传感器的工作频带要能够覆盖待测力的频带。

## 7.3.5　合理选用二次仪表

测量低频力信号时，因测试系统的频率下限主要取决于传感器的电荷放大器的时间常

数，因此，测准静态力信号一般要求电荷放大器输入阻抗高于 $10^{12}\,\Omega$，低频响应为 $0.001\,Hz$，显示仪表采用直流数字电压表。

测量中、高频力信号时，同样对于后接器件、仪表有所要求。但一般情况下，压电式力传感器和电荷放大器对中、高频的响应较好，后接显示仪表可用峰值电压表、瞬态记录仪、记忆示波器等。

### 7.3.6 选择纵、横向压电效应

在压电式传感器中，一般利用压电材料的纵向压电效应较多，所使用的压电材料大多做成圆片式。但也有利用其横向压电效应的压电式传感器。

## 7.4 压电式传感器的应用

广义地讲，凡是利用压电材料各种物理效应构成的各种传感器，都可称为压电式传感器，已被广泛地应用在工业、军事和民用等领域。表 7-2 给出了压电式传感器的主要应用类型。在这些应用类型中，力敏类型应用最多。可直接利用压电式传感器测量力、压力、加速度、位移等物理量。

表 7-2 压电式传感器的主要应用类型

| 传感器类型 | 生物功能 | 转 换 | 用 途 | 压 电 材 料 |
|---|---|---|---|---|
| 力敏 | 触觉 | 力——电 | 微拾音器、声呐、应变仪、点火器、血压计、声电陀螺、压力和加速度传感器 | $SiO_2$，$ZnO$，$BaTiO_3$，$PZT$，$PMS$，罗思盐 |
| 热敏 | 触觉 | 热——电 | 温度计 | $BaTiO_3$，$PZO$，$TGS$，$LiTiO_3$ |
| 光敏 | 视觉 | 光——电 | 热电红外探测器 | $LiTaO_3$，$PbTiO_3$ |
| 声敏 | 听觉 | 声 → 电 / 压 | 振动器、微音器、超声探测器、助听器 | $SiO_2$，压电陶瓷 |
| | | 声——光 | 声光效应器 | $PbMoO_4$，$PbTiO_3$，$LiNbO_3$ |

### 7.4.1 压电式加速度传感器

压电式加速度传感器结构一般有纵向效应型、横向效应型和剪切效应型三种。纵向效应型是最常见的一种结构，如图 7-14 所示。压电陶瓷和质量块为环形，通过螺母对质量块预先加载，使之压紧在压电陶瓷上。测量时将传感器基座与被测对象牢牢地紧固在一起。输出信号由电极引出。

当传感器感受振动时，因为质量块相对被测体质量较小，质量块感受与传感器基座相同的振动，并受到与加速度方向相反的惯性力，此力为 $F = ma$。同时惯性力作用在压电陶瓷片上

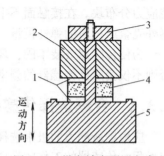

图 7-14 纵向效应型压电式
加速度传感器的截面图
1—电极 2—质量块 3—螺母
4—压电陶瓷 5—基座

产生的电荷为

$$q = d_{33}F = d_{33}ma \tag{7-25}$$

式(7-25) 表明，电荷量直接反映加速度大小。传感器的灵敏度与压电材料压电系数和质量块质量有关。为了提高传感器灵敏度，一般选择压电系数大的压电陶瓷片。若增加质量块质量会影响被测振动，同时会降低振动系统的固有频率，因此一般不用增加质量块质量的办法来提高传感器灵敏度。此外用增加压电片的数目和采用合理的连接方法也可以提高传感器灵敏度。

### 7.4.2　YDS-78Ⅰ型压电式单向力传感器

图7-15 是 YDS-78Ⅰ型压电式单向力传感器的结构，主要用于变化频率中等的动态力的测量，如车床动态切削力的测试。被测力通过传力上盖使石英晶片在沿电轴方向受压力作用而产生电荷，两块晶片沿电轴反方向叠起，其间是一个片形电极，它收集负电荷。两压电晶片正电荷侧分别与传感器的传力上盖及底座相连。因此两块压电晶片并联，提高了传感器的灵敏度。片形电极通过电极引出接头输出电荷。

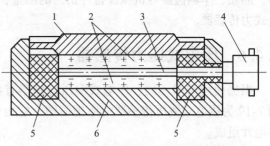

图 7-15　YDS-78Ⅰ型压电式单向力传感器结构
1—传力上盖　2—压电片　3—电极
4—电极引出接头　5—绝缘材料　6—底座

YDS-78Ⅰ型压电式单向力传感器的测力范围为 0～5000N，非线性误差小于1%，电荷灵敏度为3.8～44μC/N，固有频率为数十千赫兹。

### 7.4.3　用压电式传感器测表面粗糙度

图7-16 为压电式传感器在轮廓仪上应用时的结构示意图。传感器由驱动箱拖动使其触针在工件表面以恒速滑行。工件表面的起伏不平使触针上下运动，通过针杆使压电晶体随之变形，从而在压电晶体表面产生电荷，由引线输出与测针位移成正比的电信号。

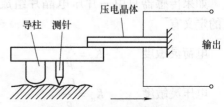

图 7-16　用压电式传感器测表面粗糙度结构示意图

### 7.4.4　压电引信（引爆）

压电引信结构图如图7-17a 所示，早期的40 火箭筒原理如图7-17b 所示，平时电路开路，当火箭筒撞击时，内外电极相撞引爆。改进的压电引信原理如图7-17c 所示，当火箭筒撞击时，压电晶体产生电荷，使电发火管打火，从而引爆。

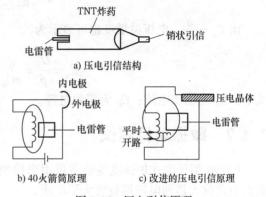

a) 压电引信结构

b) 40火箭筒原理　　c) 改进的压电引信原理

图 7-17　压电引信原理

### 7.4.5 煤气灶电子点火装置

煤气灶电子点火装置是用高压跳火来点燃煤气，如图 7-18 所示。当使用者将开关往里压时，气阀打开；旋转开关，则使弹簧往左压；此时，弹簧将产生一个很大的力撞击压电晶体，从而产生高压放电导致燃烧盘点火。

在工程和机械加工中，压电式力传感器可用于测量各种机械设备及部件所受的冲击力。例如，锻造工作中的锻锤、打夯机、打桩机，振动给料机的激振器，地质钻机钻探冲击器，船舶、车辆碰撞等机械设备冲击力的测量，均可采用压电式力传感器。

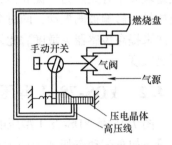

图 7-18 煤气灶电子点火装置

### 7.4.6 压电式压力传感器

根据使用要求不同，压电式测压传感器有各种不同的结构形式，但其基本原理相同。图 7-19 为压电式测压传感器的原理简图，它由引线、壳体、基座、压电晶片、受压膜片及导电片组成。

当膜片受到压力 $p$ 作用后，在压电晶片上产生电荷。在一个压电晶片上所产生的电荷为

$$q = d_{33}F = d_{33}Sp \qquad (7\text{-}26)$$

式中，$S$ 为膜片的有效面积。

如果传感器只由一片压电晶片组成，根据灵敏度的定义有

电荷灵敏度 $\qquad K_q = \dfrac{q}{p}$

电压灵敏度 $\qquad K_u = \dfrac{U_o}{p}$

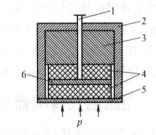

图 7-19 压电式测压传感器的原理简图
1—引线 2—壳体 3—基座
4—压电晶片 5—受压膜片 6—导电片

根据 $q = d_{33}F = d_{33}Sp$，电荷灵敏度可表示为

$$K_q = \frac{q}{p} = \frac{d_{33}Sp}{p} = d_{33}S \qquad (7\text{-}27)$$

由 $U_o = \dfrac{q}{C_0}$，电压灵敏度也可表示为

$$K_u = \frac{U_o}{p} = \frac{q}{pC_0} = \frac{d_{33}Sp}{p} = d_{33}S \qquad (7\text{-}28)$$

式中，$U_o$ 为输出电压；$C_0$ 为等效电容。

### 7.4.7 微振动检测仪

PV-96 型压电式加速度传感器可用来检测微振动，其电路原理图如图 7-20 所示。该电路由电荷放大器和电压调整放大器组成。

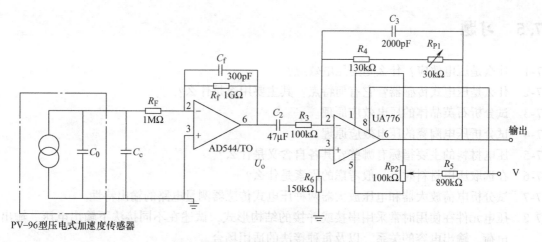

PV-96型压电式加速度传感器

图 7-20 微振动检测电路

图 7-20 中，第一级电路为电荷放大器，其低频响应由反馈电容 $C_f$ 和反馈电阻 $R_f$ 决定，低频截止频率为 0.053Hz，$R_F$ 为过载保护电阻。第二级电路为输出调整放大器，调整电位器 $R_{P1}$ 输出约为 $50mV/gal(1gal = 1cm/S^2)$。

在低频检测时，频率越低，闪变效应的噪声越大，电路的噪声电平主要由电荷放大器的噪声决定。为了降低噪声，最有效的方法是减小电荷放大器的反馈电容，但当时间常数一定时，由于 $C_1$ 和 $R_1$ 成反比，考虑到稳定性，应适当减小反馈电容 $C_f$。

## 7.4.8 基于 PVDF 压电膜传感器的脉象仪

聚偏氟乙烯（PVDF）压电薄膜具有变力响应灵敏度高、柔韧易于制备、可紧贴皮肤等特点，因此可用人手指端大小的压电薄膜制成可感应人体脉搏压力波变化的脉搏传感器，即脉象仪。脉象仪的硬件组成如图 7-21 所示。

因压电薄膜内阻很高，且脉搏信号微弱，设计其前置电荷放大器有两个作用：一是与换能器阻抗匹配，把高阻抗输入变为低阻抗输出；二是将微弱电荷转换成电压信号并放大。为了提高测量的精度和灵敏度，前置放大电路采用线性修正的电荷放大电路，可获得较低的下限频率，消除电缆的分布电容对灵敏度的影响，使设计的传感器体积小型化。

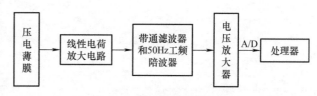

图 7-21 脉象仪的硬件组成

在一般的电荷放大器设计中，要求时间常数很大（一般在 $10^5s$ 以上），这在小型的 PVDF 脉搏传感器中很难实现，因为反馈电容不能选得太小。在时间常数不足够大的情况下（小于100s），电荷放大器的输出电压跟换能器受到的压力成非线性关系，因此需要对电荷放大器进行非线性修正。

由于脉搏信号是微弱信号，频率很低，且干扰信号较多，因此在滤波电路设计中非常重要的运算放大器应尽量选择低噪声、低温度漂移的器件。根据脉搏信号的特点，以及考虑高频噪声及温度效应对噪声的影响，带通滤波器的通带频率宽度应选择在 $0.5 \sim 100Hz$ 之间。

## 7.5 习题

7-1 什么是压电效应？什么是逆压电效应？

7-2 什么是压电式传感器？它有何特点？其主要用途是什么？

7-3 试分析石英晶体的压电效应原理。

7-4 试分析压电陶瓷的压电效应原理。

7-5 压电材料的主要指标有哪些？其各自含义是什么？

7-6 在选取压电材料时，一般考虑的因素是什么？

7-7 试分析电荷放大器和电压放大器两种压电式传感器测量电路的输出特性。

7-8 压电元件在使用时常采用串接或并接的结构形式，试述在不同接法下输出电压、输出电荷、输出电容的关系，以及每种接法的适用场合。

7-9 将一压电式压力传感器与一台灵敏度 $S_V$ 可调的电荷放大器连接，然后接到灵敏度为 $S_X = 20mm/V$ 的光线示波器上记录，已知压电式压力传感器的灵敏度为 $S_P = 5pC/Pa$，该测试系统的总灵敏度为 $S = 0.5mm/Pa$，试问：

1）电荷放大器的灵敏度 $S_V$ 应调为何值（V/pC）？

2）用该测试系统测 40Pa 的压力变化时，光线示波器上光点的移动距离是多少？

# 第8章 热电式传感器

热电式传感器是一种将温度变化转换为电量变化的装置。它利用传感元件的电磁参数随温度变化的特性来达到测量的目的。例如，将温度转化为电阻、磁导或电动势等的变化，通过适当的测量电路，就可由这些电参数的变化来表达所测温度的变化。

在各种热电式传感器中，以把温度转换为电动势和电阻的方法最为普遍。其中将温度转换为电动势大小的热电式传感器称为热电偶传感器；将温度转换为电阻值大小的热电式传感器称为热电阻传感器。这两种热电式传感器目前在工业生产中已得到广泛的应用。另外，利用半导体 PN 结伏安特性与温度的关系所研制的 PN 结型温度传感器，在窄温场中也得到了十分广泛的应用。

## 8.1 热电偶传感器

热电偶传感器是一种能将温度转换成电动势的装置。目前在工业生产和科学研究中已得到广泛的应用，并且已经可以选用标准的显示仪表和记录仪表来进行显示和记录。

### 8.1.1 热电偶工作原理

#### 1. 热电效应

当两种不同材料的金属导体 A 和 B 组成闭合回路且两个接点温度不同时，回路中将产生电动势，这种现象称作热电效应或塞贝克效应。利用热电效应制成的将温度信号转换为电信号的器件称为热电偶。其工作原理如图 8-1 所示。

组成热电偶的导体 A、B 称为热电极。热电偶的两个接点中，置于温度为 $T$ 的被测对象中的接点称为测量端（工作端或热端）；置于参考温度为 $T_0$ 的另一接点称为参考端（自由端或冷端）。

热电偶产生的热电动势 $E_{AB}(T, T_0)$ 由接触电动势和温差电动势两部分组成。接触电动势（又称珀尔帖电动势）是由于两种不同导体的自由电子密度不同而在接触处形成的电动势。自由电子将从密度大的金属（如 A 金属）扩散到密度小的金属（如 B 金属），则 A 失去电子带正电，B 得到电子带负电，从而在 AB 接触表面形成了一个电场，阻止电子进一步扩散，达到平衡。接触电动势 $E_{AB}(T)$、$E_{AB}(T_0)$ 的方向如图 8-1 所示，其数值取决于两种导体的性质和接点的温度，而与导体的形状及尺寸无关。

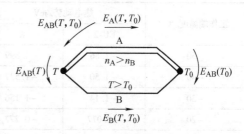

图 8-1 热电偶原理图

温差电动势（又称汤姆逊电动势）是在同一根导体中，由于两端温度不同而产生的一种电动势。导体内的自由电子将从高温端向低温端扩散，并在温度较低端积聚，使棒内建立起电场。当该电场对电子的作用力与扩散相平衡时，扩散作用即停止。此时形成的电场产生的电动势称为温差电动势，$E_A(T, T_0)$、$E_B(T, T_0)$ 方向如图 8-1 所示，其数值是导体两端温度的函数。

$$E_{AB}(T, T_0) = E_{AB}(T) - E_{AB}(T_0) + E_B(T, T_0) - E_A(T, T_0) \tag{8-1}$$

式中，$T$ 可以是热力学温度，也可以是摄氏温度。

如果使冷端温度 $T_0$ 固定，则对一定材料的热电偶，其总电动势就只与温度 $T$ 成单值关系，如图 8-2 所示。若已测量出回路总电动势 $E_{AB}(T, T_0)$，通过查热电偶分度表，再经计算就可知温度 $T$，即热电偶将温度 $T$ 信号转换成了总电动势。

热电偶两电极 A 和 B 材料相同、两接点温度不同时，接触电动势 $E_{AB}(T)$ 和 $E_{AB}(T_0)$ 皆为零，温差电动势 $E_A(T, T_0)$、$E_B(T, T_0)$ 大小相等、方向相反，所以不会产生热电动势。热电偶两接点温度相同、两电极材料不同时，无温差电动势，接触电动势大小相等、方向相反，也不会产生热电动势。

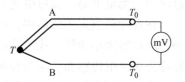

图 8-2 热电偶测量回路示意图

实践证明，在热电偶回路中起主要作用的是两个接点的接触电动势，忽略单一导体的温差电动势不计，则

$$E_{AB}(T, T_0) \approx E_{AB}(T) - E_{AB}(T_0) \tag{8-2}$$

**2. 热电偶分度表**

为了便于使用，将热电偶自由端温度 $T_0$ 取为 0℃，将热电偶工作端温度与热电动势的对应关系列成表格，该表称为热电偶分度表。其中，EU-2 为我国旧的分度号，K 为新的分度号。若无特殊说明，以新的分度号为准。

例如，镍铬-镍硅热电偶 $T_0$ 为 0℃，在测量某被测物的温度时，得出其热电动势为 4.508mV，则通过查表便可知道被测物的温度为 110℃。

表 8-1 为镍铬-镍硅（镍铝）热电偶分度表。

**表 8-1 镍铬-镍硅（镍铝）热电偶分度表** （自由端温度为0℃）

| 工作端温度/℃ | 热电动势/mV | | 工作端温度/℃ | 热电动势/mV | |
| --- | --- | --- | --- | --- | --- |
| | EU-2 | K | | EU-2 | K |
| −50 | −1.86 | −1.899 | 60 | 3.43 | 2.436 |
| −40 | −1.50 | −1.527 | 70 | 2.85 | 2.850 |
| −30 | −1.14 | −1.156 | 80 | 3.26 | 3.266 |
| −20 | −0.077 | −0.777 | 90 | 3.68 | 3.681 |
| −10 | −0.39 | −0.392 | 100 | 4.10 | 4.095 |
| −0 | −0.00 | −0.000 | 110 | 4.51 | 4.508 |
| +0 | 0.00 | 0.000 | 120 | 4.92 | 4.919 |
| 10 | 0.40 | 0.397 | 130 | 5.33 | 5.327 |
| 20 | 0.80 | 0.789 | 140 | 5.73 | 5.733 |
| 30 | 1.20 | 1.203 | 150 | 6.13 | 6.137 |
| 40 | 1.61 | 1.611 | 160 | 6.53 | 6.539 |
| 50 | 2.02 | 2.022 | 170 | 6.93 | 6.939 |

（续）

| 工作端温度/℃ | 热电动势/mV | | 工作端温度/℃ | 热电动势/mV | |
|---|---|---|---|---|---|
| | EU-2 | K | | EU-2 | K |
| 180 | 7.33 | 7.338 | 530 | 21.93 | 21.919 |
| 190 | 7.73 | 7.737 | 540 | 22.35 | 22.346 |
| 200 | 8.13 | 8.137 | 550 | 22.78 | 22.772 |
| 210 | 8.53 | 8.537 | 560 | 23.21 | 23.198 |
| 220 | 8.93 | 8.938 | 570 | 23.63 | 23.624 |
| 230 | 9.34 | 9.341 | 580 | 24.05 | 24.050 |
| 240 | 9.74 | 9.745 | 590 | 24.48 | 24.476 |
| 250 | 10.15 | 10.151 | 600 | 24.90 | 20.902 |
| 260 | 10.56 | 10.560 | 610 | 25.32 | 25.327 |
| 270 | 10.97 | 10.969 | 620 | 25.72 | 25.751 |
| 280 | 11.38 | 11.381 | 630 | 26.18 | 26.176 |
| 290 | 11.80 | 11.793 | 640 | 26.60 | 26.599 |
| 300 | 12.21 | 12.207 | 650 | 27.03 | 27.022 |
| 310 | 12.62 | 12.623 | 660 | 27.45 | 27.445 |
| 320 | 13.04 | 13.039 | 670 | 27.87 | 27.867 |
| 330 | 13.45 | 13.456 | 680 | 28.29 | 28.288 |
| 340 | 13.87 | 13.847 | 690 | 28.71 | 28.709 |
| 350 | 14.30 | 14.292 | 700 | 29.13 | 29.128 |
| 360 | 14.72 | 14.712 | 710 | 29.55 | 29.547 |
| 370 | 15.14 | 15.132 | 720 | 29.97 | 29.965 |
| 380 | 15.56 | 15.552 | 730 | 30.39 | 30.383 |
| 390 | 15.99 | 15.974 | 740 | 30.81 | 30.799 |
| 400 | 16.40 | 16.395 | 750 | 31.22 | 31.214 |
| 410 | 16.83 | 16.818 | 760 | 31.64 | 31.629 |
| 420 | 17.25 | 17.241 | 770 | 32.06 | 32.042 |
| 430 | 17.67 | 17.664 | 780 | 32.46 | 32.455 |
| 440 | 18.09 | 18.088 | 790 | 32.87 | 32.866 |
| 450 | 18.51 | 18.513 | 800 | 33.29 | 33.277 |
| 460 | 18.94 | 18.938 | 810 | 33.69 | 33.686 |
| 470 | 19.37 | 19.363 | 820 | 34.10 | 34.095 |
| 480 | 19.79 | 19.788 | 830 | 34.51 | 35.502 |
| 490 | 20.22 | 20.214 | 840 | 34.91 | 34.909 |
| 500 | 20.65 | 20.640 | 850 | 35.32 | 35.314 |
| 510 | 21.08 | 21.066 | 860 | 35.72 | 35.718 |
| 520 | 21.50 | 21.493 | 870 | 36.13 | 36.121 |

（续）

| 工作端温度/℃ | 热电动势/mV | | 工作端温度/℃ | 热电动势/mV | |
|---|---|---|---|---|---|
| | EU-2 | K | | EU-2 | K |
| 880 | 36.53 | 36.524 | 1130 | 46.23 | 46.238 |
| 890 | 36.93 | 36.925 | 1140 | 46.60 | 46.612 |
| 900 | 37.33 | 37.325 | 1150 | 46.97 | 46.935 |
| 910 | 37.73 | 37.724 | 1160 | 47.34 | 47.356 |
| 920 | 38.13 | 38.122 | 1170 | 47.71 | 47.726 |
| 930 | 38.53 | 38.519 | 1180 | 48.08 | 48.095 |
| 940 | 38.93 | 38.915 | 1190 | 48.44 | 48.462 |
| 950 | 39.32 | 39.310 | 1200 | 48.81 | 48.828 |
| 960 | 39.72 | 39.703 | 1210 | 49.71 | 49.192 |
| 970 | 40.10 | 40.096 | 1220 | 49.53 | 49.555 |
| 980 | 40.49 | 40.488 | 1230 | 49.89 | 49.916 |
| 990 | 40.88 | 40.897 | 1240 | 50.25 | 50.276 |
| 1000 | 41.27 | 41.264 | 1250 | 50.61 | 50.633 |
| 1010 | 41.66 | 41.657 | 1260 | 50.96 | 50.990 |
| 1020 | 42.04 | 42.045 | 1270 | 51.32 | 51.344 |
| 1030 | 42.43 | 42.432 | 1280 | 51.67 | 51.697 |
| 1040 | 42.83 | 42.817 | 1290 | 52.02 | 52.042 |
| 1050 | 43.21 | 43.202 | 1300 | 52.37 | 52.398 |
| 1060 | 43.59 | 43.585 | 1310 | | 52.747 |
| 1070 | 43.97 | 43.968 | 1320 | | 53.039 |
| 1080 | 44.34 | 44.349 | 1330 | | 53.439 |
| 1090 | 44.72 | 44.729 | 1340 | | 53.782 |
| 1100 | 45.10 | 45.108 | 1350 | | 54.125 |
| 1110 | 45.48 | 45.486 | 1360 | | 54.466 |
| 1120 | 45.85 | 45.863 | 1370 | | 54.807 |

## 8.1.2　热电偶定律

1. 均质导体定律

两种均质金属组成的热电偶，其电动势大小与热电极直径、长度及沿热电极长度上的温度分布无关，只与热电极材料和两端温度有关。

如果材料不均匀，则当热电极上各处温度不同时，将产生附加热电动势，造成无法估计的测量误差。因此，热电极材料的均匀性是衡量热电偶质量的重要指标之一。

2. 中间导体定律

若在热电偶回路中插入中间导体，无论插入导体的温度分布如何，只要中间导体两端温度相同，则对热电偶回路的总电动势无影响，这就是中间导体定律。

如图 8-3 所示，只要 $M_1$、$M_2$ 端的温度相同，则总电动势在插入 C 与未插入 C 时一样，即

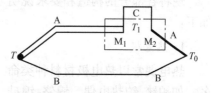

$$E_{ABC}(T, T_0) = E_{AB}(T, T_0) \qquad (8-3)$$

这是因为导体 C 与导体 A 接触时，两个接点 $M_1$、$M_2$ 的温度都为 $T_1$，没有温差电动势，只有接触电动势 $E_{AC}(T_1)$、$E_{CA}(T_1)$，且

图 8-3　热电偶中间导体定律示意图

$$E_{AC}(T_1) = -E_{CA}(T_1)$$

故

$$\begin{aligned} E_{ABC}(T, T_0) &= E_{AB}(T) - E_{AB}(T_0) + E_{AC}(T_1) + E_{CA}(T_1) \\ &= E_{AB}(T) - E_{AB}(T_0) = E_{AB}(T, T_0) \end{aligned} \qquad (8-4)$$

中间导体定律的使用价值在于：利用热电偶实际测温时，可以将连接导线和显示仪表看成是中间导体，只要保证中间导体两端温度相同，则对热电偶的热电动势没有影响。

3. 中间温度定律

如图 8-4 所示，热电偶在接点温度为 $T$、$T_0$ 时的热电动势 $E_{AB}(T, T_0)$ 等于该热电偶在 $(T, T_n)$ 及 $(T_n, T_0)$ 时的热电动势 $E_{AB}(T, T_n)$ 与 $E_{AB}(T_n, T_0)$ 之和，这就是中间温度定律。其中 $T_n$ 称为中间温度。

中间温度定律的实用价值在于：当自由端温度不为 0℃ 时，可利用该定律及分度表求得工作端温度 $T$。另外，热电偶中补偿导线的使用也依据了中间温度定律。

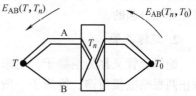

图 8-4　热电偶中间温度定律示意图

4. 参考电极定律（也称组成定律）

如图 8-5 所示，已知热电极 A、B 与参考电极 C 组成的热电偶在接点温度为 $(T, T_0)$ 时的热电动势分别为 $E_{AC}(T, T_0)$ 与 $E_{BC}(T, T_0)$，则在相同温度下，由 A、B 两种热电极配对后的热电动势 $E_{AB}(T, T_0)$ 为

$$E_{AB}(T, T_0) = E_{AC}(T, T_0) - E_{BC}(T, T_0) \qquad (8-5)$$

使用参考电极定律大大简化了热电偶选配电极的工作，只要获得有关热电极与参考电极配对的热电动势，那么任何两种热电极配对时的电动势均可利用该定律计算，而不需要逐个进行测定。

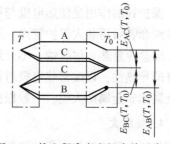

图 8-5　热电偶参考电极定律示意图

# 8.2　热电偶的结构、种类和特点

## 8.2.1　热电偶的结构

工程上实际使用的热电偶大多由热电极、绝缘套管、保护套管和接线盒等部分组成，如

145

图 8-6 所示。

现将各部分的构造和要求说明如下：

**1. 热电极**

热电偶常以热电极材料种类命名，如铂铑-铂热电偶、镍铬-镍硅热电偶等。热电极的直径由材料的价格、机械强度、电导率以及热电偶的用途和测量范围等决定。贵金属热电偶的热电极多采用直径为 0.35 ~ 0.65mm 的细导线，非贵金属热电极的直径一般为 0.5 ~ 3.2mm。热电偶的长度由安装条件，特别是工作端在介质中的插入深度决定，通常为 350 ~ 2000mm，最长可达 3500mm。热电极的工作端是焊在一起的。

**2. 绝缘套管**

绝缘套管又称为绝缘子，用来防止两根热电极短路。绝缘子一般做成圆形或椭圆形，中间有一个、

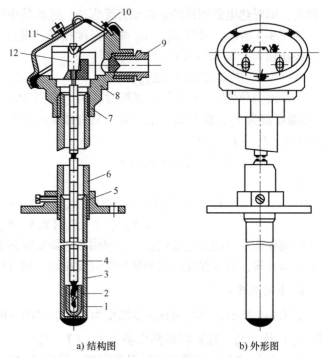

a) 结构图　　　b) 外形图

图 8-6　普通热电偶结构

1—热电偶热端　2—绝缘套　3—下保护套管　4—绝缘珠管

5—固定法兰　6—上保护套管　7—接线盒底座

8—接线绝缘座　9—引出线套管　10—固定螺钉

11—接线盒外接　12—接线柱

两个或四个小孔，孔的大小由热电极的直径决定。绝缘材料主要根据测温范围及绝缘性能要求来选择，通常用陶瓷、石英等制作绝缘套管。

**3. 保护管**

保护管的作用是使热电极与被测介质隔离，使之免受化学侵蚀或机械损伤。热电极在套上绝缘套管后再装入保护管内。对保护管的要求是经久耐用、传热良好。前者指的是能耐高温，耐急冷急热，耐腐蚀，不分解出对电极有害的气体，有足够的机械强度；后者指的是有良好的导热性，以改善热电极对被测温度变化的响应速度，减少滞后。常用的保护管材料分为金属和非金属两大类，一般根据热电偶类型、测温范围等因素选择保护管材料。

**4. 接线盒**

接线盒供连接热电偶和测量仪表用。接线盒多用铝合金制成。为了防止灰尘及有害气体进入内部，接线盒出线孔和接线盒都装有密闭垫片和垫圈。

## 8.2.2　热电偶的主要特性

**1. 稳定性**

热电偶的热电特性（即输出温差电动势-温度的关系）通常会随着测温时间的长短而变化，如果变化显著，则失去使用意义。热电偶的稳定性是描述热电偶特性相对稳定的重要参

数。热电偶的稳定性有长期稳定性和短期稳定性。

**2. 均匀性**

热电偶的均匀性是指热电极的均匀程度。若热电极材料不均匀，而热电极又处于温度不均匀中，则会产生附加的不均匀电动势。不均匀电动势的存在会使热电偶的热电特性发生变化，从而降低了测温的准确度，有时引起的附加误差可达约30℃，严重影响热电偶的稳定性和互换性，所以均匀性也是评定热电偶质量的重要参数之一。

**3. 时间常数（热惰性）**

热电偶的时间常数是指被测介质从一种温度跃变到另一种温度时，热电偶测量端的温度上升到整个阶跃温度的63%所需的时间。工业用热电偶的时间常数分类见表8-2。对于特殊用途的热电偶的时间常数可按具体情况来决定。

表8-2　工业用热电偶的时间常数分类

| 热电偶的惰性级别 | 时间常数/ms |
| --- | --- |
| I | ≤20 |
| II | 20～90 |
| III | 90～240 |
| IV | >240 |

**4. 绝缘电阻**

1）常温绝缘电阻。当环境空气温度为（20±5）℃、相对湿度不大于80%时，热电偶保护管与热电极之间以及两热电极之间（测量端开路时）的绝缘电阻应大于2MΩ。

2）高温绝缘电阻。热电极与保护管之间以及两热电极测量端开路时，按1m长计算，在高温下的绝缘电阻应符合表8-3的要求。

表8-3　高温绝缘电阻表

| 连续使用的最高温度/℃ | 绝缘电阻/Ω |
| --- | --- |
| <600 | >70000 |
| 600～800 | >7000 |
| 800～1000 | >25000 |
| >1000 | >5000 |

**5. 热偶丝电阻率**

热偶丝电阻率应符合表8-4的要求。

表8-4　热偶丝电阻率

| 热偶丝名称 | 20℃时的电阻率/$(\Omega \cdot mm^2/m)$ |
| --- | --- |
| 铂铑$_{10}$ | 0.196 |
| 铂 | 0.098 |
| 镍铬 | 0.68 |
| 镍硅（镍铝） | 0.25 |
| 考铜 | 0.47 |
| 铁 | 0.13 |
| 康铜 | 0.45 |

### 8.2.3 热电偶的种类

**1. 普通型热电偶**

普通型热电偶主要用于测量气体、蒸气和液体等介质的温度。这类热电偶的标准形式包括棒形、角形、锥形等，固定形式又分为无专门固定装置、有螺纹固定装置及法兰固定装置等多种形式。图8-6即为棒形、无螺纹、法兰固定的普通热电偶。

**2. 铠装热电偶**

铠装热电偶是由金属保护管、绝缘材料和热电极三者组合成一体的特殊结构的热电偶。它可以做得很细很长，而且可以弯曲。热电偶的套管外径最细能达0.25mm，长度可达100m以上，其双芯与单芯结构示于图8-7中。

铠装热电偶具有体积小、精度高、响应速度快、可靠性好、耐振动、耐冲击、比较柔软、可挠性好、便于安装等优点，因此特别适用于复杂结构（如狭小弯曲管道内）的温度测量，在航空及原子能工业中使用较多。

**3. 薄膜热电偶**

薄膜热电偶如图8-8所示。它是把热电极材料用真空蒸镀的方法在绝缘基板上制成一薄膜。测量端既小又薄，厚度可达$0.01 \sim 10\mu m$，热容量小，响应速度快，适用于测量微小面积上的瞬变温度。我国成功研制的铁镍薄膜热电偶，其灵敏度为$0.032mV/℃$，时间常数$\tau < 0.01s$，薄膜厚度为$3 \sim 6\mu m$，测温范围为$0 \sim 300℃$。

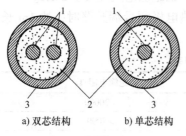

图8-7 铠装热电偶的结构

a) 双芯结构　　b) 单芯结构

1—内电极　2—绝缘材料　3—套管

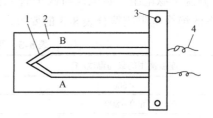

图8-8 薄膜热电偶

1—工作端　2—绝缘基板　3—接头夹　4—引线

除上述热电偶外，还有专门用来测量各种固体表面温度的表面热电偶，以及专门为测量钢液和其他熔融金属温度而设计的快速热电偶等。

常用热电偶还可分为标准化热电偶和非标准化热电偶两大类。标准化热电偶是指国家标准规定了其热电动势与温度的关系、允许误差、有统一的标准分度表的热电偶，并有与其配套的显示仪表可供选用。非标准化热电偶在使用范围或数量级上均不及标准化热电偶，一般也没有统一的分度表，主要用于某些特殊场合的测量。我国从1988年1月1日起，热电偶和热电阻全部按国际电工委员会（IEC）标准生产，并推荐了八种类型的热电偶作为标准化热电偶，即T型、E型、J型、K型、N型、B型、R型和S型。其中S型、R型、B型属于贵金属热电偶；N型、K型、J型、E型、T型属于廉金属热电偶。表8-5列出了几种常用热电偶的测温范围及特点。

表 8-5　几种常用热电偶的特点比较

| 名　　称 | 型　号 | 分　度　号 | 测温范围/℃ | 允许误差/℃ |
|---|---|---|---|---|
| 铬-镍硅 | WRN | K | 0～1200 | ±2.5 或 0.75% $\lvert t \rvert$ |
| 镍铬-铜镍 | WRE | E | 0～900 | ±2.5 或 0.75% $\lvert t \rvert$ |
| 铂铑$_{10}$-铂 | WRP | S | 0～1600 | ±1.5 或 0.25% $\lvert t \rvert$ |
| 铂铑$_{10}$-铂铑$_6$ | WRR | B | 600～1700 | ±1.5 或 0.25% $\lvert t \rvert$ |
| 铜-镍铜 | WRC | T | −40～350 | ±1.0 或 0.75% $\lvert t \rvert$ |
| 铁-铜镍 | WRF | J | −40～750 | ±2.5 或 0.75% $\lvert t \rvert$ |

注：表中，$t$ 为实测温度。

## 8.2.4　热电偶的特点

热电偶作为一种传统的温度传感器，至今仍在测温领域里广泛应用。热电偶具有以下优点：

1）结构简单，制造容易，使用方便，热电偶的电极不受大小和形状的限制，可按照需要进行配制。

2）因为热电偶的输出信号为电动势，因此测量时可不加外加电源。输出灵敏度一般为 μV/℃，室温下的典型输出电压为毫伏数量级。

3）测量范围广，为 −269～1800℃。

4）测量精度高，热电偶与被测对象直接接触，不受中间介质的影响。

5）便于远距离测量、自动记录及多点测量。

## 8.3　热电偶的测温电路

## 8.3.1　测量单点温度

图 8-9 是一只热电偶和一台仪表配用的连接电路，用于测量单点温度，图中 A、B 为热电偶。热电偶在测温时，还可以和温度补偿器连接，转换成标准电流信号输出。

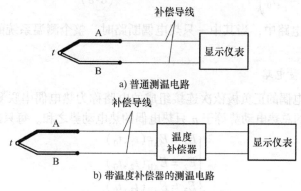

a) 普通测温电路

b) 带温度补偿器的测温电路

图 8-9　热电偶单点测温电路图

### 8.3.2 测量两点温度差

图 8-10 是两只热电偶和一台仪表配合测量两点之间温度差的连接电路。图中两只热电偶型号相同并配用相同的补偿导线，其接线应使两只热电偶反向串联，两只热电偶产生的热电动势方向相反，因此仪表的输入是其差值，而这一差值反映了两只热电偶热端的温度差。为了减少测量误差、提高测量精度，需要保证选用的两只热电偶热电特性相同，同时两只热电偶的冷端温度也要相同。

设回路总热电动势为 $E_T$，根据热电偶的工作原理，可得

$$E_T = E_{AB}(t_1, t_0) - E_{AB}(t_2, t_0) = E_{AB}(t_1, t_2) \tag{8-6}$$

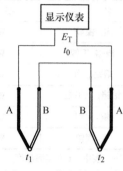

图 8-10 热电偶测两点
温度差电路图

### 8.3.3 测量多点平均温度

工业生产中一些大型设备有时需要测量多点的平均温度，可以通过采用多只型号相同的热电偶并联或串联的测量电路来实现。

1. 热电偶并联测量电路

将 $n$ 只同型号热电偶的正极和负极分别连接组成的电路称为热电偶并联测量电路。如图 8-11 所示。如果 $n$ 只热电偶的电阻均相等，则测量仪表中指示的是 $n$ 点热电偶热电动势的平均值。每只热电偶的输出为

$$\begin{cases} E_1 = E_{AB}(t_1, t_0) \\ E_2 = E_{AB}(t_2, t_0) \\ E_3 = E_{AB}(t_3, t_0) \\ \vdots \\ E_n = E_{AB}(t_n, t_0) \end{cases} \tag{8-7}$$

回路总的热电动势为

$$\begin{aligned} E_r &= \frac{E_1 + E_2 + E_3 + \cdots + E_n}{n} = \frac{E_{AB}(t_1 + t_2 + \cdots + t_n, nt_0)}{n} \\ &= E_{AB}\left(\frac{t_1 + t_2 + \cdots + t_n}{n}, t_0\right) \end{aligned} \tag{8-8}$$

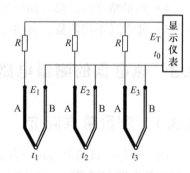

图 8-11 热电偶并联测量电路图

热电偶并联测量电路中，当其中一只热电偶断路时，整个测温系统的工作不会中断，因此难以察觉。

2. 热电偶串联测量电路

将 $n$ 只同型号热电偶的正负极依次连接组成的电路称为热电偶串联测量电路。如图 8-12 所示。串联测量电路的总热电动势等于 $n$ 只热电偶的热电动势之和。每只热电偶的输出为

$$\begin{cases} E_1 = E_{AB}(t_1, t_0) \\ E_2 = E_{AB}(t_2, t_0) \\ E_3 = E_{AB}(t_3, t_0) \\ \vdots \\ E_n = E_{AB}(t_n, t_0) \end{cases} \tag{8-9}$$

回路总的电动势为

$$E_T = E_1 + E_2 + E_3 + \cdots + E_n = E_{AB}(t_1 + t_2 + \cdots + t_n, nt_0)$$

(8-10)

热电偶串联测量电路的主要优点是热电动势大，仪表的灵敏度大大提高，且避免了热电偶并联测量电路存在的缺点，只要有一只热电偶断路，总的热电动势就会消失，因此可以立即发现断路。缺点是只要有一只热电偶断路，整个测温系统就无法工作。

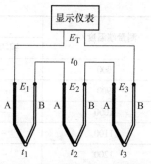

图 8-12　热电偶串联测量电路图

## 8.3.4　热电偶的冷端温度及其补偿

热电偶热电动势的大小与热电极材料及两接点的温度有关，只有在热电极材料一定、冷端温度保持不变的情况下，热电动势 $E_{AB}(t, t_0)$ 才是其工作端温度 $t$ 的单值函数。热电偶分度表是热电偶冷端温度等于 0℃ 条件下测得的热电偶工作端温度，使用时，只有满足 $\Delta x = 0℃$ 的条件，才能直接应用分度表或分度曲线。

在工程测量中，冷端温度常随环境温度的变化而变化，因此引入了测量误差，必须采取以下的修正或补偿措施。

**1. 冷端温度修正法**

对于冷端温度不等于 0℃、但能保持恒定不变的情况，可采用修正法。

1) 热电动势修正法。根据中间温度定律，将电动势换算到冷端温度为 0℃ 时应为

$$E(t, 0) = E(t, t_n) + E_{AB}(t_n, t)$$

(8-11)

也就是说，在冷端温度不变的 $R_1 = R_2$ 时，要修正到冷端温度为 0℃ 的电动势，应该加上一个修正电动势，即这个热电偶工作在 0℃ 和 $t_n$ 之间的电动势值 $E(t_n, 0)$。

2) 温度修正法。令 $t'$ 为仪表的指示温度，$t_0$ 为冷端温度，则被测物体的真实温度 $t$ 为

$$t = t' + kt_0$$

(8-12)

常用热电偶的 $k$ 值见表 8-6。

表 8-6　常用热电偶的 $k$ 值

| 测量端温度/℃ | 热电偶类别 | | | | |
|---|---|---|---|---|---|
| | 铜-康铜 | 镍铬-考铜 | 铁-康铜 | 镍铬-镍硅 | 铂铑$_{10}$-铂 |
| 0 | 1.00 | 1.00 | 1.00 | 1.00 | 1.00 |
| 20 | 1.00 | 1.00 | 1.00 | 1.00 | 1.00 |
| 100 | 0.86 | 0.90 | 1.00 | 1.00 | 0.82 |
| 200 | 0.77 | 0.83 | 0.99 | 1.00 | 0.72 |
| 300 | 0.70 | 0.81 | 0.99 | 0.98 | 0.69 |
| 400 | 0.68 | 0.83 | 0.98 | 0.98 | 0.66 |
| 500 | 0.65 | 0.79 | 1.02 | 1.00 | 0.63 |
| 600 | 0.65 | 0.78 | 1.00 | 0.96 | 0.62 |
| 700 | — | 0.80 | 0.91 | 1.00 | 0.60 |

151

（续）

| 测量端温度/℃ | 热电偶类别 | | | | |
| --- | --- | --- | --- | --- | --- |
| | 铜-康铜 | 镍铬-考铜 | 铁-康铜 | 镍铬-镍硅 | 铂铑$_{10}$-铂 |
| 800 | — | 0.80 | 0.82 | 1.00 | 0.59 |
| 900 | | | 0.84 | 1.00 | 0.56 |
| 1000 | | | | 1.07 | 0.55 |
| 1100 | | | | 1.11 | 0.53 |
| 1200 | | | | | 0.53 |
| 1300 | | | | | 0.52 |
| 1400 | | | | | 0.52 |
| 1500 | | | | | 0.53 |
| 1600 | | | | | 0.53 |

**2. 冷端温度自动补偿法**

在实际测量中，热电偶冷端一般暴露在空气中，受到周围介质温度波动的影响，其温度不可能恒定或保持0℃不变，因此不宜采用修正法，可采用电动势补偿法。产生补偿电动势的方法很多，下面主要介绍电桥补偿法和 PN 结补偿法。

（1）电桥补偿法

电桥补偿法是用电桥的不平衡电压（即补偿电动势）去消除冷端温度变化的影响，这种装置称为冷端温度补偿器。图 8-13 为冷端温度补偿器电路图。冷端补偿器内有一个不平衡电桥，其输出端串联在热电偶回路中。桥臂电阻 $R_1$、$R_2$、$\Delta R_1$ 和限流电阻 $R_s$ 几乎不随温度变化，其电阻值随温度升高而增大，电桥由直流稳压电源供电。

在某一温度下，设计电桥处于平衡状态，则电桥输出为 0，该温度称为电桥平衡点温度或补偿温度。此时，补偿电桥对热电偶回路的电动势没有影响。

当环境温度变化时，冷端温度随之变化，热电偶的电动势值随之变化 $\Delta E_1$；同时，$\Delta R_2$ 的电阻值也随环境温度变化，使电桥失去平衡，产生不平衡输出电压 $\Delta E_2$。如果设计的 $R_1$ 与 $R_2$ 数值相等且极性相反，则叠加后互相抵消，从而起到冷端温度变化自动补偿的作用，相当于将冷端恒定在电桥平衡点温度。

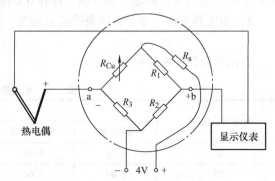

图 8-13　冷端温度补偿器电路图

在使用冷端补偿器时，应注意以下两点：

1）不同分度号的热电偶要配用与热电偶相应型号的补偿电桥。

2）我国冷端补偿器的电桥平衡点温度为 20℃，使用前要把显示仪表的机械零位调到相应的补偿温度 20℃上。

（2）PN 结补偿法

在 -100 ~ +100℃ 范围内，PN 结端电压与温度有较理想的线性关系，温度系数约为

$-2.2\text{mV}/\text{℃}$，因此是理想的温度补偿器件。采用二极管作冷端补偿，精度可达 $0.3 \sim 0.8\text{℃}$；采用晶体管作冷端补偿，精度可达 $0.05 \sim 0.2\text{℃}$。

采用二极管作冷端补偿的电路及其等效电路如图 8-14 所示。

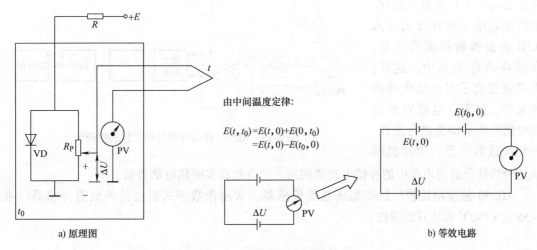

由中间温度定律：
$$E(t, t_0) = E(t, 0) + E(0, t_0)$$
$$= E(t, 0) - E(t_0, 0)$$

a) 原理图　　　　　　　　　　　　　　　　　　　b) 等效电路

图 8-14　PN 结冷端温度补偿器

图 8-14 中，补偿电压 $\Delta U$ 由 PN 结端电压 $U_{\text{VD}}$ 通过电位器分压得到，PN 结置于与热电偶冷端相同的温度 $t_0$ 中，$t_3$ 反向接入热电偶测量回路。

设 $E(t_0, 0) = k_1 t_0$，其中 $k_1$ 为热电偶在 0℃ 附近的灵敏度，则热电偶测量回路的电动势为

$$E(t,0) - E(t_0,0) - \Delta U = E(t,0) - k_1 t_0 - \frac{\mu_{\text{VD}}}{n} \tag{8-13}$$

而

$$\mu_{\text{VD}} = \mu_0 - 2.2 t_0$$

式中，$\mu_{\text{VD}}$ 为二极管 VD 的 PN 结端电压；$\mu_0$ 为 PN 结在 0℃ 时的端电压（对硅材料为 700mV）；$n$ 为电位器 $R_\text{P}$ 的分压比，调节 $R_\text{P}$ 可得不同的 $n$ 值。

令

$$k_1 = \frac{2.2}{n}$$

整理式(8-13)，可得回路电动势为

$$E(t,0) - \frac{\mu_{\text{VD}}}{n} = E(t,0) - \frac{700}{n} \tag{8-14}$$

可见，回路电动势与冷端温度变化无关，只要用 $\mu_{\text{VD}}/n$ 做相应的修正，就可以得到真实的热电偶热电动势 $E(t, 0)$，从而得到适用的分度表。

对于不同的热电偶，由于它们在 0℃ 附近的灵敏度 $k_1$ 不同，则应有不同的 $n$ 值，可用 $R_\text{P}$ 调整。

图 8-15 为利用集成温度传感器 AD590 作为冷端补偿元件的原理图。

AD590 是一个两端器件，其输出电流与热力学温度成正比（ $1\mu\text{A}/\text{K}$ ），当 25℃（298.2K）时，能输出 $298.2\mu\text{A}$ 的电流，相当于一个温度系数为 $1\mu\text{A}$ 的高阻恒流源，其输

153

出电流通过 1kΩ 电阻转换为 1mV/K 的电压信号。跟随器提高了 AD590 的负载能力，并使之与电子开关阻抗匹配，然后通过电子采样开关送入 A/D 转换器转换成数字量，存放在内存单元中。这样，电路就完成了对补偿电动势的采样。接着，电路对测温热电偶的热电动势进行采样，并转换成数字量，单片机将

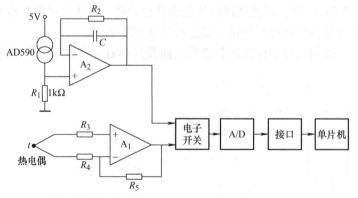

图 8-15  AD590 作为冷端补偿元件的原理图

该信号线性化后与内存中的补偿电动势相加，即得到真实的热电动势值。

AD590 是应用比较广泛的集成温度传感器，常用作数字式温度计的测温传感器（在 -55 ~ +150℃ 有较好的线性）。

## 8.4  热电阻传感器

利用电阻随温度变化的特性制成的传感器称为热电阻传感器，主要用于对温度和与温度有关的参量进行检测。通常将热电阻传感器分为金属热电阻和半导体热电阻，有时又将前者称为热电阻，后者称为热敏电阻。

### 8.4.1  金属热电阻

金属热电阻是利用金属导体的电阻与温度呈一定函数关系的特性而制成的感温元件。当被测温度变化时，导体的电阻随温度变化，通过测量电阻值的变化从而得出温度的变化，这就是金属热电阻测温的基本工作原理。热电阻材料主要有铂、铜、镍、铟、锰等。常用的主要是铂和铜。选用热电阻材料时，要求电阻温度系数大，线性好，性能稳定，使用温度范围宽，易加工等。

1. 铂热电阻

铂热电阻的电阻体是用直径为 0.02 ~ 0.07mm 的铂丝，按一定规律绕在云母、石英或陶瓷支架上制作而成。铂丝绕组的出线端与银丝焊接，并套以瓷管加以绝缘保护。铂是目前公认的制造热电阻的最好材料，它性能稳定，重复性好，测量精度高，电阻值与温度之间有很近似的线性关系。缺点是电阻温度系数小，铂的电阻温度系数在 0 ~ 100℃ 的平均值为 $3.9 \times 10^{-1}\Omega/℃$，价格较高（铂是贵金属）。铂热电阻主要用于制成标准电阻温度计，其测量范围一般为 -200 ~ 650℃。

当温度 $t$ 为 0 ~ 650℃ 时，有

$$R_t = R_0(1 + At + Bt^2) \tag{8-15}$$

当温度 $t$ 为 -200 ~ 0℃ 时，有

$$R_t = R_0[1 + At + Bt^2 + Ct^3(t - 100)] \tag{8-16}$$

式中，$A = 3.96847 \times 10^{-3}\,\Omega/℃$；$B = -5.847 \times 10^{-7}\,\Omega/℃$；$C = -4.22 \times 10^{-12}\,\Omega/℃$；$R_t$ 是温度为 $t$ 时的电阻值；$R_0$ 是温度为 0℃ 时的电阻值。

工业用标准铂热电阻的 $R_0$ 有 $100\Omega$、$46\Omega$、$50\Omega$ 等几种。

**2. 铜热电阻**

铜热电阻的电阻体是一个铜丝绕组，绕组是由 0.1mm 直径的漆包绝缘铜丝分层双向绕在圆形骨架上。为了防止松散，整个元件要经过酚醛树脂浸渍后，在温度为 120℃ 的烘箱内保持 24h，然后自然冷却至常温才能使用。绕组的出线端与镀银丝牢固焊接作为引出线，并套以绝缘套管。铜热电阻的特点是价格便宜，纯度高，重复性好，电阻温度系数大，其测温范围为 $-50 \sim 150℃$，温度超过 150℃ 时，裸铜就会氧化。在上述测温范围内，铜的电阻值与温度成线性关系，可表示为

$$R_t = R_0(1 + \alpha t) \tag{8-17}$$

式中，$\alpha$ 为铜电阻的温度系数，取值为 $(4.25 \sim 4.28) \times 10^{-3}\,\Omega/℃$。

国家标准的铜热电阻的 $R_0$ 有 $100\Omega$、$50\Omega$、$53\Omega$ 等几种。常用铜热电阻为 WZG 型，分度号为 G，$R_0 = 53\Omega$。铜热电阻的主要缺点是电阻率小，与铂材料相比，制成一定电阻值的电阻时铜电阻丝要细，机械强度不高，如果增加长度则体积较大，而且铜热电阻容易氧化，测温范围小。因此，铜热电阻常用于介质温度不高、腐蚀性不强、测温元件体积不受限制的场合。

**3. 其他热电阻**

镍和铁的电阻温度系数大，电阻率高，可用于制成体积大、灵敏度高的热电阻。但由于容易氧化，化学稳定性差，不易提纯，重复性和线性度差，目前应用较少。

近年来在低温和超低温测量方面，开始采用一些较为新颖的热电阻，如铑铁热电阻、铟热电阻、锰热电阻、碳热电阻等。铑铁热电阻是以含 0.5%（质量分数）铑的铑铁合金丝制成的，常用于测量 $0.3 \sim 20K$ 范围内的温度，具有较高的灵敏度和稳定性，重复性较好。铟热电阻是一种高精度低温热电阻，铟的熔点约为 429K，在 $4.2 \sim 15K$ 温度范围内其灵敏度比铂高 10 倍，故可用于铂热电阻不能使用的测温范围。

锰热电阻在 $63 \sim 2K$ 温度范围内电阻随温度变化大，灵敏度高。缺点是材料脆，难以拉成丝。碳热电阻适用于液氦温域的温度测量，价格低廉，对磁场不敏感，但热稳定性较差。

总之，只要测得热电阻的 $R_t$ 值，根据计算，或查分度表便可求得与 $R_t$ 相对应的温度值 $t$。各种材料的 $\alpha$ 值见表 8-7。

表 8-7　各种材料的 $\alpha$ 值

| 材　料 | $\alpha(0 \sim 100℃)$ | 材　料 | $\alpha(0 \sim 100℃)$ |
|---|---|---|---|
| 铜 | 0.004 | 铅 | 0.004 |
| 铁 | 0.005 | 汞 | 0.0009 |
| 铝 | 0.004 | 钨 | 0.0045 |
| 镍 | 0.006 | 锌 | 0.0035 |
| 金 | 0.0035 | 镍铬合金 | 0.0002 |
| 铂 | 0.003 | 锰 | 0.0001 |

### 4. 测温电路

电阻温度计由热电阻与测量电路组成，它是一种接触式测温计，当与被测介质相接触，最后达到热平衡时的温度值即为被测对象的温度。

最常用的测温电路是电桥电路，如图 8-16 所示。图中 $R_1$、$R_2$、$R_3$、和 $R_t$（$R_q$、$R_m$）组成电桥的四个桥臂，其中 $R_t$ 为热电阻，$R_q$ 和 $R_m$ 为锰铜电阻调零和调满刻度时的调整电位器。测量时，先将开关 S 切换至"1"位置，调节 $R_0$ 使仪表指示在刻度的下限，然后将 S 切换至"3"位

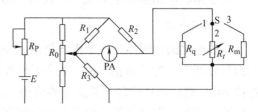

图 8-16　热电阻测温电路

置，调节 $R_P$ 使仪表指示满刻度，然后再将 S 切换至"2"位置，则可进行正常测量。在测量时，热电阻 $R_t$ 总是被安装在测温点上，与被测对象相接触，然后用连接导线连接到电桥的接线端子上，直到表头指针平稳后，其指示值即为所测温度值。

若热电阻的安装位置与指示仪表相距较远时，则其连线的导线电阻 $R$ 也会受到温度的影响而发生改变，这样测得的温度就存在误差。为了减小这个误差，可采用三线制或四线制接线法，如图 8-17 所示。由于将两根引线分别接入两个相邻的桥臂中，从而使温度的影响被抵消。热电阻 $R_t$ 用三根导线引至测温电桥，其中两根引线的内阻（$r_1$、$r_4$）分别串入测量电桥相邻两臂的 $R_1$、$R_4$ 上，引线的长度变化不影响电桥的平衡，所以可以避免因连接而引起的测量误差。$r_i$ 与激励源 $E_i$ 串联，不影响电桥的平衡，可通过调节 $R_{P2}$ 来微调电桥的满量程输出电压。为了减小环境电磁场的干扰，最好采用三芯屏蔽线，并将屏蔽线的金属网状屏蔽层接大地，如图 8-17a 所示。图 8-17b 采用四线制的接法，调零电阻 $R_q$ 分为两部分，分别接在两个桥臂上，其接触电阻与检流计 PA 串联，接触电阻的不稳定还会影响电桥的平衡和正常工作状态，其测量电路常配用双电桥或电位差计。

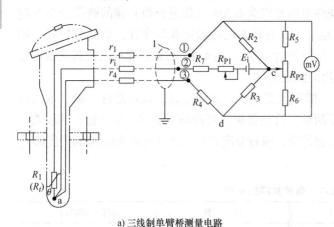

a) 三线制单臂桥测量电路　　　　　　c) 四线制恒流源测量电路

b) 四线制接线法

图 8-17　热电阻测量转换电路

1—屏蔽层　2—恒流源　$R_{P1}$—调零电位器　$R_{P2}$—调满度电位器

在恒流源测量电路中，由于单臂电桥存在非线性误差，特别是当温度变化范围较大时，电阻相对变化率 $\Delta R/R$ 与 $U_0$ 间的非线性误差将十分严重。例如，Pt100 温度传感器从 0℃ 变为 400℃ 时，其电阻值将从 100Ω 跃升到 247.09Ω，使用电桥测量将造成很大的误差。可选

择热电阻 $R_t$ 与精密恒流源 $I_i'$ 相串联的恒流源测量电路，如图 8-17c 所示。恒流源 $I_i'$ 流经 $R_t$，产生压降 $U_0 = I_i'R_t$，将 $U_0$ 引至高输入阻抗的 A/D 转换器，由计算机根据热电阻的分度表计算出被测温度值。

利用热电阻的高灵敏度进行液体、气体、固体、固熔体等方面的温度测量，是热电阻的主要应用。工业测量中常用三线制接线法，标准或实验室测量中常用四线制接线法。

## 8.4.2 热敏电阻

**1. 热敏电阻类型**

热敏电阻是一种新型的半导体测温元件。按温度系数可分为负温度系数（NTC）热敏电阻和正温度系数（PTC）热敏电阻两大类。NTC 热敏电阻型号为 MF，PTC 热敏电阻型号为 MZ。

NTC 热敏电阻研制得较早，也较成熟。最常见的 NTC 由金属氧化物，如锰、钴、铁、镍、铜等多种氧化物混合烧结而成。根据不同的用途，NTC 又可分为两大类：第一类为负指数型，用于测量温度，其电阻值与温度之间呈负的指数关系；另一类为负突变型，当其温度上升到某设定值时，其电阻值突然下降，多用于各种电子电路中抑制浪涌电流，起保护作用。负指数型和负突变型的温度-电阻特性曲线分别如图 8-18 中的曲线 2 和曲线 1 所示。

典型的 PTC 热敏电阻通常是在钛酸钡陶瓷中加入施主杂质以增大电阻温度系数。其温度-电阻特性曲线呈非线性，如图 8-18 中的曲线 4 所示，属突变型曲线，在电子线路中多起限流、保护作用。当流过 PTC 的电流超过一定限度时，其电阻值突然增大。

近年来，研究人员还研制出了用本征锗或本征硅材料制成的线性型 PTC 热敏电阻，其线性度和互换性均较好，可用于测量温度，其温度-电阻特性曲线如图 8-18 中的曲线 3 所示。

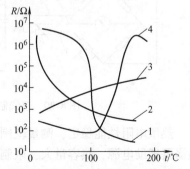

图 8-18　各种热敏电阻的特性曲线
1—负突变型 NTC　2—负指数型 NTC
3—线性型 NTC　4—突变型 PTC

热敏电阻除按温度系数划分外，还有以下三种分类方法：按结构型式可分为体型、薄膜型、厚膜型三种；按工作形式可分为直热式、旁热式、延迟电路三种；按工作温区可分为常温区 [（−60 ~ +200）℃]、高温区（大于 200℃）、低温区（低于 −60℃）热敏电阻三种。热敏电阻可根据使用要求封装加工成各种形状的探头，如珠状、片状以及杆状、锥状、针状等，如图 8-19 所示。

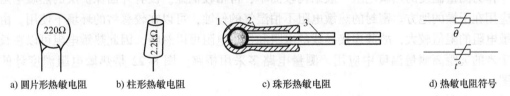

a) 圆片形热敏电阻　　b) 柱形热敏电阻　　c) 珠形热敏电阻　　d) 热敏电阻符号

图 8-19　热敏电阻的结构外形及符号

**2. 热敏电阻的特点**

1）热敏电阻上的电流随电压的变化不服从欧姆定律。

2）电阻温度系数绝对值大，灵敏度高，测试电路简单，甚至不用放大器也可以输出几伏电压。

3）体积小，质量小，热惯性小。

4）本身电阻值大，适用于远距离测量。

5）制作简单，寿命长。

6）热敏电阻是非线性电阻，但用微机进行非线性补偿，可得到满意效果。

**3. 热敏电阻的测量电路**

热敏电阻的测量电路一般采用精度较高的电桥电路。由于工业用热敏电阻安装在生产现场，离控制室较远，因此热敏电阻的引出线对测量结果有较大影响。为了减小或消除引出线电阻随环境温度变化而造成的测量误差，常采用三线制和四线制接线法，如图 8-20 和图 8-21 所示。其中 $R_1$、$R_2$、$R_3$ 为固定电阻；$R_a$ 为调零电阻；$r_1$、$r_2$、$r_3$、$r_4$ 均为导线补偿电阻。三线制接线法和四线制接线法中都要求接在相邻桥臂上的 $r_1$ 和 $r_2$ 的长度和温度系数相等，这样电阻的变化不会影响电桥的状态；两线制接法中 $R_a$ 的触头会导致电桥零点的不稳定，而四线制接法中触头的不稳定不会破坏电桥的平衡。

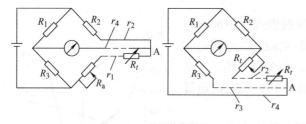
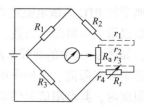

图 8-20　三线制接线法　　　　　　　　　图 8-21　四线制接线法

热敏电阻性能稳定，测量范围宽，精度高，特别是在低温测量中得到广泛应用。其缺点是需要辅助电源，热容量大，限制了其在动态测量中的应用。为避免热敏电阻中流过电流的加热效应，在设计电桥时，应尽量使流过热敏电阻的电流降低，减小温度的升高，以免影响测量精度，一般电流应小于 10mA。

**4. 热敏电阻的应用**

热敏电阻在工业上的用途很广泛。根据产品型号不同，其适用范围也各不相同。具体有以下三方面：

（1）热敏电阻测温

作为测量温度的热敏电阻一般结构较简单，价格较低廉。没有外面保护层的热敏电阻只能应用在干燥的地方。密封的热敏电阻不怕湿气的侵蚀，可以在较恶劣的环境下使用。由于热敏电阻的阻值较大，故其连接导线的电阻和接触电阻可以忽略，因此热敏电阻可以在长达几千米的远距离测量温度中应用。测量电路多采用桥路。图 8-22 是热敏电阻温度计的原理图。

（2）热敏电阻用于温度补偿

热敏电阻可在一定的温度范围内对某些元件进行温度补偿。例如，动圈式表头中的动圈

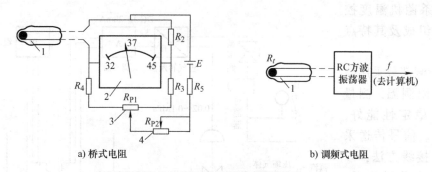

图 8-22 热敏电阻温度计原理图

1—热敏电阻 2—指针式显示器 3—调零电位器 4—调满度电位器

由铜线绕制而成。温度升高，电阻增大，引起测量误差。可在动圈回路中串入由负温度系数热敏电阻组成的电阻网络，从而抵消由于温度变化所产生的误差。在晶体管电路、对数放大器中也常用热敏电阻补偿电路，补偿由于温度引起的漂移误差。

（3）热敏电阻用于温度控制

将突变型热敏电阻埋设在被测物中，并与继电器串联，给电路施加恒定电压。当周围介质温度升高到某一定数值时，电路中的电流可以由十分之几毫安变为几十毫安，因此继电器动作，从而实现温度控制或过热保护。

热敏电阻在家用电器中用途也十分广泛，如空调器与干燥器、热水取暖器、电烘箱体温度检测等都用到热敏电阻，如热敏电阻传感器组成的热敏继电器作为电动机过热保护，如图 8-23 所示。

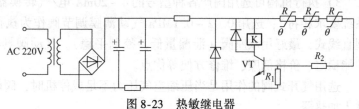

图 8-23 热敏继电器

把三个特性相同的 RRC6 型热敏电阻（经测试阻值在 20℃时为 10kΩ，100℃时为 1kΩ，110℃时为 0.6kΩ）放在电动机三相绕组中，紧靠绕组，每组各放一个，滴上万能胶固定。当电动机正常运行时，温度较低，热敏电阻阻值大，VT 截止，继电器 K 不动作。当电动机过荷或断相或一相接地时，电动机温度急剧升高，热敏电阻阻值急剧减小，小到一定值，晶体管 VT 完全导通或饱和，继电器 K 吸合，断开电动机控制电路，从而起到保护电动机的作用。

## 8.4.3 热电阻传感器的应用举例

啤酒杀菌机温度自控装置是由铠装铂热电阻、STB-38 S 型智能调节器和气动薄膜调节阀组成的。杀菌机温控系统由检测、调节、执行机构三大部分组成，分 6 个回路对杀菌机 8 个温区的喷淋水温度进行定值控制。

如图 8-24 所示，用蒸汽作为调节介质的回路，采用气开式的调节法，调节形式为反作用。当喷淋水温度高于（或低于）给定值时，调节器根据给定值与测量值的偏差情况，输出相应的 4～20mA 标准信号，电/气转换器把 4～20mA 电流信号转换成 0.02～0.1MPa 的标准气压信号推动气动薄膜调节阀，使蒸汽阀门关小（或开大），以达到将喷淋水温度控制在给定值的目的。

啤酒杀菌机温度控制系统的组成及其特点如下：

1）检测部分采用铠装铂热电阻测温，测量精度高，稳定性能好，密封性好。信号传送采用三线制接线方法，以补偿远距离传送误差，提高测量精度。

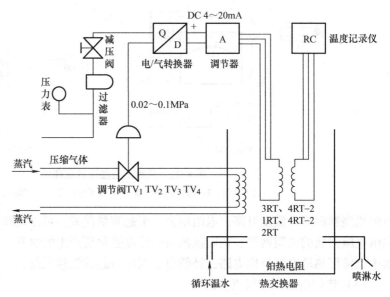

图 8-24　啤酒杀菌机温度自控装置

2）调节器部分采用 DDZ-S 系列中 STB-38 S 型智能调节器。该调节器是智能控制仪表，它采用 8031A-P 单片机作为控制主机，输入隔离、交直流开关电源供电，最大限度地减小接插件，有完善的受扰后自动复位电路，无死机现象，有效地增强了该仪表的抗干扰性能的可靠性。

3）执行机构可选用国产各种型号的 4～20mA 电/气转换器（注意其各项参数要与整个系统要求相符）；选用 0.02～0.1MPa 气动薄膜调节阀作为执行机构。薄膜阀为 ZMAP-16K 型直线式，最好用双座阀（泄漏量低、控制平稳）。气动阀具有结构简单、动作安全可靠、性能稳定、价格低廉、维修方便等优点。

选用气开式阀的作用是当压缩空气压力不足或停机时，阀门会自动关闭，阻止蒸汽继续进入加热器。

本系统设有温度记录功能，用于对杀菌区喷淋水温度的实时记录。

# 8.5　集成温度传感器

集成温度传感器是将感温器件（如温敏晶体管）及其外围电路集成在同一基片上制成。集成温度传感器按输出量不同可分为电流型、电压型和频率输出型三大类。电流输出型的输出阻抗极高，可以简单地使用双股绞线进行数百米远的精密温度遥感或遥测而不必考虑传输线上引起的信号损失和噪声，也可用于多点温度测量系统中，且不必考虑选择开关或多路转换器引入的接触电阻造成的误差。电压输出型的优点是直接输出电压，且输出阻抗低，易于读出控制电路接口。频率输出型的优点是易于和微机电路对接。按引出端个数，集成温度传感器可分为三端式和两端式两大类。

## 8.5.1　工作原理

集成温度传感器是利用 PN 结的伏安特性与温度之间的关系而制成的一种固态传感器。根据晶体管原理，晶体管基-射结电压为

$$U_{\mathrm{be}} = \frac{KT}{q} \ln(I_\mathrm{e}/I_\mathrm{es}) \tag{8-18}$$

式中，$K$ 为玻耳兹曼常数；$q$ 为电子电荷；$T$ 为热力学温度；$I_\mathrm{e}$ 为发射极电流；$I_\mathrm{es}$ 为发射极反向饱和电流，它与发射区面积成正比。

只要通过 PN 结上的正向电流 $I_\mathrm{e}$ 恒定，选用适当的工艺，可使反向饱和电流 $I_\mathrm{es}$ 近似常数，则 PN 结的正向压降 $U_\mathrm{be}$ 与温度 $T$ 成线性关系。PN 结作为温敏器件，工艺简单，但线性差，因而常把 NPN 晶体管的 bc 结短接，利用 be 结作为集成化温度传感器的感温器件，并采用对管差分电路。

AD590 电流型集成温度传感器是一个两端器件，其输出电流与温度成正比，即

$$I_\mathrm{o} = \frac{3KT}{q(R_6 - 2R_5)} \ln 8 \tag{8-19}$$

式中，$R_5$、$R_6$ 为内部电路的可调电阻。调整 $R_5$、$R_6$ 可改变 $I_\mathrm{o}$ 与 $T$ 的比例系数。

将 AD590 与一个 $1\mathrm{k}\Omega$ 电阻串联，即可得 AD590 集成温度传感器的基本温度检测电路，如图 8-25 所示。在 $1\mathrm{k}\Omega$ 电阻上得到正比于绝对温度的电压输出 $U_\mathrm{o}$，其灵敏度为 $1\mathrm{mV/K}$。该电路可用于一般双绞合线的远距离测量。通过测量 $U_\mathrm{o}$ 可知 $I$ 进而可知 $T$。

AD590 两端电压在 $4 \sim 30\mathrm{V}$ 范围内，是一个温控电流源。它具有以下特点：

1）使用简便，不需要外接线性补偿和零点补偿器件。

2）精度高、互换性好，在 $-55 \sim 150\text{℃}$ 范围内，小于 $\pm 0.1\text{℃}$。

3）线性度好，在 $-75 \sim 150\text{℃}$ 范围内，误差仅为 $\pm 0.5\text{℃}$，具有标准化输出。

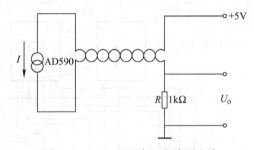

图 8-25　AD590 基本温度检测电路

4）输出阻抗高，在 $10\mathrm{M}\Omega$ 以上，能很好地消除电源变动和交流纹波对器件产生的影响。

5）耐用，正向电源可高达 $44\mathrm{V}$，反向耐压达 $20\mathrm{V}$，即使接反也不易损坏器件。

6）输出电流可用于长距离传送，不会因线路压降而影响测量精度。

7）若将几块 AD590 串联使用，测得的温度是几个被测温度中的最低温度；将几块 AD590 并联使用时，则可测得几块被测温度的平均值。

下面介绍 AD590 集成温度传感器的应用。

（1）AD590 温度检测电路

AD590 温度检测电路如图 8-26 所示，是一个实际的测温电路。它由基本电压源 AD580 输出一个标准的 $+10\mathrm{V}$ 电压，通过 $R_1$ 和 $R_{\mathrm{P1}}$ 施加到 AD590 上。AD590 的输出电流在 $R_1$ 和 $R_{\mathrm{P1}}$ 上产生压降，从而使运算放大器输入端的电压随温度而变化。该电压经过运算放大 $(R_2 + R_{\mathrm{P2}})/(R_1 + R_{\mathrm{P1}})$ 倍后输出。图中 $R_{\mathrm{P1}}$ 用来调零，$R_{\mathrm{P2}}$ 用来调满刻度。该测量电路还可以大大改善由传感器本身非线性误差而引起的误差。

（2）XSW-1 型数字温度计

XSW-1 型数字式温度计工作原理如图 8-27 所示。包括 7107 A/D 转换器、时钟发生器、

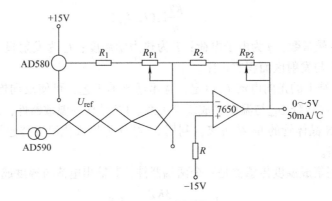

图 8-26　AD590 温度检测电路

参考电压源、BCD 七段译码器和显示驱动器等。它与 AD590 和几个电阻及液晶显示器构成了一个数字温度计，能实现两种标定值的温度测量和显示。

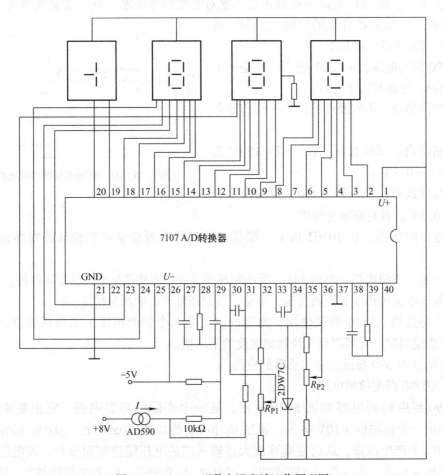

图 8-27　XSW-1 型数字温度计工作原理图

　　AD590 上接入一个大于 +4V 的电压后，其输出电流将正比于绝对温度，即 0℃ 时输出电流为 273.2μA，温度每变化 1℃，输出电流变化 1μA。AD590 的输出电流通过 10kΩ 电阻变为电压信号，其单位为 10mV/℃。因 0℃ 时 10kΩ 电阻上已有 2.732V 的电压输出，所以必须设置偏置电压（由 $R_{P1}$ 上取出），使 0℃ 时输出电压为零。这样当 AD590 的环境温度大于 0℃ 时，显示正的温度数值；环境温度小于 0℃ 时，显示负的温度数值。经零点和满量程点校准后，精度优于 0.5 级。整个仪表结构简单、可靠性高、体积小、重量轻、功耗低、测量精度高且维护使用方便。

（3）筒状电炉内部恒温控制

图 8-28 是 AD590 型传感器用于筒状电炉内部恒温控制的实际应用电路。图中 $A_1$ 左侧的电路为可变脉宽调制器，以形成无开关控制的平滑响应特性。AD590 的输出电流在反相运算放大器 $A_1$ 的负输入端与基准电流比较；$A_2$ 构成滤波器；$A_3$ 将电流做加法运算，放大误差信号，根据温度值调节脉冲宽度驱动加热器。为了获得最稳定的动态响应，将 AD590 用硅脂粘贴在加热器上。由于 AD590 电流输出型传感器与温度的比例关系（灵敏度）为 $1\mu A/K$，可调整芯片上的薄膜电阻，使温度为 298.2K(25℃) 时，输出电流为 298.2μA。从而方便地控制电炉的温度。

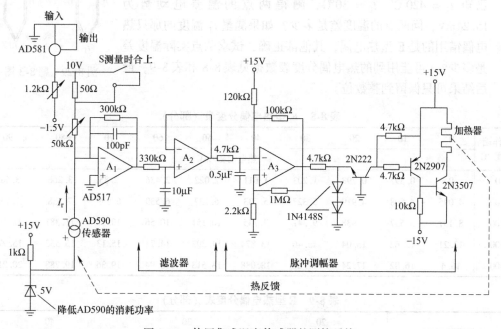

图 8-28 使用集成温度传感器的测控系统

## 8.5.2 测温注意事项

在进行温度测量时，由于测温方式和条件不同，往往会使测量结果与实际温度有所差异，为使测量温度尽量接近实际值，应注意下列几点：

1）在接触式测温中，测温元件必须与被测对象有很好的接触，以使两者均达到同一温度。

2）测温元件的热容量要小，不致破坏被测对象的温度场。特别是被测对象很小时更应注意这一点。

3）测量变化的温度时，应当用时间常数小的测温元件。

4）测温元件应当在被测对象中有一定的插入深度。在气体介质中，金属保护管插入深度应为保护管直径的 10 ~ 20 倍，非金属保护管应为其直径的 10 ~ 15 倍。

5）测温元件不能被介质腐蚀。

在应用非接触的辐射测温计的场合，被测对象必须处在完全辐射的状态下才能测得正确读数，否则须根据被测对象的有效辐射率和温度计的读数进行计算，以求得真实温度。此外，还应考虑辐射通道上的吸收。

## 8.6 习题

8-1 热电偶的工作原理是什么？

8-2 什么是中间导体定律、中间温度定律、标准导体定律和均质导体定律？

8-3 用两只 K 型热电偶测量两点温度，其连接线路如图 8-29 所示。已知 $t_1 = 420℃$，$t_0 = 30℃$，测得两点的温差电动势为 15.24mV，问两点的温度差是多少？如果测量 $t_1$ 温度的那只热电偶错用的是 E 型热电偶，其他都正确，试求两点实际温度差是多少？（可能用到的热电偶分度表数据见表8-8 和表8-9，最后结果可只保留到整数位）

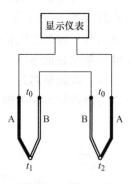

图 8-29　题 8-3 图

表 8-8　K 型热电偶分度表（部分）

| 工作端温度/℃ | 0 | 10 | 20 | 30 | 40 | 50 | 60 | 70 | 80 | 90 |
|---|---|---|---|---|---|---|---|---|---|---|
| | 热电动势/mV | | | | | | | | | |
| 0 | 0 | 0.397 | 0.798 | 1.203 | 1.611 | 2.022 | 2.436 | 2.85 | 3.266 | 3.681 |
| 100 | 4.095 | 4.508 | 4.919 | 5.327 | 5.733 | 6.137 | 6.539 | 6.939 | 7.338 | 7.737 |
| 200 | 8.137 | 8.537 | 8.938 | 9.341 | 9.745 | 10.151 | 10.56 | 10.97 | 11.381 | 11.793 |
| 300 | 12.21 | 12.62 | 13.04 | 13.46 | 13.874 | 14.292 | 14.71 | 15.13 | 15.552 | 15.974 |
| 400 | 16.4 | 16.82 | 17.24 | 17.66 | 18.088 | 18.513 | 18.94 | 19.36 | 19.788 | 20.214 |

表 8-9　E 型热电偶分度表（部分）

| 工作端温度/℃ | 20 | 30 | 40 |
|---|---|---|---|
| | 热电动势/mV | | |
| 0 | 1.192 | 1.801 | 2.419 |
| 400 | 30.546 | 31.350 | 32.155 |

8-4 将一支镍铬-镍硅热电偶与电压表相连，电压表接线端温度是50℃，若电位计上读数是 6.0mV，问热电偶热端温度是多少？

8-5 铂电阻温度计在 100℃时的电阻值为 139Ω，当它与热的气体接触时，电阻值增至 281Ω，试确定该气体的温度（设 0℃时电阻值为 100Ω）。

8-6 镍铬-镍硅热电偶的灵敏度为 0.04mV/℃，把它放在温度为1200℃处，若以指示表作为冷端，此处温度为 50℃，试求热电动势的大小。

8-7 将一灵敏度为 0.08mV/℃ 的热电偶与电压表相连，电压表接线端温度是 50℃，若电位计上读数是 60mV，求热电偶的热端温度。

8-8 使用 K 型热电偶，参考端温度为 0℃，测量热端温度为 30℃ 和 900℃ 时，温差电动势分别为 1.203mV 和 37.326mV。问当参考端温度为 30℃、测量点温度为 900℃ 时的温差电动势为多少？

8-9 热电阻有什么特点？

8-10 试分析三线制和四线制接线法在热电阻测量中的原理及其不同特点。

8-11 某热敏电阻，其热敏常数（B 值）为 2900K，若冰点电阻为 500kΩ，求该热敏电阻在 100℃ 时的阻抗。

# 第9章　检测技术中的硬件电路

被检测的信息需要通过传感器转换为电信号，即把被测信号转换成电压、电流或者电路参数（电阻、电容、电感、电荷、频率）等电信号的输出。其中电路参数需要进一步转化成电压或者电流；一般情况下电压/电流还需要进行放大操作，这部分需要由转换电路来实现。转换电路是信号的检测传感器与测量、记录仪表、计算机之间的重要桥梁。

在信号检测技术中，重点讨论电桥测量电路、电桥放大器、基本运算电路、集成仪表放大器、程控放大器、电荷放大器、隔离放大器、有源滤波器和电压/电流转换电路等在测试系统中经常用到的基本电路。掌握好本章的内容，对于后续各章中传感器输出信号的调理和放大等信号处理电路的理解十分重要。

## 9.1　电桥测量电路

在检测系统中，电桥是将电感、电阻、电容等电路参数变化转换为电压或者电流输出的一种测量电路。根据供桥电源，电桥可分为直流电桥和交流电桥。当电桥输出端接入仪表或者放大器输入阻抗过大，则可认为负载阻抗无穷大，称为电压桥；当输入阻抗与电阻匹配时满足其最大功率传输条件，则称电桥为功率桥或者电流桥。

### 9.1.1　电容式传感器的电桥测量电路

电容式传感器的电桥测量电路是将电容量转换成电量（电压或电流）的电路。其种类繁多，常见的有谐振电路、电桥电路、调频电路以及运算放大电路等，这里仅讨论电桥测量电路。

#### 1. 电容式传感器的基本电桥测量电路

图9-1a为单臂接法的桥式测量电路，电容 $C_1$、$C_2$、$C_3$、$C_x$ 构成电容桥的四臂，$C_x$ 为电容式传感器，高频电源经过变压器接到电容桥的一条对角线上，交流电桥平衡时，有

$$\frac{C_1}{C_2} = \frac{C_x}{C_3} \tag{9-1}$$

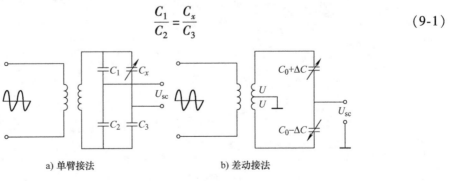

a) 单臂接法　　　　　　　　　　b) 差动接法

图9-1　电容式传感器的桥式测量电路

式中，$U_{sc}$ 为输出端空载（开路）电压。当 $C_x$ 改变时，$U_{sc} \neq 0$，有电压输出。该测量电路常用于自动料位测量系统中。

图 9-1b 为差动接法的桥式测量电路。电路中接有差动电容式传感器，其空载输出电压为

$$U_{sc} = \frac{(C_0 - \Delta C) - (C_0 + \Delta C)}{(C_0 + \Delta C) + (C_0 - \Delta C)}U = -\frac{2\Delta C}{2C_0}U = -\frac{\Delta C}{C_0}U \tag{9-2}$$

式中，$U$ 为工作电压的有效值；$C_0$ 为电容式传感器平衡状态的电容值；$\Delta C$ 为电容式传感器的电容变化值。该测量电路常用于尺寸自动检测系统中。

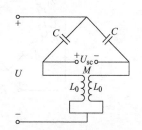

图 9-2　紧耦合电桥电路

2. 紧耦合电桥电路

差动电容式传感器紧耦合电桥电路如图 9-2 所示，两个电容 $C$ 是电容式传感器。

在紧耦合系数 $K_c = 1$ 及高阻抗（$Z_0 \to \infty$）情况下，此电桥电路的空载输出电压为

$$U_{sc} = -\frac{\Delta C}{C}U \frac{1 - 2\omega^2 L_0 C}{1 - \omega^2 L_0 C - (1/4\omega^2 L_0 C)} = -\frac{\Delta C}{C}U \frac{4\omega^2 L_0 C}{2\omega^2 L_0 C - 1} \tag{9-3}$$

若两 $L_0$ 完全不耦合，$K_c = 0$ 时，可得

$$U_{sc} = -\frac{\Delta C}{C}U \frac{1}{1 - \frac{1}{2}\left[\omega^2 L_0 C + (1/4\omega^2 L_0 C)\right]} = \frac{\Delta C}{C}U \frac{2\omega^2 L_0 C}{2\omega^2 L_0 C - 1} \tag{9-4}$$

## 9.1.2　电感式传感器的电桥测量电路

当供桥电源为交流电时，电桥为交流电桥。交流电桥的桥臂除了有电阻外，还有电容或者电感。交流电桥是电感式传感器的主要测量电路，它的作用是将线圈电感的变化转换成电桥电路的电压或电流输出。常用交流电桥的形式有电阻平衡臂电桥、变压器式电桥和紧耦合电感臂电桥三种。

1. 电阻平衡臂电桥

电阻平衡臂电桥如图 9-3a 所示，$Z_1$、$Z_2$ 为传感器阻抗，且 $Z_1 = R_1 + j\omega L_1$，$Z_2 = R_2 + j\omega L_2$。若 $R_1 = R_2 = R$，$L_1 = L_2 = L$，则有 $Z_1 = Z_2 = Z = R + j\omega L$。由于电桥工作臂是差动形式，则在工作时，$Z_1 = Z + \Delta Z$，$Z_2 = Z - \Delta Z$，当 $Z_L \to \infty$ 时，电桥的输出电压为

$$U_o = \frac{Z_1}{Z_1 + Z_2}U - \frac{R}{R_1 + R_2}U = \frac{Z_1 \times 2R - R(Z_1 + Z_2)}{(Z_1 + Z_2) \times 2R}U = \frac{U}{2}\frac{\Delta Z}{Z} \tag{9-5}$$

当 $\omega L = R$ 时，式（9-5）可近似为

$$\dot{U}_o = \frac{\dot{U}}{2}\frac{\Delta Z}{Z} \approx \frac{\dot{U}}{2}\frac{\Delta L}{L} \tag{9-6}$$

由式（9-6）可以看出，交流电桥的输出电压与传感器线圈电感的相对变化量成正比。

2. 变压器式电桥

变压器式电桥如图 9-3b 所示，它的平衡臂为变压器的两个二次绕组，当负载阻抗无限

大（负载开路），输出电压为

$$\dot{U}_{o} = Z_2 I - \frac{\dot{U}}{2} = \frac{\dot{U}}{Z_1 + Z_2} Z_2 - \frac{\dot{U}}{2} = \frac{\dot{U}}{2} \frac{Z_2 - Z_1}{Z_1 + Z_2} \tag{9-7}$$

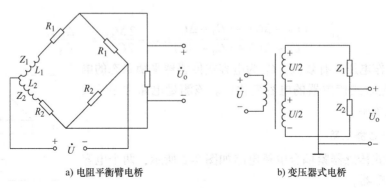

a) 电阻平衡臂电桥　　　　　　　　　　b) 变压器式电桥

图 9-3　交流电桥的两种常用形式

由于是双臂工作形式，当衔铁下移时，$Z_1 = Z - \Delta Z$，$Z_2 = Z + \Delta Z$，则

$$\dot{U}_{o} = \frac{\dot{U}}{2} \frac{\Delta Z}{Z} \tag{9-8}$$

同理，当衔铁上移时，则有

$$\dot{U}_{o} = -\frac{\dot{U}}{2} \frac{\Delta Z}{Z} \tag{9-9}$$

可见，输出电压反映了衔铁位移的大小及方向。由于是交流信号，还要经过适当电路处理才能判别衔铁位移的大小及方向。

**3. 紧耦合电感臂电桥**

图 9-2 电路中的两个电容 $C$ 由传感器两个阻抗 $Z$ 替换，就构成了紧耦合电感臂电桥电路。它以差动电感式传感器的两个线圈作为电桥工作臂，而紧耦合的两个电感作为固定臂组成电桥电路。采用这种测量电路可以消除与电感臂并联的分布电容对输出信号的影响，使电桥平衡稳定，另外简化了接地和屏蔽的问题。

## 9.1.3　电桥放大器

由传感器输出的信号通常需要进行电压放大或者功率放大以便对信号进行检测。所谓电桥放大电路是由电桥和运算放大器组成，用于电参量式传感器，如电感式、电阻应变式、电容式传感器等，经常通过电桥转换电路输出电压或电流信号，并用运算放大器做进一步放大，或由传感器和运算放大器直接构成电桥放大电路，输出放大了的电压信号。

放大器种类较多，使用时需要根据被测物理量的性质不同合理选择，如对非周期性、变化缓慢的微弱信号（如热电偶测温时的热电式信号），可选用直流放大器或者调制放大器。对压电式传感器常配有电荷放大器。放大器广泛应用于微弱信号检测装置和工业化变送器中，其实际形式有很多种，常见的电桥放大电路是由电参量式传感器电桥和运算放大器组成的电路。根据电桥的输出形式，放大电路有单端输入和差动输入两类。

差动输入电桥放大器电路如图 9-4 所示。桥路中只用了一个变臂 $R + \Delta R$，$E$ 是一个高稳定直流电压源，c 点电压为 $\dfrac{E}{2}$，$u_a$ 与 $u_c$ 等电位，a 点电位与输出电压 $u_o$ 之差由 $\Delta R$ 产生。由此可见，放大器输出电压 $u_o$ 与变臂电阻值的相对变化成正比。只要适当调节基准电压 $E$ 和 $R_f$ 的大小，就能调节电路的变换灵敏度，使用起来比较方便。

在物理量的测量中，经常要用到电桥电路。为了获得压力、温度以及应变等物理量的信息，常把传感元件（如电阻应变片）接入电桥的一个臂，作为检测元件。在正常情况下，令桥的四臂电阻相等，当压力变换引起传感元件阻值变化 $\Delta R$ 时，检测元件的电阻将变为 $R + \Delta R$，电桥的输出电压也随之变化。但是这一输出电压往往很微弱（一般为毫伏量级），需要经过

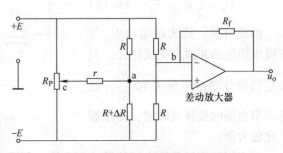

图9-4　差动输入电桥放大器电路

放大才能满足测量（或显示、控制）的需要。为此，在电桥后面接一个运算放大器，两者组合而构成最基本的电桥放大器。

设电路满足 $R_f \gg R$ 条件，可得

$$u_o = \frac{E}{2}\,\frac{\Delta R}{R}\,\frac{R_f}{R}$$

设传感元件电阻的相对变化为 $\delta = \dfrac{\Delta R}{R}$，则

$$u_o = \frac{E}{2}\,\frac{R_1}{R}\delta \tag{9-10}$$

式(9-10) 说明输出电压与传感元件阻抗的相对变化成正比。如果 $\delta$ 与被测物理量的函数关系已知，则由输出电压 $u_o$ 即可测得该物理量。

必须指出，为了提高电桥放大器的检测精度，不能选用一般的运算放大器，如 F007，应当选用超低失调的运算放大器，如 OP-07，或者选用由 OP-07 构成的高输入、高 CMRR 的仪表放大器。例如，利用 AD521 集成仪表放大器组成的差动输入电桥放大器，如图 9-5 所示。这是一

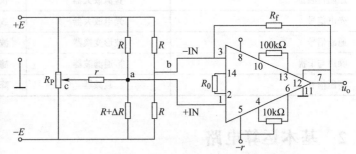

图9-5　利用 AD521 集成仪表放大器组成的
差动输入电桥放大器电路

个具有较高检测精度的电桥放大器。双运算放大器电桥放大器如图9-6所示。

桥路中只用了变臂 $R + \Delta R$，$E$ 是一个高稳定直流电压源，c 点电压为 $\dfrac{E}{2}$，$U_a$ 与 $U_c$ 等电位，则

$$U_{ab} = U_a - U_b = \frac{1}{2}E + \frac{R_f}{R_e}U_o \tag{9-11}$$

169

由于 a 点电位与输出电压 $U_o$ 之差由 $\Delta R$ 产生，根据理想运算放大器的概念有

$$U_o = \frac{1}{2}E\frac{R_f}{R}\frac{\Delta R}{R} \quad (9\text{-}12)$$

由此可见，放大器输出 $U_o$ 与变臂电阻值的相对变化成正比。只要适当调节基准电压 $E$ 和 $\frac{R_f}{R_1}$，就能调节电路的变换灵敏度，使用起来比较方便。

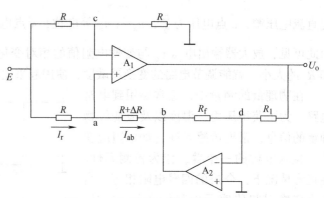

图 9-6　双运算放大器电桥放大器电路

在实际的测试系统中，信号检测变换电路可以是一个专用的测量模块，也可是一台检测仪器。表 9-1 列举了一些常见的信号检测调理器和仪器。实际工程测试中可按实际情况直接选用专用检测调理装置。

表 9-1　常见的信号检测调理器和仪器

| 传感器及被测信号 | 信号检测调理器和仪器名称 | 作　用 |
|---|---|---|
| 应变传感器（力、加速度、扭矩等），输出为应变信号 | 静、动态应变仪<br>数字式应变仪<br>自动平衡应变仪 | 提供电桥电源，放大、相敏检波滤波、标定等 |
| 压电式传感器 | 电荷放大器<br>电压放大器 | 阻抗变换、电压放大滤波标定等 |
| 电容、电感式传感器 | 载波放大器 | 供电桥电源、放大 |
| 热电动势 | 直流放大器 | 电压、功率放大 |
| 压阻传感器 | 直流放大器 | 供电桥电源、放大 |
| 光电信号 | 光电放大器 | 放大、整形、输出脉冲 |
| 通断信号 | 波形变换器 | 波形变换、输出脉冲 |
| 噪声与干扰 | 带通滤波器 | 滤波 |
| 高压信号 | 衰减器 | 降压 |

## 9.2　基本运算电路

在放大电路中，运算放大器被广泛运用，其特点是增益大、可靠性高、输入阻抗高、价格低、使用方便。理想的运算放大器具有开环增益无穷大、输入阻抗无穷大、带宽无穷、输出阻抗为零、干扰噪声为零等特点。虚短路、虚开路的概念对实际运算放大器也是适用的，因此在通常情况下实际运算放大器都可以视为理想情况。将运算放大器的放大电路接上一定的反馈电路和外接元件，就可以实现各种数学运算电路。运算放大器有反相输入、同相输入和双端输入三种输入方式，同时其反馈电路也有多种形式。

## 9.2.1 比例运算电路

比例运算电路可分为反相比例运算电路和同相比例运算电路两种。

**1. 反相比例运算电路**

反相比例运算电路如图9-7所示。对于理想运算放大器，根据虚短路、虚开路的概念，该电路的输出电压与输入电压之间的关系为

$$U_o = -\frac{R_f}{R_1}U_i \qquad (9-13)$$

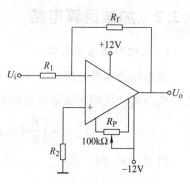

图9-7 反相比例运算电路

为了减少输入级偏置电流引起的运算误差，在同相输入端应接入平衡电阻 $R_2 = R_1 // R_f$。$R_P$ 为调零电位器，即当输入信号为零、输出信号不为零时，通过调节 $R_P$ 使输出信号为零。

**2. 同相比例运算电路**

同相比例运算电路如图9-8所示，其输出电压与输入电压之间的关系为

$$U_o = \left(1 + \frac{R_f}{R_1}\right)U_i \qquad (9-14)$$

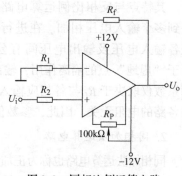

图9-8 同相比例运算电路

**3. 电压跟随器与反向器**

在图9-8电路中，当 $R_1$ 断开，即 $R_1 \to \infty$ 时，由式(9-13)有

$$U_o = U_i \qquad (9-15)$$

即得到如图9-9所示的电压跟随器。$R_f$ 用以减小零点漂移和起保护作用，$R_2 = R_f$。一般 $R_f$ 取 10kΩ，$R_f$ 太小起不到保护作用，太大则会影响跟随性。

只要把电压跟随器的输入信号放在"−"端，就形成一个反向器，如图9-10所示。该电路的输出电压与输入电压之间的关系为

$$U_o = -U_i \qquad (9-16)$$

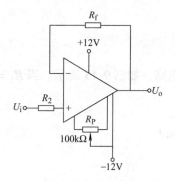

图9-9 电压跟随器

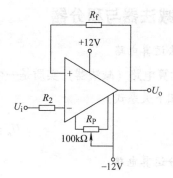

图9-10 反向器

171

### 9.2.2 加法运算电路

**1. 反相加法运算电路**

反相加法运算电路如图 9-11 所示，输入端的个数可根据需要进行调整，其中电阻 $R_3 = R_1 // R_2 // R_f$。反相加法运算电路的输出电压与输入电压的关系为

$$U_o = -\left(\frac{R_f}{R_1}U_{i1} + \frac{R_f}{R_2}U_{i2}\right) \tag{9-17}$$

当 $R_1 = R_2$ 时，则有

$$U_o = -\frac{R_f}{R_1}(U_{i1} + U_{i2}) \tag{9-18}$$

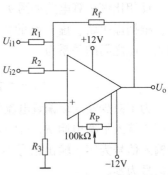

图 9-11 反相加法运算电路

其特点与反相比例运算电路相同。该加法器还可以扩展到多个输入电压相加。在进行电压相加的同时，仍能保证各输入电压及输出电压间有公共的接地端，使用方便。由于"虚地"点的隔离作用，输出 $U_o$ 与各个输入端间的比例系数仅取决于 $R_f$ 与各相应输入回路的电阻之比，而与其他各路的电阻无关。因此，参数值的调整比较方便。

**2. 同相加法运算电路**

同相加法运算电路也称为正加法器，其电路如图 9-12 所示。图中 $R' = R_1 // R_2 // R_3 // R_f$。当 $R_1 = R_2 = R_3$ 时，同反相加法运算电路一样求法，可得

$$U_o = \frac{R_f}{R_1}(U_{i1} + U_{i2}) \tag{9-19}$$

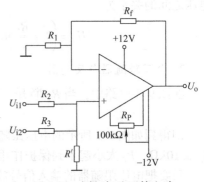

图 9-12 同相加法运算电路

同相加法运算电路的调节不如反相加法运算电路，而且其共模输入信号大，应用不是很广泛。同理，同相比例运算电路也很少应用。在实际工程中，如果需要正加法器（或正比例器），只在反相加法器（或反相比例器）后面级联一个反相器即可。

### 9.2.3 减法器与积分器

**1. 减法运算电路**

减法运算电路（减法器）实质是一个差动放大电路，如图 9-13 所示。当 $R_1 = R_2$，$R_3 = R_f$ 时，有如下关系式：

$$U_o = \frac{R_f}{R_1}(U_{i1} - U_{i2}) \tag{9-20}$$

**2. 积分运算电路**

反相积分电路（积分器）如图 9-14 所示。在理想条件下，输出电压为

$$u_o(t) = -\frac{1}{R_1 C}\int_0^1 u_i dt + u_C(0) \tag{9-21}$$

式中，$u_C(0)$ 为电容 $C$ 的初始电压值。

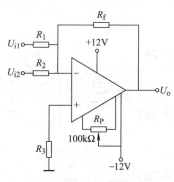

图9-13 减法运算电路

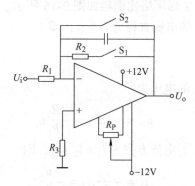

图9-14 积分运算电路

如果输入信号 $u_i(t)$ 是幅值为 $E$ 的阶跃电压，并设 $u_C(0) = 0$，则

$$u_o(t) = -\frac{1}{R_1 C} \int_0^1 E\mathrm{d}t = \frac{E}{R_1 C}t \tag{9-22}$$

即输出电压 $u_o(t)$ 随时间增长而线性增加。显然 $R_1 C$ 的数值越大，达到给定的 $U_o$ 值所需的时间就越长。积分输出电压所能达到的最大值受集成运算放大器最大输出范围的限制。

在进行积分运算之前，首先应对运算放大器调零。为了便于调节，将图9-14 中开关 $S_1$ 闭合，即通过电阻 $R_2$ 的负反馈作用帮助实现调零。但在完成调零后，应将 $S_1$ 打开，以免因 $R_2$ 的接入造成积分误差。$S_2$ 的设置一方面为积分电容放电提供通路，同时可实现积分电容初始电压 $u_C(0) = 0$；另一方面，可控制积分的起始点，即在加入信号 $u_i(t)$ 后，只要 $S_2$ 断开，电容将被恒流源充电，电路也就开始进行积分运算。

积分运算电路利用电容的充放电来实现积分运算，实际的积分电路不可能是理想的，常常出现积分误差。主要原因是实际集成运算放大器的输入失调电压、输入偏置电流和失调电流的影响，以及实际的电容存在漏电流等。

**3. 加减法运算电路**

利用反相输入和同相输入所导致的输出电压的符号变化，可以实现信号的加减法运算关系。加减法运算电路如图9-15 所示。容易求得输出电压与输入电压的关系为

$$U_o = U_{i1} + U_{i2} - U_{i3} \tag{9-23}$$

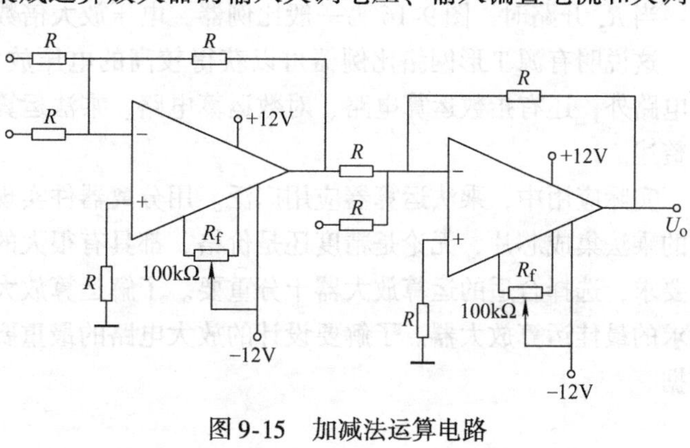

图9-15 加减法运算电路

这种电路由于使用双运算放大器，很方便调试电路。

## 9.2.4 有源 T 形网络比例器

在高比例系数、高输入电阻的情况下，一般负比例器很难做到。例如，当 $R_1 = 100\mathrm{k}\Omega$、比例系数为 100 时，由式(9-20) 可知，$R_f = 10\mathrm{M}\Omega$，而获得性能稳定且阻值为 $10\mathrm{k}\Omega$ 的电阻

173

是很困难的。有源 T 形网络比例器可以替代一般比例器，达到高比例系数和高输入阻抗之目的。有源 T 形网络比例器如图 9-16 所示。

节点 N 的电流方程为 $i_1 = i_2$，即

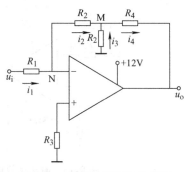

$$\frac{u_i}{R_1} = -\frac{u_N}{R_2} \tag{9-24}$$

节点 M 的电压为

$$u_N = -i_2 R_2 = -\frac{R_2}{R_1} u_i \tag{9-25}$$

节点 M 的电流方程为 $i_4 = i_2 + i_3$，而

$$i_3 = -\frac{u_N}{R_3}, i_4 = -\frac{u_o}{R_4} \tag{9-26}$$

图 9-16　有源 T 形网络比例器

由式(9-25)、式(9-26) 可得

$$u_0 = -i_2 R_2 - i_4 R_4 = -\frac{u_i}{R_1} R_2 - \left(\frac{u_i}{R_1} + \frac{R_2}{R_1 R_3} u_i\right) R_4 = -\left(\frac{R_2 + R_4}{R_1} + \frac{R_2 R_4}{R_1 R_3}\right) u_i \tag{9-27}$$

电压放大倍数（比例系数）为

$$A_{uT} = \frac{u_o}{u_i} = -\frac{R_2 + R_4}{R_1} = -\frac{R_f}{R_1} \tag{9-28}$$

式中，$R_f = R_2 + R_4$。

有源 T 形网络比例器的输入阻抗为

$$R_{in} \approx R_1 + \frac{R_2 R_3}{R_2 + R_3} \tag{9-29}$$

若 $R_1 = R_2 = R_4 = 500 \mathrm{k\Omega}$，$R_3 = 1 \mathrm{k\Omega}$，则有

$$A_u = -2; A_{uT} = -502; R_{in} \approx 501 \mathrm{k\Omega}$$

当 $R_3$ 开路时，图 9-16 为一般比例器，电压放大倍数为 $A_u = -2$。

这说明有源 T 形网络比例器可以获得较高的电压放大倍数和输入电阻，除上述基本运算电路外，还有指数运算电路、对数运算电路、乘法运算电路、除法运算电路等，这里将不再赘述。

实际应用中，乘法运算器应用广泛。用分离器件实现的乘法运算器，其精度不高。而专用的乘法集成芯片，无论是精度还是价格，都具有很大的优越性。所以根据对放大电路的设计要求，选择合适的运算放大器十分重要。了解运算放大器的制造工艺有助于选择符合设计要求的最佳运算放大器。了解要设计的放大电路的最重要参数，也是选择运算放大器的重要依据。

## 9.3　信号放大电路

运算放大器对微弱信号的放大仅适用于信号回路不受干扰的情况。在测量控制系统中，用来放大传感器输出的微弱电压、电流或电荷信号的放大电路称为测量放大电路，亦称仪用放大电路，或称信号放大电路。传感器工作环境复杂，在其两条输入线上经常产生较大的干扰信号，有时是完全相同的共模干扰。对微弱信号及具有较大共模干扰的场合，可采用信号

放大电路进行放大。

信号放大电路有两方面的功能：

1）能将微弱的电信号增强到所需的数值（即放大电信号），以便于测量和使用。检测外部物理信号的传感器所输出的电信号通常很微弱，如在细胞生物电实验中所检测到的细胞膜离子单通道电流甚至只有皮安（pA，$10^{-12}$A）量级。对这些能量过于微弱的信号，既无法直接显示，一般也很难做进一步分析处理。若要对信号进行数字化处理，必须把信号放大到数百毫伏量级才能被一般的模/数转换器所接受才能用数字式仪表或传统的指针式仪表显示出来。

2）某些电子系统需要输出较大的功率，如家用音响系统，往往需要把声频信号功率提高到数瓦或数十瓦。而输入信号的能量较微弱，不足以推动负载，因此需要给放大电路另外提供一个直流能源，通过输入信号的控制，使放大电路能将直流能源的能量转化为较大的输出能量，去推动负载。这种小能量对大能量的控制作用就是放大的本质。

对信号放大电路的基本要求包括：输入阻抗应与传感器输出阻抗相匹配；一定的放大倍数和稳定的增益；低噪声；低的输入失调电压和输入失调电流以及低的漂移；足够的带宽和转换速率；高共模输入范围和高共模抑制比；可调的闭环增益；线性好、精度高；成本低。

信号放大电路的性能指标包括：开环增益 $K$；闭环增益 $K_f$；差模增益 $K_d$；共模增益 $K_c$；输入失调电压 $u_{os}$；输入失调电流 $I_{os}$；零点漂移；共模抑制比 $CMRR(=K_d/K_c)$ 等。在具体放大电路的设计中，不可能使所有性能指标达到最佳，只能根据需要有所侧重。

## 9.3.1  集成仪表放大器

### 1. 问题的提出

运算放大器对微弱信号的放大只适用于信号回路不受干扰的情况。但是，传感器的工作环境往往比较复杂和恶劣，传感器的两条输出线上经常产生较大的干扰信号（噪声），特别是共模干扰。而一般运算放大电路对共模干扰信号抑制作用不理想，为此，需要引入另一种形式的放大器，即所谓仪表放大器，或称为测量放大器、仪表放大器、数据放大器。它广泛应用于传感器的信号放大，特别是微弱信号及具有较大共模干扰信号的场合。

仪表放大器除了能放大信号外，还担负着阻抗匹配和抑制共模干扰信号的任务，对它的基本要求有高共模抑制比、高速度、宽频带、高精度、高稳定性、高输入阻抗、低输出阻抗和低噪声。

### 2. 仪表放大器的组成与电路原理

图9-17中点划线框为仪表放大器的电路原理图。仪表放大器常采用3个运算放大器的形式，第一级为两个运算放大器（$A_1$、$A_2$）组成的具有电压负反馈的电路，这部分电路具有双端输入、双端输出的特点；第二级为差动放大器（$A_3$），将双端输入转换为单端输出。美国模拟器件公司（ADI）生产的 AD521 仪表放

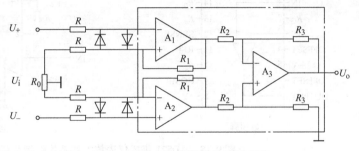

图9-17  仪表放大器的电路原理图

175

大器就是采用图 9-17 中的电路形式。

为小信号放大和其他数据采集系统设计的高精度仪表放大器，它将 3 个运算放大器和经激光修正的精密电阻集成在一个单芯片上，保证可增益精度和温度的稳定性。

图 9-17 中电路左半部分（虚框外部）为集成仪表放大器的外接电路，其中 4 个二极管起电压限幅作用，4 个电阻 $R$ 起限流作用，都是为保护 $A_1$、$A_2$ 两个运算放大器而设计的。此电路的增益由外接电阻 $R_0$ 决定，由于限流电阻 $R$ 比 $R_1$、$R_2$、$R_3$ 小得多，忽略不计 $R$ 时，仪表放大器的电压增益为

$$A_u = \frac{U_o}{U_i} = \frac{R_3}{R_2}\left(1 + 2\frac{R_1}{R_0}\right) \tag{9-30}$$

式（9-30）中，$R_1$、$R_2$、$R_3$ 等电阻经过激光修正，绝对值精度很高，这些电阻的精度和温度稳定性将影响仪表放大器的增益的精度和漂移。外部电阻 $R_0$ 的精度和温度稳定性对增益的精度和温度稳定性的影响可直接从增益表达式得到。减少外部电阻的阻值可获得较大的增益，但会受到接线电阻的影响，当增益为 100 或更大时，插座和接线电阻将增加增益误差。

在实际应用时，如电源含有噪声或输出阻抗较高时，应尽可能地将滤波电容靠近器件的电源引脚。电路的输出参考地为真正的地，必须是低阻抗的，以保证抗共模干扰信号的特性。

在集成仪表放大器问世之前，常采用普通的运算放大器构成上述仪表放大器电路，此时必须保证所用的电阻阻值的对称性和高精度、低温度系数，否则电阻的误差将影响电路的性能。

### 3. 集成仪表放大器的引脚与外接电路

目前，国内外已有不少厂家生产集成仪表放大器芯片，如美国 ADI 公司生产的 AD521 型、AD522 型、AD612 型、AD605 型集成仪表放大器等。国产集成仪表放大器芯片有 7650ZF605 型、ZF603 型、ZF604 型、ZF606 型等。其中，7650ZF 系列芯片是高精度、低漂移和自动调零的放大器，应用很广泛。

图 9-18a 为 AD521 集成仪表放大器芯片的引脚，图 9-18b 为 AD521 的外接电路，图 9-18b 中 10kΩ 电位计起调零作用。仪表放大器的电压增益为

$$A_u = \frac{U_o}{U_i} = \frac{R_o}{R_0} \tag{9-31}$$

增益的调节范围为 $1 \sim 1000$，$R_s = (1 \pm 15\%)100\text{k}\Omega$。

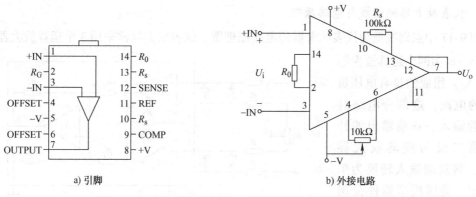

a) 引脚  b) 外接电路

图 9-18  AD521 集成仪表放大器芯片引脚及其外接电路

## 9.3.2　程控增益放大器

### 1. 程控增益放大器的基本概念

在数据采集和测量系统中，为了实现智能化的测量，必须根据测试对象的实际情况改变信号调理器的某些指标，最常见的是改变信号的放大倍数（增益）或滤波器的频率特性。电路的放大倍数或滤波器的频率特性由电路中电阻和电容的值所决定，改变其值即能改变其特性。程控增益放大器或滤波是指通过微处理器的输出接口设置放大器或滤波器的参数，进而改变电路的特性。具体方法是通过微处理器输出接口产生的数字量控制模拟开关，如模拟开关上连接了不同的电阻或电容，则电路的放大倍数或滤波器的频率特性将随之发生变化。

程控增益放大器主要解决电磁流量计量程自动转换的问题，同时利用增益控制方法有效削弱微分干扰峰值使放大器过载的问题，便于信号处理，提高抗微分干扰的能力。

程控增益放大器分为两大部分：译码选通部分，选通指定的放大器并存储放大倍数；放大器部分，按照指定的放大倍数进行放大。

程控增益放大器的主要技术要求有：

1）可产生单脉冲、双脉冲、串脉冲、定时、自动等系列刺激模式。

2）脉冲参数：刺激幅度：恒压 $0 \sim 50V$ 或恒流 $0 \sim 10mA$；延时：$0.1 \sim 1000ms$；波间隔：$0.1 \sim 1000ms$；波宽：$0.1 \sim 1000ms$；频率：$1 \sim 3000Hz$；最大脉冲输出电流：$100mA$。

3）输出方式有正电压、负电压、正电流、负电流。

模拟开关用数字量控制模拟信号的通断。在模拟信号导通时，电路产生一定的导通电阻，导通电阻至少十几欧姆，多则几百欧姆；在模拟信号断开时，电路里流过泄漏电流，泄漏电流通常小于 $\pm 0.1\mu A$。同时模拟开关对数字量的变化还有响应时间的问题，这将影响到开关的最大工作频率，而且对多通道的开关，在通道之间还有隔离度的指标。

当模拟开关用作控制放大器的增益时，应避免导通电阻对增益的影响，如图 9-19a 所示，电路采用负反馈连接，利用改变反馈电阻的方法改变增益，但反馈电阻的阻值包含了模拟开关的导通电阻，因而会影响增益的准确性和稳定性。合理的方法是将模拟开关的导通电阻连接在不影响增益的回路上，如图 9-19b 所示，该电路的增益由外接电阻决定，因而模拟开关的导通电阻不影响电路的增益。

177

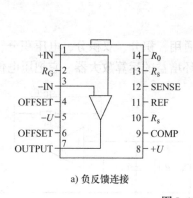

a) 负反馈连接

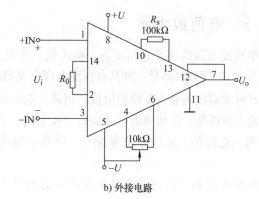

b) 外接电路

图 9-19　程控增益放大器基本原理

2. 同相程控增益放大器的电路分析

程控增益放大器的输入、输出信号可以为同相，也可以为反相，现以同相程控增益放大器为例，讨论程控增益放大器的电路分析方法。

同相程控增益放大器电路如图9-20所示。其输入电阻为$R_0$，反馈电阻$R_i(i=1, 2, \cdots, N)$随开关闭合状态不同而不同，其增益也在改变。当第$n$个开关$S_n$闭合时，电压放大倍数为

$$A_u = \frac{u_o}{u_i} = \frac{\sum\limits_{n=1}^{N} R_n}{R_0} \quad (1 \leqslant n \leqslant N) \tag{9-32}$$

电阻网络设计公式为

$$R_n = R_0 (A_n - A_{n-1}) \quad (1 \leqslant n \leqslant N) \tag{9-33}$$

当所有电阻相同时，$A_n = n$。这种程控增益放大器在制造和时间跟踪上都有突出的优点。另一种同相程控增益放大器电路如图9-21所示。当第$n$个开关$S_n$闭合时，电压放大倍数为

$$A_u = \frac{u_o}{u_i} = 1 + \frac{R_0}{R_n} \quad (1 \leqslant n \leqslant N) \tag{9-34}$$

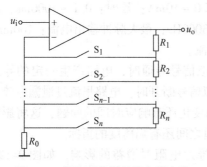

图9-20　同相程控增益放大器电路

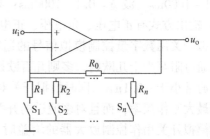

图9-21　另一种同相程控增益放大器电路

在实际工程中，往往使用集成程控增益放大器，如PGA204型、PGA205型等。其中，PGA204型为十进制增益（1，10，100，…）集成程控增益放大器，PGA205型为二进制增益（1，2，4，…）集成程控增益放大器。

## 9.3.3　电荷放大器

电荷放大器的特点是精度高、噪声低、种类齐全（通用、积分、双积分、电压积分、差动输入）。电荷放大器是一种具有深度电容负反馈的高开环增益的运算放大器。它把压电传感器的高输出阻抗转变为低输出阻抗，把输入电荷量转变为输出电压量，把传感器的微弱信号放大到一个适当的规一化数值，适用于测量振动、冲击、压力等参数。

电荷放大器的作用是将电荷源产生的电荷引入负反馈电容$C_f$，在运算放大器的输出端得到与被测量相对应的输出电压。电荷放大器的电路如图9-22

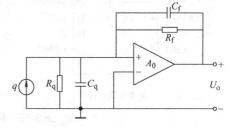

图9-22　电荷放大器电路

所示，电路中 $R_q$、$C_q$ 为传感器产生的电荷源具有的等效内阻参数，其中等效内阻 $R_q$ 值很大，压电传感器的等效电容 $C_q$ 相对于反馈电容 $C_f$ 可以忽略，$R_f$ 为提高放大器的稳定性而引入的直流负反馈电阻。

由上可得电荷放大器输出电压 $U_o$ 的表达式为

$$U_o = -\mathrm{j}\omega q A_0\left(R_{fl}//\frac{1}{\mathrm{j}\omega C_{fl}}\right) = \frac{-\mathrm{j}\omega q A_0}{(1+A_0)\left(\mathrm{j}\omega C_f + \dfrac{1}{R_f}\right)} \approx \frac{-\mathrm{j}\omega q}{\mathrm{j}\omega C_f + \dfrac{1}{R_f}} \tag{9-35}$$

式中，$C_{fl} = (1+A_0)C_f$；$R_{fl} = \dfrac{R_f}{1+A_0}$。适当地选择 $R_f$，使得 $\omega C_f \gg \dfrac{1}{R_f}$ 时，则式（9-35）可化简为

$$U_o = -\frac{q}{C_f} \tag{9-36}$$

式（9-36）表明，电荷放大器的输出电压与压电传感器产生的电荷成正比。

压电传感器的输出端接运算放大器的输入端，与运算放大器的（差动）输入电阻并联。为避免本应输出到 $C_f$ 上的有限的电荷被运算放大器输入电阻分流，要求用于电荷放大器的运算放大器的输入电阻特别高（$10^{10}\Omega$ 以上）。适合用于电荷放大器的运算放大器有 TL081/82/84 型、CA3140 型、TLC2254 型等。

还需要注意的是电荷放大器输入端要加过载保护电路，否则在传感器过载时会产生过高的电压。表 9-2 列出了常用集成电荷放大器的特点。

表 9-2　常用集成电荷放大器的特点

| 型　号 | 特　点 |
|---|---|
| SD1431 | 单通道电荷放大器，体积小、方便测试；相当于 BK2626 型；精度高、稳定性好；可有效测试 0.001mV 的微弱信号；传感器灵敏度调节采用数字拨码开关 |
| SD1432 | 六通道组合型电荷放大器；技术指标与 SD1431 型完全相同 |
| SD1434 | 六通道组合双积分电荷放大器；传感器灵敏度调节采用进口拨码开关，长期稳定可靠 |
| SD1435 | 六通道组合双积分电荷放大器，三个波段开关调节传感器的灵敏度，长期稳定可靠 |
| SD1436 | 三通道组合电荷电压积分放大器，可同时接加速度、速度两种传感器，可以测量加速度、速度、位移信号 |
| SD1437 | 双通道组合电荷电压放大器，体积小；传感器灵敏度调节采用进口拨码开关；有高阶低通滤波器，可以以倍频程（>120dB）的速率有效地滤出无用信号 |
| SD1438 | 超小型 18 通道组合电荷放大器，进口拨码开关，长期稳定可靠；带有集中模拟输出端口，可直接连接采集板卡 |
| SD1439 | 小型坚固型电荷放大器，适应于恶劣环境下，作为前置放大器；密封、防潮、耐湿、抗振；量程与频率范围可按用户要求设置 |
| SD1440 | 六通道组合精密型电荷放大器，相当于 BK2650 型；精度高，性能长期稳定可靠，采用进口的四位传感器灵敏度调节开关；多用作标准仪器使用，仪器的不准确度小于 0.5% |
| SD1443 | 差动输入型电荷放大器；输入端必须连接差动压电加速度传感器 |
| SD1445 | 超低频测试；准静态电荷放大器；用来测量准静态力或动态力 |

### 9.3.4 隔离放大器

模拟信号隔离（或称电隔离）是指在信号源和通常用于放大信号的电路之间插入一个电阻性阻挡层。隔离放大器可应用于高共模电压环境下的小信号测量，对被测对象和数据采集系统予以隔离，从而可以提高共模抑制比，同时保护电子仪器设备和人身的安全。隔离放大器分为输入级和输出级两个部分，这两部分的地线相互独立，信号通过不同的耦合方式从输入级传输到输出级，常用的传输方式有变压器耦合、电容耦合和光电耦合三种。

隔离放大器主要应用于模拟信号数据采集、隔离传输及供电、工业现场信号隔离传输及变换、地线干扰抑制、信号远程无失真传输、仪器仪表与传感器信号的隔离变换、电力设备及医疗仪器安全隔离等。

#### 1. 变压器耦合隔离放大器

采用变压器耦合的隔离放大器对输入级的直流或交流信号进行调制，利用变压器将其耦合到输出级，然后进行解调恢复为模拟信号。Burr Brown 公司的 3656 型隔离放大器如图 9-23 所示，它是将信号与电源隔离电路集成在一个芯片上的隔离放大器。该器件通过一个小型变压器将信号与电源隔离。脉冲发生器产生约 750kHz 的脉冲波施加到变压器 $T_1$，此脉冲波信号有两个用途：一是用来产生电源；另一个作用是信号传输。在产生电源时，脉冲波信号通过线圈 $W_2 \sim W_5$ 由二极管 $VD_1 \sim VD_4$ 整流，产生输入和输出级的正负电源。在作为信号传输时，频率为 750kHz 的脉冲波信号被调制器与输入信号调制后施加到线圈 $W_2$，此调制信号被线圈 $W_6$、$W_7$ 耦合到两个匹配的解调器，一个在输入级，另一个在输出级，两个解调器产生相同的电压。在输入级，输入放大器 $A_1$ 侧的调制器和输入解调器接成负反馈形式，迫使 6 引脚上的电压与连接到 7 引脚的输入信号电压相同，由于输入与输出解调器匹配且产生相同样的电压，在 11 引脚上的电压与 10 引脚的电压相同。在输出级，输出运算放大器 $A_2$ 是单元增益缓冲器，因而在 15 引脚上的电压与 11 引脚解调器输出的电压相同，最终 7 引脚的输入信号不失真地在 15 引脚上输出，此放大器的测试隔离电压可达 8kV。

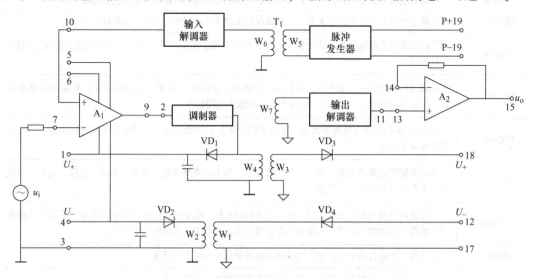

图 9-23　变压器耦合的隔离放大器 3565 型结构图

变压器耦合隔离放大器的问题是放大器本身构成了一个电磁辐射源，如果周围的电路对电磁辐射敏感，就应设法予以屏蔽。根据调制的振荡频率应在器件封装上专门为它设计屏蔽罩。

**2. 集成隔离放大器**

集成隔离放大器以 ISO 系列隔离放大器为例进行讨论。ISO 系列隔离放大器是一种将模拟信号比例进行隔离和转换的混合集成电路（IC），它分为有源（含辅助电源）型和无源型两大类。

有源型 IC 是在同一芯片上集成了一个高隔离的 DC/DC 电源及高性能线性光电耦合器的混合集成电路。该芯片除了为内部放大电路供电外，还可以向外部（信号输入与输出端）提供两组隔离的正、负直流电源和两组 5V 直流稳压基准源，专门用于外部电路扩展，如电桥电路、小信号前置放大电路等用户专用电路。该系列产品信号带宽 20kHz，可对 0 ~ ±10V 双向直流信号或 0 ~ 5V 的交流信号进行隔离、调理和变换。该有源型 IC 体积很小，使用非常方便，只需很少外部元件即可实现模拟信号的（$I/I$、$I/U$、$U/I$、$U/U$）隔离及变换功能。

无源型 IC 内部包含有电流信号调制解调电路、信号耦合隔离变换电路等，很小的输入等效电阻就可以使该 IC 的输入电压达到超宽范围（7.5 ~ 32V），以满足用户无须外接电源而实现信号远距离、无失真传输的需要。内部的陶瓷基板、印制电阻工艺及新技术隔离措施使器件能达到 3kV 绝缘电压和工业级温度、潮湿、振动的现场恶劣环境要求。ISO 4 ~ 20mA 系列产品使用非常方便，无需外接任何元件即可实现 4 ~ 20mA 电流环隔离或信号"一进二出""二进二出"等变换功能。

**（1）隔离放大器的典型接线**

图 9-24 为 ISO 系列隔离放大器典型接线原理图，其中输入和输出放大器都为跟随方式，此时隔离放大器的整体放大倍数为 20 倍。$R_1$、$R_2$ 和 $R_{P1}$（多圈电位器）为调零电路，$R_1 = 5.1k\Omega$；$R_2 = 2k\Omega$；辅助电源为 DC +12V；$R_3$ 和 $R_{P2}$（多圈电位器）为增益调零电路，$R_3 = 39k\Omega$；$R_{P2} = 10k\Omega$。

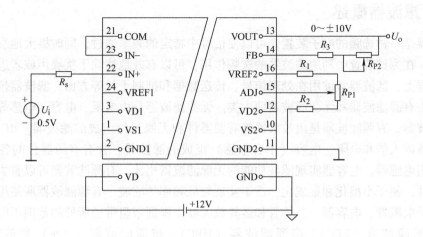

图 9-24 ISO 系列隔离放大器典型接线原理图

（2）隔离放大器应用实例

用隔离放大器直接测量高电压信号。

接线图如图 9-25 所示。集成隔离放大器类型：ISO1001/1002 系列（直流双向或交流信号隔离放大器）。

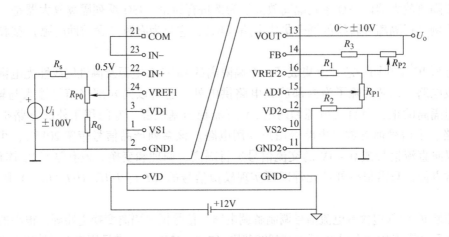

图 9-25　隔离放大器应用实例 1

输入、输出参数为：

输入：DC 0 ~ ±100V 电压信号。

输出：DC 0 ~ ±100V 隔离信号。

电路元件参数：$R_s = 100\text{k}\Omega$，$R_0 = 390\text{k}\Omega$，$R_{P1} = 200\text{k}\Omega$（多圈电位器）。取 $R_3 = 39\text{k}\Omega$，$R_{P2} = 10\text{k}\Omega$（多圈电位器）。$R_1 = 5.1\text{k}\Omega$，$R_2 = 2\text{k}\Omega$，$R_{P2} = 2\text{k}\Omega$（多圈电位器）。

# 9.4　滤波器

## 9.4.1　滤波器概述

滤波器是一种选频的电子装置，可以使信号中特定的频率通过，同时极大地衰减其他频率的成分，在测试装置中利用滤波器的选频作用，可以有效地滤除干扰噪声或者进行频谱分析。在工程上，滤波器常被用在处理信号、传送数据和抑制干扰等方面。滤波器按照组成元件，可分为有源滤波器和无源滤波器两大类。无源滤波器是由电阻、电容、电感等无源元件组成的滤波器。有源滤波器是由放大器等有源器件和无源元件组成的滤波器。RC 有源滤波器是由运算放大器和电阻、电容（不含电感）组成的滤波器。含有有源器件的各种滤波网络，与利用电感器、电容器实现滤波功能的无源滤波器相比，有源滤波器可以省去体积庞大的电感元件，便于小型化和集成化，适于实现较低频率的滤波。有源滤波器所使用的基本元器件主要是电阻器、电容器、晶体管和运算放大器。根据带阻带通所处的范围不同，滤波器可分为低通滤波器（LPF）、高通滤波器（HPF）、带通滤波器（BPF）和带阻滤波器（BEF）。它们的理想和实际幅频特性如图 9-26 所示，图中 $|H(\text{j}\omega)|$ 为滤波器传递函数的模。

其中，低通滤波器只允许低于某一频率的信号通过，而不允许高于该频率的信号通过；高通滤波器只允许高于某一频率的信号通过而不允许低于该频率的信号通过；带通滤波器只允许某一频率范围内的信号通过而不允许该频率范围以外的信号通过。

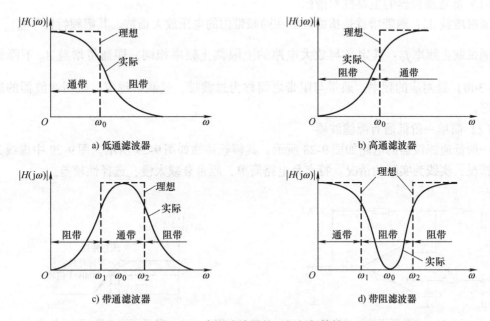

图 9-26　有源滤波器的理想幅频特性

　　例如，有一个包含一些较高频率成分干扰的较低频率的信号，如图 9-27a 所示。经过低通滤波器滤波后，其输出信号如图 9-27b 所示，可见，其滤波效果十分明显。

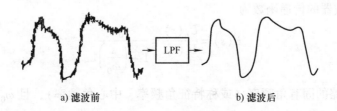

图 9-27　滤波过程

　　有源滤波器可以突出有用频段的信号，衰减无用频段的信号，抑制干扰和噪声信号，达到选频和提高信噪比的目的，具有十分强的信号处理能力。实际使用时，应根据具体情况选择低通、高通、带通或带阻滤波器，并确定滤波器的具体形式。有源滤波器实际上是一种具有特定频率响应的放大器。

　　按照所实现的传输函数的阶数，RC 有源滤波器可分为一阶、二阶和高阶三种。从电路结构上看，一阶 RC 有源滤波器含有一个电阻和一个电容，二阶 RC 有源滤波器含有两个电阻和两个电容，一般的高阶 RC 有源滤波器可以由一阶和二阶的滤波器通过级联来实现。

### 9.4.2 有源滤波器

1. 有源低通滤波器

（1）低通滤波器的主要技术指标

通带增益 $A_0$：通带增益是指滤波器在同频带内的电压放大倍数。其幅频特性平直。

通带截止频率 $f_p$：其定义与放大电路的上限截止频率相同，即通带增益 $A_0$ 下降到 $\dfrac{A_0}{\sqrt{2}}$（即 $-3\text{dB}$）处对应的频率。通带与阻带之间称为过渡带，过渡带越窄，说明滤波器的选择性越好。

（2）简单一阶低通有源滤波器

一阶低通滤波器的电路如图9-28所示，其幅频特性如图9-29所示。图9-29中虚线为理想的情况，实线为实际的情况。特点是电路简单，阻带衰减太慢，选择性较差。

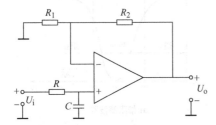

图9-28 一阶低通滤波器电路

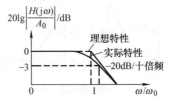

图9-29 一阶低通滤波器幅频特性曲线

当 $f=0$ 时，各电容器可视为开路，由图9-28可得通带内的增益为

$$A_0 = 1 + \frac{R_2}{R_1} \tag{9-37}$$

一阶低通滤波器的传递函数为

$$H(s) = \frac{U_o(s)}{U_i(s)} = \frac{A_0}{1 + \left(\dfrac{s}{\omega_0}\right)} \tag{9-38}$$

式中，$\omega_0$ 称为电路的固有角频率（或称特征角频率、中心角频率），且 $\omega_0 = \dfrac{1}{RC}$。对应的固有频率为

$$f_0 = \frac{\omega}{2\pi} = \frac{1}{2\pi RC} \tag{9-39}$$

（3）二阶低通有源滤波器

二阶低通有源滤波电路是在一阶低通滤波电路的基础上再加一阶 $RC$ 低通滤波环节，以使输出电压在高频段以更快的速率下降，从而改善滤波效果。它比一阶低通滤波器的滤波效果更好。二阶低通有源滤波器的电路如图9-30所示。该电路的电压传输函数为

$$H(s) = \frac{U_o(s)}{U_i(s)} = A_0 \frac{\omega_0}{s^2 + 3\omega_0 s + \omega_0^2} \tag{9-40}$$

式中，$\omega_0 = \dfrac{1}{RC}$；$A_0 = 1 + \dfrac{R_f}{R_1}$。二阶低通有源滤波器辐频特性曲线如图9-31所示。

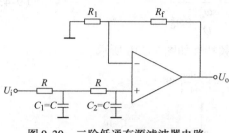

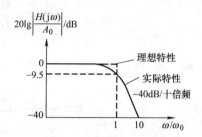

图 9-30　二阶低通有源滤波器电路　　　　图 9-31　二阶低通有源滤波器幅频特性曲线

（4）改进的二阶低通滤波电路

为了克服图 9-30 中电路在截止频率 $f_p$ 附近增益下降过多的缺点，通常将第一级 RC 电路的电容 $C$ 的接地端改接到运算放大器的输出端，如图 9-32a 中虚线部分所示。这实际上是通过电容 $C$ 在 $\omega_0$ 附近引入部分正反馈而对该频率范围内的电路增益进行补偿。该电路称为改进的二阶低通滤波电路。

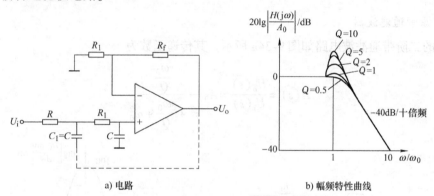

a）电路　　　　　　　　b）幅频特性曲线

图 9-32　改进的二阶低通滤波电路

改进的二阶低通滤波电路的电压传递函数为

$$H(s) = \frac{U_o(s)}{U_i(s)} = A_0 \frac{\omega_0^2}{s^2 + \frac{s\omega_0}{Q} + \omega_0^2} \tag{9-41}$$

其中

$$\omega_0 = \frac{1}{RC}; A_0 = 1 + \frac{R_f}{R_1}; Q = \frac{1}{3 - A_0} \tag{9-42}$$

式中，$Q$ 为电路的等效品质因数。

采取改进措施以后，电路的幅频特性可能会在 $\omega = \omega_0$ 处出现峰值，如图 9-32b 所示，峰值的大小与电路的 $Q$ 值有关。

2. 有源高通滤波器

图 9-33a 是一个二阶高通滤波器。图中点划线部分是一个无源二阶高通滤波电路。为了提高它的滤波性能和带负载的能力，将该无源网络接入由运算放大器组成的放大电路中，组成二阶有源 RC 高通滤波器。

采用与低通滤波电路相同的分析方法，可得高通滤波电路的传递函数为

185

$$H(s) = \frac{U_o(s)}{U_i(s)} = A_0 \frac{\omega_0^2}{s^2 + \dfrac{s\omega_0}{Q} + \omega_0^2} \tag{9-43}$$

式中，$\omega_0$、$A_0$ 和 $Q$ 与式（9-42）相同。该电路的幅频特性如图9-33b 所示。

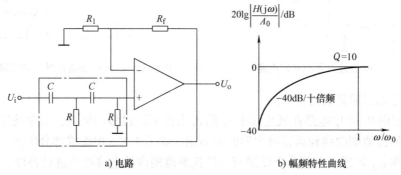

a) 电路       b) 幅频特性曲线

图9-33 二阶高通滤波器及其幅频特性

### 3. 有源带通滤波器

典型的二阶带通滤波电路如图9-34a 所示。其传递函数为

$$H(s) = \frac{U_o(s)}{U_i(s)} = A_0 \frac{\dfrac{s\omega_0}{Q}}{s^2 + \dfrac{s\omega_0}{Q} + \omega_0^2} \tag{9-44}$$

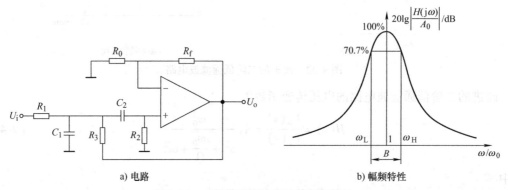

a) 电路       b) 幅频特性

图9-34 二阶带通滤波器及其幅频特性

其中，带通滤波器的中心角频率 $\omega_0$、电路的品质因数 $Q$ 和电路的增益 $A_0$ 分别为（取 $C_1 = C_2 = C$）

$$\omega_0 = \sqrt{\frac{1}{R_1 C^2}\left(\frac{1}{R_1} + \frac{1}{R_3}\right)}, Q = \frac{\sqrt{\dfrac{1}{R_2}\left(\dfrac{1}{R_1} + \dfrac{1}{R_3}\right)}}{\dfrac{1}{R_2} + \dfrac{2}{R_2}} - \frac{R_f}{R_0 R_3},$$

$$A_0 = \frac{R_0 + R_f}{R_1 R_0\left(\dfrac{1}{R_1} + \dfrac{2}{R_2} - \dfrac{R_f}{R_0 R_3}\right)} \tag{9-45}$$

带通滤波电路的3dB 带宽可表示为

$$B = \frac{1}{C}\left(\frac{1}{R_1} + \frac{2}{R_2} - \frac{R_f}{R_0 R_3}\right) \tag{9-46}$$

带通滤波器的中心角频率、品质因数和带宽之间的关系为

$$Q = \frac{\omega_0}{B} \tag{9-47}$$

二阶带通滤波器的幅频特性如图9-34b所示。二阶带通滤波器幅频特性的通频带在两个频率之间，在带通滤波器中，电路的品质因数 $Q$ 值具有特殊的意义，它是衡量这个电路选择性的重要参数，可以通过测出带通滤波器的中心角频率 $\omega_0$（最高增益所对应的角频率）和3dB带宽 $B$（电路的增益由最大值下降3dB所对应的角频率 $\omega_H$ 和 $\omega_L$ 之差）之比求得。带宽 $B$ 也可以由式(9-46)求出。

4. 有源带阻滤波器

从原理上讲，带阻滤波器可以通过低通滤波器与高通滤波器并联的方法实现，因此，带阻滤波器传递函数 = 低通滤波器传递函数 + 高通滤波器传递函数，即二阶带阻滤波器传递函数的标准表达式为

$$H(s) = \frac{U_o(s)}{U_i(s)} = A_0 \frac{\omega_0 + s^2}{s^2 + \frac{s\omega_0}{Q} + \omega_0^2} \tag{9-48}$$

带阻滤波器还可以通过"带通相减"的方法来实现。用数学式表示为：1 – 带通 = 带阻。式(9-48)中，若令 $A_0 = 1$，则可得二阶带阻滤波器的传递函数为

$$H(s) = 1 - \frac{\frac{s\omega_0}{Q}}{s^2 + \frac{s\omega_0}{Q} + \omega_0^2} = \frac{s^2 + \omega_0}{s^2 + \frac{s\omega_0}{Q} + \omega_0^2} \tag{9-49}$$

利用一个带通滤波器、一个反相器和一个加法器就可以实现一个带阻滤波器，电路如图9-35所示，运算放大器型号为 μA741 型。可见，采用这种方法实现带阻滤波电路很方便。

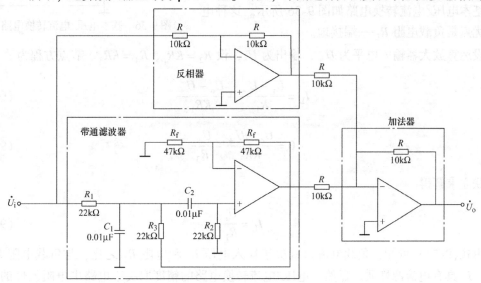

图9-35 二阶有源带阻滤波器电路

带阻滤波器的中心角频率 $\omega_0$、电路的品质因数 $Q$ 与带通滤波器的计算公式相同。为了使带通滤波器电路的增益 $A_0 = 1$，电阻的取值应满足 $R_1 = R_2 = R_3$ 的条件。

## 9.5 电压/电流转换电路

### 9.5.1 基本电压/电流转换电路

模拟量的输出可为电压信号，也可为电流信号。工业上的标准信号范围为 $0 \sim 5\mathrm{V}$，$1 \sim 5\mathrm{V}$，$0 \sim 10\mathrm{mV}$ 和 $4 \sim 20\mathrm{mV}$ 等。

电压信号的实现较为简单，因此仪表中的电路一般都以电压信号来进行处理，D/A 转换和运算放大器的输出一般都是电压信号。但是，在以电压方式长距离传输模拟信号时，信号源电阻或传输线路的直流电阻等会引起电压衰减，信号接收端的输入电阻越低，电压衰减越大。为了避免信号在传输过程中的衰减，只有增加信号接收端输入电阻，但信号接收端输入电阻的增加，会使传输线路抗干扰性能降低，易受外界干扰，信号传输不稳定。因此在长距离传输模拟信号时，不能用电压输出方式。

电流信号适于长距离传输，传输中衰减小、抗干扰能力强，在工业控制系统中常以电流信号作为传输信号，所以常规工业仪表大多以电流方式相互配接。

电压/电流（$V/I$）转换器就是把电压输出信号转换成电流输出信号，有利于信号长距离传输。$V/I$ 转换器可由晶体管、运算放大器等多种器件组成。常见电压/电流转换器可分为两种，一种是负载供电源方式；另一种是负载供地方式。

电压/电流转换电路是利用电路中的电流负反馈，将输入电压转换为对应的具有电流源性质的输出电流。基本电压/电流转换电路如图 9-36 所示。这种电路的优点是负载电阻 $R_L$ 一端接地。

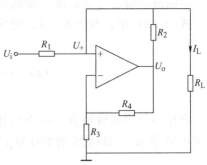

图 9-36　基本电压/电流转换电路

设运算放大器输入电平为 $U_+$，输出为 $U_o$，设 $R_2 = KR_1$、$R_4 = KR_3$。节点方程为

$$I_L = \frac{U_i - U_+}{R_1} + \frac{U_o - U_+}{KR_1} \tag{9-50}$$

$$0 = \frac{U_o - U_+}{KR_3} - \frac{U_+}{R_3} \tag{9-51}$$

联立求解得

$$I_L = \frac{U_i}{R_1} \tag{9-52}$$

由式（9-52）可知，负载电流只取决于输入电压 $U_i$ 和电阻 $R_1$ 之比，与负载电阻无关，因此，$I_L$ 具有电流源性质。显然，电压/电流转换电路的精度取决于电路中电阻元件的精确匹配和稳定性。

## 9.5.2 集成电压/电流变换器

国际电工技术委员会（IEC）推荐电压/电流转换电路的输出电流为 4~20mA，我国的 DDZ-Ⅲ型仪表也采用这一标准。采用该标准便于信号的远距离传输，能避开元器件的死区和初始非线性段，有利于检测断线故障。

电压/电流变换器输出电流 4~20mA 的实现有三线制和两线制两种。三线制仪表一般由仪表本身提供电源，因此，系统中会产生地电位不等的现象。两线制的两根导线兼作电源线和信号线，因此对仪表内部电路提出了降低功耗的要求。两线制不仅节省了一根导线，而且可以实现系统中统一供电，消除了电位不等的影响，应用十分广泛。为了支持这种标准的实现，有关厂家设计和生产了集成化的电压/电流变换器芯片，美国的 Burr Brown 公司的 XTR101 型两线制变送器微型电路就是这种芯片的代表。XTR101 型变送器的内部简化电路如图 9-37 所示。

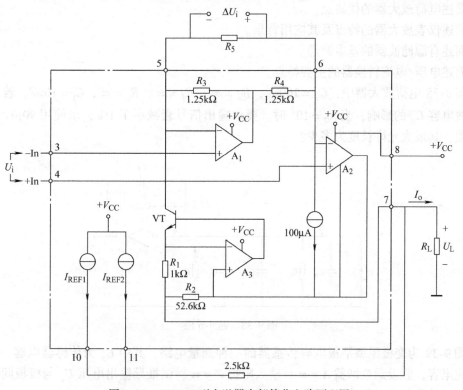

图 9-37　XTR101 型变送器内部简化电路原理图

图 9-37 中，由运算放大器 $A_3$、电阻 $R_1$、$R_2$ 和晶体管 VT 组成电流源，当输入信号施加在运算放大器 $A_1$ 和 $A_2$ 的同相输入端时，根据虚短原理，6 和 4 引脚电位，5 和 3 引脚电位，故量程调节端 5 和 6 两引脚之间的电位差即等于输入电压 $U_i$，并形成电流 $U_i/R_5$。

当 $U_i = 0$ 时，内部电路与恒流源 $I_{REF1}$ 和 $I_{REF2}$ 一起，使输出电流 $I_o = 4mA$。当 $U_i \neq 0$ 时，则有电流 $U_i/R_5$ 流过 VT，使输出电流 $I_o$ 增大。通过调节 $R_5$ 可使在输入最大电压时 $I_o = 20mA$。输出电流 $I_o$（A）的表达式为

$$I_o = 4 \times 10^3 + \left(0.016 + \frac{40}{R_s}\right)\Delta U_i \tag{9-53}$$

式中，$R_s$ 为输入信号的内阻。

$I_{REF1}$ 和 $I_{REF2}$ 各为 1mA 的恒流源，可用于为仪表中其他信号处理电路（如输入通道和滤波器等）提供电源。在使用该电路时，外部输入电源（如 +24V）正端接入 XTR101 的 8 引脚。两路恒流源 $I_{REF1}$ 和 $I_{REF2}$ 经过稳压管或电阻（见图 9-38 中的 2.5kΩ 电阻）可形成一个电源，支持仪表中其他低功耗信号处理电路。输出的 4～20mA 电流从 7 引脚流出，经接收电路中的负载电阻 $R_L$ 后再进入外部电源的负端。如果负载电阻 $R_L$ 为 250Ω，则在负载电阻 $R_L$ 上将得到 1～5V 的模拟电压。

## 9.6 习题

9-1 信号检测技术中常用的基本运算电路有哪些？

9-2 简述电荷放大器的优缺点。

9-3 简述仪表放大器的特点及其应用背景。

9-4 简述有源滤波器的基本原理。

9-5 简述电压/电流转换器的主要特点。

9-6 图 9-38 电荷放大器中，$C_a = 100\text{pF}$，$R_a = \infty$，$R_f = \infty$，$R_i = \infty$，$C_f = 10\text{pF}$。若考虑引线电容 $C_c$ 的影响，当 $A_0 = 10^4$ 时，要求输出信号衰减小于 1%，求使用 90pF/m 的电缆，其最大允许长度为多少？

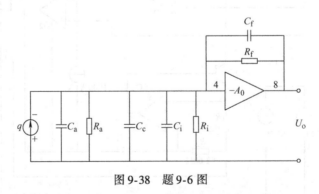

图 9-38　题 9-6 图

9-7 图 9-39 为变极距型平板电容传感器的一种测量电路，其中 $C_x$ 为传感器电容，$C$ 为固定电容，假设运放增益 $A = \infty$，输入阻抗 $Z = \infty$。试推导输出电压 $U_o$ 与极板间距的关系，并分析其工作特点。

9-8 如图 9-40 所示，已知 $u_i = 0.5\text{V}$，$R_1 = R_2 = 10\text{k}\Omega$，$R_3 = 2\text{k}\Omega$，试求 $u_o$。

9-9 图 9-41 为电阻网络 D/A 转换电路。

1）列出电流 $i$ 与电压 $V_{REF}$ 的关系式。

2）若 $U_{REF} = 10\text{V}$，输入信号 $D_3 D_2 D_1 D_0 = 1000$，试计算输出电压 $U_o$。

9-10 请对生活中实际系统的检测硬件电路图进行分析，介绍其应用原理、特点以及优缺点等。

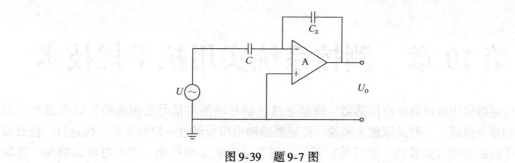

图 9-39　题 9-7 图

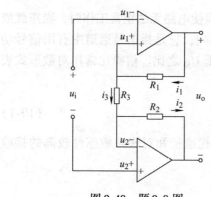

图 9-40　题 9-8 图

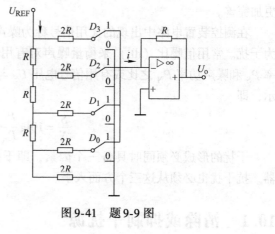

图 9-41　题 9-9 图

# 第 10 章　测控系统实用抗干扰技术

传感器应用电路通常由传感器、测量电路（信号转换与信号处理电路）以及显示记录和控制部分组成。一般从原理上来说，传感器的输出信号经过一定放大后，再进行一些必要的电子线路处理（如检波、滤波等）就可以进行显示记录和控制。但有时可以增加一些辅助电路或利用微机进行信号处理、线性补偿、数字化处理和抗干扰等，能使测控系统的性能更加完善。

在测控装置电路中出现的无用信号称为噪声，当噪声使电路无法正常工作时，噪声就成为干扰。常用信噪比（dB）来衡量噪声对有用信号的影响，它是指信号通道中有用信号功率 $P_S$ 和噪声功率 $P_N$ 之比或有用信号电压 $U_S$ 与噪声电压 $U_N$ 之比。信噪比常用对数形式表示，即

$$\frac{S}{N} = 10\lg \frac{P_S}{P_N} = 20\lg \frac{U_S}{U_N} \tag{10-1}$$

干扰的形成必须同时具备三个因素，即干扰源、干扰途径和对噪声敏感性较高的接收器。抗干扰也必须从这三个方面入手。

## 10.1　消除或抑制干扰源

噪声干扰来自于干扰源，只有仔细地分析其形式与种类，才能提出有效的抗干扰措施。

（1）机械干扰

机械干扰是指机械振动或冲击使电子检测装置中的元件发生振动，改变了系统的电气参数，造成了可逆或不可逆的影响。对机械干扰，可选用专用减振弹簧——橡胶垫脚或吸振橡胶海绵垫来降低系统谐振频率，吸收振动的能量，从而减小系统的振幅。

（2）热干扰

热干扰指设备和元器件在工作时产生的热量所引起的温度波动，以及环境温度的变化等使电路参数发生变化（温度漂移），或产生附加的热电动势等。热干扰会影响检测装置的正常工作。

对于热干扰，工程上常采取下列防护措施：在电路中采用温度补偿元件和采用差分放大电路、电桥电路等对称平衡结构进行抗干扰；测控尽量在恒温室内进行，还可采用热屏蔽，即用导热性能良好的金属材料做成防护罩，将某些对温度变化敏感的元器件和电路中的关键元器件或组件，甚至整台装置包围起来，使罩内温度场均匀、恒定，有效地防止热电动势的产生。

（3）光干扰

在测控装置中广泛使用着各种半导体元器件，由于半导体材料在光照作用下会激发空穴-电子对，使半导体元器件产生电动势或引起阻值的变化，从而影响测控装置的正常工作。

为了防止光干扰，将半导体元器件封装在不透光的壳体内，对于具有光敏作用的元器

件，尤其应注意光的屏蔽问题。

（4）湿度干扰

环境湿度增大会使绝缘体的绝缘电阻下降，漏电流增大；使电介质的介电常数增大，造成电容器的电容量增大；使电感线圈的 $Q$ 值（品质因数）下降；使金属材料生锈等；以上情况势必影响测控装置的正常工作。

为此在设计、制造和使用电气元器件时应考虑潮湿的防护与隔离问题。例如，电气元器件和印制电路板的浸漆、环氧树脂封灌和硅橡胶封灌等。

（5）化学干扰

对于化学物品，如酸、碱、盐及腐蚀气体等，一方面通过其化学腐蚀作用损坏装置的元器件；另一方面与金属导体形成化学电动势。因此，良好的密封和保持清洁，对测控装置而言是非常重要的防护化学干扰的措施。

（6）射线辐射干扰

射线会使气体电离、半导体激发出空穴－电子对、金属逸出电子等，从而影响测控装置的正常工作。射线辐射的防护是一项专门技术，主要用于原子能工业、核武器生产等方面。

（7）固有噪声干扰

在电路中，电子元器件本身产生的具有随机性、宽频带的噪声称为固有噪声。最重要的固有噪声源是电阻热噪声、半导体散粒噪声和接触噪声等。

1）电阻热噪声。任何电阻即使不与电源连接，在它的两端也有一定的噪声电压产生，此噪声电压是由电阻中的电子无规则热运动引起的，故称为电阻热噪声。电阻两端出现的热噪声电压的有效值 $U_t$ 为

$$U_t = \sqrt{4kTR\Delta f} \tag{10-2}$$

式中，$k$ 为玻耳兹曼常数；$T$ 为热力学温度；$R$ 为电阻值；$\Delta f$ 为噪声带宽。

为了加深对电阻热噪声的认识，下面举个具体的例子来说明。设放大器输入回路的电阻为 $300k\Omega$，带宽为 $10^6 Hz$，环境温度为 300K，放大器的放大倍数为 100 倍，则在放大器的输出端将得到有效值为 5mV 的热噪声电压。可见，若输入信号为微伏级，则将被热噪声所淹没。

2）散粒噪声。在半导体中，载流子的随机扩散以及电子-空穴对随机发生及复合形成的噪声称为散粒噪声。从整体看，散粒噪声使流过半导体的电流产生随机性的涨落，干扰测量结果。减小半导体器件的电流和减小电路的带宽，能减小散粒噪声的影响。

3）接触噪声。接触噪声是由于元器件之间的不完全接触，形成电导率的起伏而引起的。它发生在两个导体连接的地方，如开关、继电器触点、电阻、晶体管内部的不良接触等。接触噪声是低频电路中的主要噪声，减小流过触点的直流电流可减小接触噪声的影响。

（8）电、磁噪声干扰

电和磁可以通过电路和磁路对测控装置产生干扰作用，电场和磁场的变化也会在测控装置的有关电路中感应出干扰电压，从而影响测控装置的正常工作。一般采用隔离屏蔽等破坏干扰途径的办法予以防护。

## 10.2　破坏干扰途径

干扰必须通过一定的干扰途径侵入测控装置才会对测量结果造成影响。干扰途径有"路"和"场"两种形式。凡干扰源通过电路的形式作用于被干扰对象的，都属于"路"的干扰，如通过漏电阻、电源及接地线的公共阻抗等引入的干扰；凡干扰源通过电场、磁场的形式作用于被干扰对象的，都属于"场"的干扰，如通过分布电容、分布互感等引入的干扰。

### 10.2.1　抑制以"路"的形式侵入的干扰

#### 1. 通过泄漏电阻引入的干扰

元件支架、探头、接线柱、印制电路板以及电容器绝缘不良，使噪声源得以通过这些漏电阻作用于有关电路而造成的干扰称为泄漏电阻的干扰。被干扰点的等效阻抗越高，由泄漏而产生的干扰影响越大。图 10-1 是通过泄漏电阻引入的干扰。图中 $U_{NI}$ 为噪声电压，$R_i$ 为被干扰电路的输入电阻，$R_\sigma$ 为漏电阻。假设输入端开路，则作用于 $R_i$ 的干扰电压 $U_{NO}$ 为

$$U_{NO} = \frac{R_i}{R_\sigma + R_i} U_{NI} \tag{10-3}$$

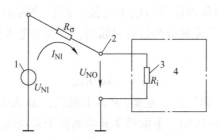

图 10-1　通过泄漏电阻引入的干扰
1—干扰源　2—仪器输入端子　3—仪器的输入电阻　4—仪器内部电路

设 $U_{NI}$ 为电路中的交流电源，其有效值为 15V，$R_i = 10^6 \Omega$，$R_\sigma = 10^{10} \Omega$。根据式(10-3)可计算得到作用于该电路输入端的干扰电压有效值为 1.5mV。从电子学的角度看，上述这种干扰属于差模干扰（又称为串模干扰、常模干扰）。差模干扰的等效电路如图 10-2a 所示。从图 10-2b 可以看出，差模干扰电压 $U_{NO}$ 叠加在有用信号上。

消除由泄漏电阻引入的干扰的一种办法是使用接地保护环，如图 10-3 所示。所谓接地保护环是在印制电路板上制作一个接地的环状印制电路，将高输入阻抗的元件电路及单元包围在环里面，由泄漏电阻引起的泄漏电流直接通过接地保护环流入地线而不影响被保护电路。

#### 2. 通过共阻抗耦合引入的干扰

共阻抗耦合干扰是指当两个或两个以上的电路共同享有或使用一段公共的线路，而这段线路又具有一定的阻抗时，此阻抗成为这两个电路的共阻抗，第二个电路的电流流

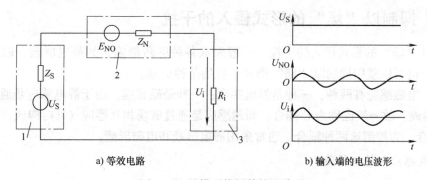

a) 等效电路

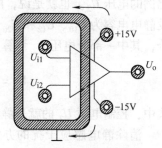

b) 输入端的电压波形

图 10-2　差模干扰的等效电路

1—有用信号源　2—串联干扰源　3—测量装置

过这个共阻抗所产生的压降就成为第一个电路的干扰电压。常见的例子是通过接地线阻抗的共阻抗耦合干扰，如图 10-4 所示。一个功率放大器的输入回路的地线与负载的地线有一段共阻抗 $R_3$，负载电流流过这个共阻抗，产生压降，该电压就成为功率放大器输入端的干扰电压，破坏了电路的稳定性。从图 10-4b 可以看出，共阻抗耦合干扰也属于串模干扰的形式。

图 10-3　接地保护环

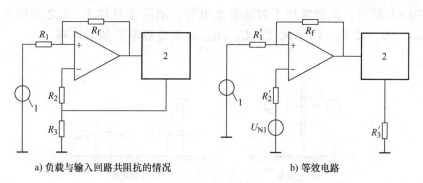

a) 负载与输入回路共阻抗的情况

b) 等效电路

图 10-4　共阻抗耦合干扰

1—有用信号　2—负载

195

### 3. 经电源配电回路引入的干扰

交流供配电线路在工业现场的分布相当于一个吸收各种干扰的网络，而且十分方便地以电路传导的形式传遍各处，并经检测装置的电源线进入仪器内部造成干扰。最明显的是电压突跳和交流电源波形畸变，使工频的高次谐波经电源线进入仪器的前级电路。

对于以"路"的形式侵入的干扰，可采取诸如提高绝缘性能的方法以抑制泄漏电流的干扰；采用隔离变压器、光电继电器等切断干扰途径；采用滤波、选频、屏蔽等技术手段将干扰信号引开；对数字信号可采用整形、限幅等信号处理方法切断干扰途径；改变接地型式以消除共阻抗耦合干扰等。

## 10.2.2 抑制以"场"的形式侵入的干扰

对于以"场"的形式侵入的干扰，一般采取各种屏蔽措施，如静电屏蔽、磁屏蔽、电场屏蔽等，也可以兼用抑制以"路"形式干扰的某种措施。

通常，电磁感应有两种，一种是静电感应；一种是磁感应。由于静电感应是通过静电电容（C）构成，故一般也称为 C 耦合；而磁感应是通过磁场相互感应（M）构成，故一般也称为 M 耦合。为控制这两种耦合，通常采用静电屏蔽和电磁屏蔽。

1. 静电感应与静电屏蔽

静电感应如图 10-5 所示，即当两条线路位于地线之上时，若相对于地线对半导体 1 施加电压 $U_1$，则导体 2 也将产生与 $U_1$ 成比例的电压 $U_2$。也就是说，由于导体之间必然存在静电电容，若设静电电容为 $C_{10}$、$C_{12}$ 和 $C_{20}$，则电压 $U_1$ 就被 $C_{12}$ 和 $C_{20}$ 分为两部分，其中一部分电压 $U_2$ 计算公式为

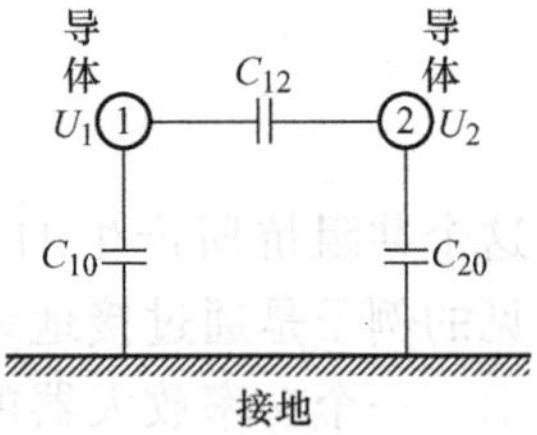

$$U_2 = \frac{C_{12}}{C_{12} + C_{20}} U_1 \qquad (10\text{-}4)$$

式中，控制电压 $U_2$ 的就是静电感应电压。

图 10-5 静电感应

消除静电感应干扰的办法是采用静电屏蔽，如图 10-6 所示。在导体 1、2 之间加入接地板便构成静电屏蔽，在接地板与导体 1、2 之间就产生了静电电容 $C'_{10}$ 和 $C'_{20}$；等效电路如图 10-6b 所示，从而增加了对地静电电容，消除了导体 1、2 之间耦合的静电电容。由于 $C_{12} = 0$，故 $U_2$ 与 $U_1$ 无关，$U_2 = 0$。这就是静电屏蔽的原理。

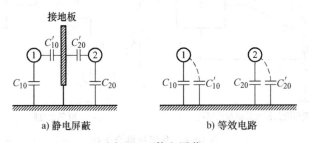

a) 静电屏蔽          b) 等效电路

图 10-6 静电屏蔽

屏蔽线就是利用这一原理的线路。屏蔽线的首要目的是静电屏蔽，但也可有效地用于控制 M 耦合。根据上述说明，显然在采用屏蔽线实现静电屏蔽时，屏蔽必须接地才能收到好的效果。

2. 电磁感应与电磁屏蔽

所谓电磁感应，即回路与回路之间（也可以说是线圈与线圈之间，但传感器回路很少使用线圈，故回路大多为配线方面的问题）的电磁耦合。其原理如图 10-7 所示。当电流 $i_1$、$i_2$ 通过导线 1、2 时，若分别构成回路，则相互之间就会产生电磁耦合。所谓耦合，即在导体 2 流过 $i_1$ 成分，在导体 1 又流过 $i_2$ 成分。对导体 1 来说，$i_2$ 为不需要的电流，因此，它只能是 $i_1$ 的噪声成分。

消除电磁感应干扰的办法是采用电磁屏蔽，由于电磁屏蔽需遮断磁场 $\Phi_1$、$\Phi_2$，如图 10-7b 所示，只要在其中间装入磁性材料板，回路 1 与回路 2 之间的磁通便不相链接，从而即可完成屏蔽。但实际上，在防噪声措施上很少采用装入磁性材料的方法来进行屏蔽。一般认为，这是因为适当的带状高性能磁带比较昂贵的缘故。真正有效而实用的办法是尽可能避免组成回路。

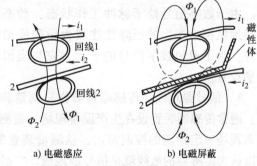

a) 电磁感应　　　　b) 电磁屏蔽

图 10-7　电磁感应与电磁屏蔽

在低频磁场中，电涡流作用不太明显，因此必须采用高磁导率材料作屏蔽层，以便将低频干扰磁力线限制在磁阻很小的磁屏蔽层内部，使低频磁屏蔽层内部的电路免受低频磁场耦合干扰的影响。例如，仪器的铁皮外壳就起到低频磁屏蔽的作用。若进一步将其接地，又同时起静电屏蔽和电磁屏蔽的作用。在干扰严重的地方常使用复合屏蔽电缆，其最外层是低磁导率、高饱和的铁磁材料，内层是高磁导率、低饱和的铁磁材料，最里层是铜质电磁屏蔽层，便于一步步地消耗干扰磁场的能量。工业中常用的办法是将屏蔽线穿在铁质蛇皮管或普通铁管内，达到双重屏蔽的目的。

解决屏蔽问题，重要的是要分清噪声究竟是起源于电压还是起源于电流。必须按照不同的情况决定采用静电屏蔽还是电磁屏蔽。如果屏蔽板不接地，屏蔽便毫无意义。

## 10.2.3　削弱接收电路对噪声干扰的敏感性

对于被干扰对象来说存在着对干扰的敏感性问题，如：高输入阻抗的电路比低输入阻抗的电路易受干扰，模拟电路比数字电路抗干扰能力差。

在电路中，采用选频措施就是削弱电路对全频带噪声的敏感性；采用负反馈就是削弱电子装置内部噪声源影响的有力措施；其他如对信号传输线采用双绞线、对输入电路采用对称结构等措施，都是削弱电子装置对噪声的敏感性。

# 10.3　接地技术

## 10.3.1　地线的种类

接地起源于强电技术，它的本意是接大地，主要着眼于安全。这种地线也称为安全地线（safe wire）。图 10-8 是电气设备接大地的示意图。对于通信、计算机等电子信息领域来说，地线多是指电信号的基准电位，也称为公共参考端，它除了作为各级电路的电流通道之外，还是保证电路工作稳定、抑制干扰的重要环节。它可以是接大地的，也可以是与大地隔绝的，如飞机、卫星上的地线。因此通常将仪器设备中的公共参考端称为信号地线。信号地线又可分为以下几种：

1）模拟信号地线。它是模拟信号的零电位公共线，因为模拟信号有时较弱、易受干扰，所以对模拟信号地线的面积、走向、连接有较高的要求。

2）数字信号地线。它是数字信号的零电平公共线。由于数字信号处于脉冲工作状态，动态脉冲电流在接地阻抗上产生的压降往往成为微弱模拟信号的干扰源，为了避免数字信号的干扰，应与模拟信号地线分别设置。

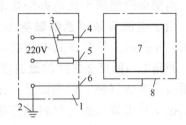

3）信号源地线。传感器可看作是测量装置的信号源，通常传感器装置设在生产设备现场，而测量装置设在离现场一定距离的控制室内，从测量装置的角度看，可以认为传感器的地线就是信号源地线。它必须与测量装置进行适当的连接才能提高整个检测系统的抗干扰能力。

图 10-8　电气设备接大地示意图
1—接线盒　2—大地　3—熔断器
4—相线　5—中性线　6—保安地线
7—电气设备　8—外壳

4）负载地线。负载电流一般都较前级信号电流大得多，负载地线上的电流有可能干扰前级微弱的信号，因此负载地线必须与其他地线分开，有时两者在电气上甚至是绝缘的，信号通过磁耦合或光电耦合器传输。

## 10.3.2　一点接地原则

上述四种地线一般应分别设置，在电位需要连接时，必须仔细选择在合适的节点连接，才能消除各地线之间的干扰。

### 1. 单级电路的一点接地原则

以单级选择放大器为例说明单级电路的一点接地原则。电路如图 10-9a 所示，图中有 8 个出线端接地，如果只按原理图的要求进行接线，则这 8 个出线端可接在接地母线上的任意点上，这几个点可能相距较远，不同点之间的电位差就有可能成为这级电路的干扰信号，因此需要采用如图 10-9b 所示的一点接地方式。

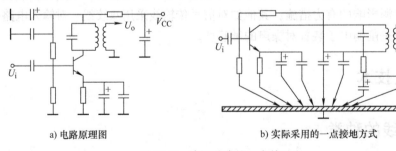

a) 电路原理图　　　　　　　　b) 实际采用的一点接地方式

图 10-9　单级电路的一点接地

### 2. 多级电路的一点接地原则

图 10-10 为多级电路利用一段公用地线，在这段公用地线上存在着 A、B、C 三点不同的对地电位差，有可能产生共阻抗干扰。只有在数字电路或放大倍数不大的模拟电路中，为布线简便起见，才可以采取上述电路，但也应注意以下两个原则：一是公用地线截面积应尽量大些，以减小地线的内阻；二是应将最低电平的电路布放在距接地点最近的地方，即图 10-10a 中的 A 点接地。

图 10-10b 采取并联接地方式，这种接法不易产生共阻抗耦合干扰，但需要很多根地线，在高频时反而会引起各地线间的互感耦合干扰，因此只在频率为 1MHz 以下时才予以采用，当频率较高时，应采用大截面积的地线，并允许多点接地，这是因为接地线截面积变大，内阻会很低，反而不易产生级与级之间的共阻抗耦合干扰。

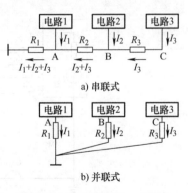

图 10-10　多级电路的一点接地

### 3. 检测系统的一点接地原则

传感器与测量装置构成一个完整的检测系统，两者之间可能相距甚远，所以这两个部分接地点之间的电位一般是不相等的，有时电位差可能高达几伏甚至几十伏，该电位差称为大地电位差。若将传感器、测量装置的零电位在两处分别接大地，将有很大的电流流过信号传输线，在 $Z_{S2}$ 上产生电压降，造成干扰，如图 10-11a 所示。为避免这种现象，应采取图 10-11b 中的系统一点接地的方法。从图 10-11b 可以看到，大地电位差只能通过分布电容 $C_{i1}$、$C_{i2}$ 构成回路，干扰电流大大减小。若进一步采用屏蔽浮置的办法便能更好地克服大地电位差引起的干扰。

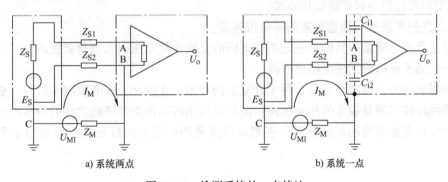

图 10-11　检测系统的一点接地

## 10.3.3　屏蔽浮置技术

若测量装置电路与大地之间没有任何导电性的直流联系则称为浮置，采用干电池的万用表就是浮置的特例。图 10-12 是检测系统屏蔽浮置的一种接法。它具有以下特点：传感器两个输出端中的一个与传感器一侧的大地连接；传感器外壳与大地连接；信号传输采用双芯屏蔽线；测量装置采用双层电磁屏蔽，即在接大地的外壳内加装了一保护屏蔽。所谓保护屏蔽就是将测量电路的整个输入部分浮置，外面加一个金属屏蔽保护罩，这个保护罩通过双芯屏蔽线外皮接到传感器一侧的接大地点；最后一个特点是电源变压器采用三重静电屏蔽。图 10-12 中，$Z_1$、$Z_2$ 为由分布电容、漏电阻构成的漏电阻抗。

分析图 10-12 可知，大地电位差引起的干扰电流 $I_N$ 绝大部分是流经屏蔽线外皮，其路径为 A—$Z_1$—$Z_2$—B，而流经 $Z_{S1}$、$Z_{S2}$ 的电流相对来说要小得多。只要使 $Z_{S1}$、$Z_{S2}$、$Z_{i1}$、$Z_{i2}$ 尽量对称，整个检测系统的共模抑制比就可以得到很大的提高。

电源变压器屏蔽的好坏对检测系统的抗干扰能力影响很大。电源变压器通常是装在仪器

199

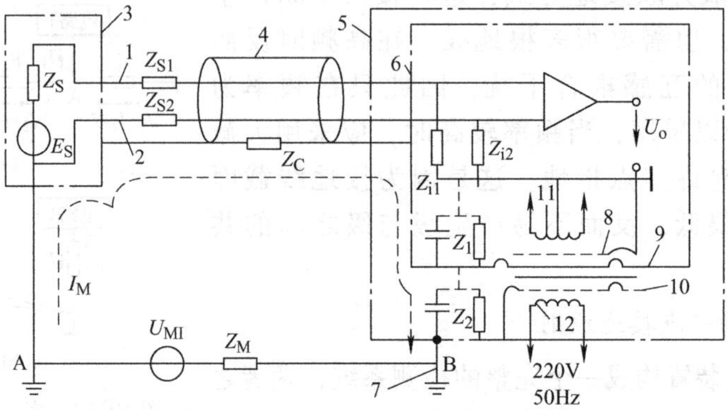

图 10-12    常用检测系统屏蔽浮置的一种接法

1、2—信号传输线    3—传感器外壳    4—双芯屏蔽线    5—测量装置外壳    6—保护屏蔽    7—测量装置的零电位

8—二次侧屏蔽层    9—中间屏蔽层    10—一次侧屏蔽    11—电源变压器二次侧    12—电源变压器一次侧

的金属外壳内，它将电网带来的干扰电压直接引进仪器金属外壳内，破坏了屏蔽的完整性。为此，在检测装置中，往往采用带有三层静电屏蔽的电源变压器，各层接法如下：

1）一次侧屏蔽层及电源变压器外壳与测量装置的外壳连接并接大地。

2）中间屏蔽层与保护屏蔽层连接。

3）二次侧屏蔽层与测量装置的零电位连接。

采用三重静电屏蔽的目的，一是不使电网的交流干扰电压引入测量装置内；二是使大地电位差产生的干扰电流无法流经信号线。

必须指出的是，屏蔽浮置是一种十分复杂的技术，在设计、安装检测系统时，必须注意不使屏蔽线外皮与测量装置的外壳短路；应尽量减小各不同类型屏蔽之间的分布电容及漏电阻；尽量保证电路对地的对称性等，否则屏蔽浮置的结果有时反而会引起意想不到的严重干扰。

## 10.4　滤波技术

滤波器（Filter）是抑制交流差模干扰的有效手段之一。下面分别介绍检测技术中常用的几种滤波器。

1. RC 滤波器

当信号源为热电偶、应变片等信号变化缓慢的传感器时，利用小体积、低成本的无源RC 滤波器将会对差模干扰有较好的抑制效果。对称的 RC 滤波器电路如图 10-13 所示。需要指出的是，RC 滤波器的抑制原理是以牺牲系统带宽为代价来减小差模干扰的。

2. 交流电源滤波器

电源网络吸收了各种高、低频噪声，对此常用 LC 滤波器来抑制混入电源的噪声，如图 10-14 所示。由 $100\mu H$ 电感、$0.1\mu F$ 电容组成高频滤波器，吸收中短波段的高频噪声干扰；由 $0.5H$ 电感、$10\mu F$ 电容组成低频滤波器，吸收因电源波形畸变而产生的谐波干扰；压敏电阻能吸收因雷击等引起的浪涌电压干扰。

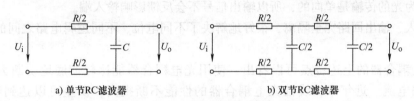

a) 单节RC滤波器　　　　　b) 双节RC滤波器

图 10-13 对称的 RC 滤波器电路

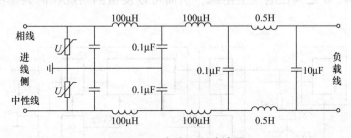

图 10-14 交流电源滤波器

**3. 直流电源滤波器**

直流电源往往为几个电路所共用，为了避免通过电源内阻造成几个电路间互相干扰，应在每个电路的直流电源上加 RC 或 LC 滤波器，如图 10-15 所示。其中电解电容用来滤除低频噪声。由于电解电容采用卷制工艺而含有一定的电感，在高频时阻抗反而增大，所以需要在电解电容旁边并联一个 0.01μF 左右的磁介电容，用来滤除高频噪声。

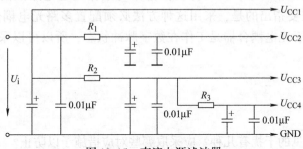

图 10-15 直流电源滤波器

# 10.5 光电耦合技术

目前，检测系统越来越多地采用光电耦合器来提高系统的抗共模干扰能力。光电耦合器是一种电-光-电耦合器件，它的输入量是电流，输出量也是电流，但两者之间从电气上看却是绝缘的。发光二极管一般采用砷化镓红外发光二极管，而光敏器件可以是光电二极管、光电晶体管、达林顿管，甚至可以是光敏晶闸管、光敏集成电路等，发光二极管与光敏器件的轴线对准并保持一定的间隙。这样就实现了以光为媒介的电信号的传输。

光电耦合器具有以下特点：

1）输入、输出回路绝缘电阻高（大于 $10^{10}\Omega$）、耐压超过 1kV。

2）因为光的传输是单向的，所以输出信号不会反馈影响输入端。

3）输入、输出回路完全隔离，很好地解决了不同电位、不同逻辑电路之间的隔离和传输的矛盾。

从光电耦合器的上述特点可以看出，使用光电耦合器能比较彻底地切断大地电位差形成的环路电流。近年来，线性光电耦合器的性能不断提高，误差可以达到千分之几。图 10-16 是采用线性光电耦合器的前置放大电路。电源 5 和电源 6 相互间隔离，因此回路 1、2、5 与回路 4、6 之间在电气上绝缘，从而可以使检测系统在高共模噪声干扰的环境下工作。

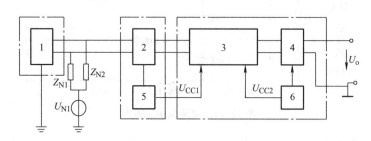

图 10-16　采用线性光电耦合器的前置放大电路
1—信号源　2—预放大电路　3—线性光电耦合器件
4—放大器　5、6—隔离式电源

使用光电耦合技术的另一个办法是先将前置放大器的输出电压进行 A/D 转换，然后通过光电耦合器用数字脉冲的形式，把代表模拟信号的数字信号耦合到诸如计算机之类的数字处理系统去做数据处理，从而将模拟电路与数据处理电路隔离开来，有效地切断共模干扰的环路。需要指出的是，采用这种方法必须配置多路光电耦合器（视 A/D 转换器的位数而定）。由于光电耦合器是工作在数字脉冲状态，所以可以采用廉价的光电耦合器件。

## 10.6　习题

10-1　检测装置中常见的干扰有几种？应采取哪些对应措施予以防止？

10-2　屏蔽有几种形式？各起什么作用？

10-3　接地有几种形式？各起什么作用？

10-4　若测得某检测仪表的输入信号中，有用信号为 20mV，干扰电压也为 20mV，则此时的信噪比为多少？

10-5　检测仪表附近存在一个漏感很大的 50Hz 电源变压器（如电焊机变压器）时，该仪表的机箱和信号线应该采用哪种屏蔽？

10-6　将下列干扰与干扰源或者预防措施进行对应。
附近建筑工地的打桩机一开动，数字仪表的显示值就乱跳，这种干扰属于_____，应采取_____措施。一进入类似我国南方的黄梅天气，仪表的数值就明显偏大，这属于_____，应采取_____措施。盛夏一到，某检测装置中的计算机就经常死机，这属于_____，应采取_____措施。车间里的一台电焊机一工作，计算机就可能死机，这属于_____，在不影响电焊机工作的条件下，应采取_____措施。

A. 电磁干扰　B. 固有噪声干扰　C. 热干扰　D. 湿度干扰　E. 机械振动干扰

F. 改用指针式仪表　G. 降温或移入空调房间　H. 重新启动计算机　I. 在电源进线上串接电源滤波器　J. 立即切断仪器电源　K. 不让它在车间里电焊　L. 关上窗户

M. 将机箱密封或保持微热　N. 将机箱用橡胶-弹簧垫脚支撑

10-7　如何削弱接收电路对噪声干扰的敏感性？

10-8　光电耦合器有什么特点？

10-9　滤波技术有哪几种电路？其作用各是什么？

# 第11章 虚拟仪器测试技术

传统仪器一般是一台独立的装置，从外观上看，它一般由操作面板、信号输入端口、检测结果输出等部分组成。操作面板上一般有一些开关、按钮、旋钮等。检测结果的输出方式有数字显示、指针式表头显示、图形显示及打印输出等。

功能方面，传统仪器可分为信号的采集与控制、信号的分析与处理、结果的表达与输出三部分。传统仪器的功能都是通过硬件电路或固化软件实现的，而且由仪器生产厂家给定，其功能和规模一般都是固定的，用户无法随意改变其结构和功能。传统仪器大都是一个封闭的系统，与其他设备的连接受到限制。

另外，传统仪器价格昂贵，技术更新慢（周期为 5～10 年），开发费用高。随着计算机技术、微电子技术和大规模集成电路技术的发展，出现了数字化仪器和智能仪器。尽管如此，传统仪器还是没有摆脱独立使用和手动操作的模式，在较为复杂的应用场合或测试参数较多的情况下，使用起来就不太方便。

以上三方面原因使传统仪器很难适应信息时代对仪器的需求。那么，如何解决这个问题呢？可以设想，在必要的数据采集硬件和通用计算机支持下，通过软件来实现仪器的部分或全部功能，这就是设计虚拟仪器（virtual instrumentation）的核心思想。

## 11.1 虚拟仪器介绍

虚拟仪器是基于计算机的仪器。计算机和仪器的密切结合是目前仪器发展的一个重要方向。粗略地说，这种结合有两种方式：一种是将计算机装入仪器，其典型的例子就是所谓智能化的仪器，随着计算机功能的日益强大及其体积的日趋缩小，这类仪器功能也越来越强大，目前已经出现含嵌入式系统的仪器；另一种方式是将仪器装入计算机，以通用的计算机硬件及操作系统为依托，实现各种仪器功能，虚拟仪器主要是指这种方式。

虚拟仪器是现代仪器技术与计算机技术结合的产物。随着计算机技术特别是计算机的快速发展，CPU 处理能力的增强、总线吞吐能力的提高及显示器技术的进步，人们逐渐意识到，可以把仪器的信号分析和处理、结果表达与输出功能转移给计算机来完成，从而可以利用计算机的高速计算能力和宽大的显示屏更好地完成原来的功能。如果在计算机内插上一块数据采集卡，就可以把传统仪器的所有功能模块都集成在一台计算机中，而软件就成为虚拟仪器的关键，任何一个使用者都可以通过修改虚拟仪器的软件来改变它的功能，这就是美国国家仪器（NI）有限公司"软件就是仪器"一说的来历。

图 11-1 的框图反映了常见的虚拟仪器方案。

虚拟仪器的主要特点如下：

1）尽可能地采用了通用的硬件，各种仪器的差异主要是软件。

2）可充分发挥计算机的能力，有强大的数据处理功能，可以创造出功能更强的仪器。

3）用户可以根据自己的需要定义和制造各种仪器。

虚拟仪器实际上是一个按照仪器需求组织的数据采集系统。虚拟仪器的研究中涉及的基础理论主要有计算机数据采集和数字信号处理。各种标准仪

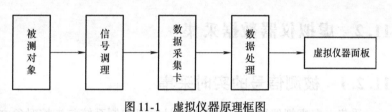

图 11-1　虚拟仪器原理框图

器的互联及与计算机的连接，目前采用较多的是 IEEE 488 标准或 GPIB 协议。未来的仪器也必将是网络化的。在这一领域内，目前使用较为广泛的计算机语言是美国 NI 公司的 Lab-VIEW。

LabVIEW 是一种图形化的编程语言，在工业界、学术界和实验室被广泛应用，可视为一个标准的数据采集和仪器控制软件。LabVIEW 集成了满足 GPIB、VXI、RS-232 和 RS-485 协议的硬件及数据采集卡通信的全部功能，内置了便于应用 TCP/IP、ActiveX 等软件标准的库函数，是一个功能强大且灵活的软件。利用 LabVIEW 可以方便地建立自己的虚拟仪器，其图形化的界面使得编程及使用过程生动有趣。

图形化的程序语言，又称 G 语言。使用这种语言编程时，基本上不用编写程序代码，取而代之的是流程图。LabVIEW 尽可能利用了科学家、技术人员、工程师所熟悉的术语、图标和概念，是一个面向最终用户的工具。它可以增强构建科学和工程系统的能力，提供了实现仪器编程和数据采集系统的便捷途径。使用 LabVIEW 进行原理研究、设计、测试并实现仪器系统时，可以大大提高工作效率。

所有的 LabVIEW 应用程序，即虚拟仪器，包括前面板、流程图、图标/连接器三部分。

前面板是图形用户界面，也就是 VI 的虚拟仪器面板，该界面上有用户输入和显示输出两类对象，具体表现有开关、旋钮、图形及其他控制和显示对象。

流程图提供 VI 的图形化源程序。在流程图中对 VI 编程，以控制和操纵定义在前面板上的输入和输出功能。流程图中包括前面板上控件的连线端子，还有些前面板上没有但编程必须有的东西，如函数、结构和连线等。VI 具有层次化和结构化的特征。一个 VI 可以作为子程序，称为子 VI（subVI），被其他 VI 调用。图标/连接器在这里相当于图形化的参数，详细情况稍后介绍。

工具模板提供了各种用于创建、修改和调试 VI 程序的工具。如果该模板没有出现，则可以在 Windows 菜单下选择"Show Tools Palette"命令以显示该模板。当从模板内选择了任一种工具后，鼠标箭头就会变成该工具相应的形状。当从 Windows 菜单下选择了"Show Help Window"功能后，把工具模板内选定的任一种工具光标放在流程图程序的子程序或图标上，就会显示相应的帮助信息。控制模板用来给前面板设置各种所需的输出显示对象和输入控制对象。每个图标代表一类子模板。如果控制模板不显示，可以用 Windows 菜单的"Show Controls Palette"功能打开它，也可以在前面板的空白处，单击鼠标右键，以弹出控制模板。功能模板是创建流程图程序的工具，该模板上的每一个顶层图标都表示一个子模板。若功能模板不出现，则可以用 Windows 菜单下的"Show Functions Palette"功能打开它，也可以在流程图程序窗口的空白处单击鼠标右键以弹出功能模板。

## 11.2 虚拟仪器数据采集

### 11.2.1 被测信号的实时采集

采集卡在虚拟仪器系统中承担着计算机控制系统与被控对象之间数据信息交换的桥梁作用。被测信号的实时采集要使用数据采集卡。被测信号的实时采集原理如下：计算机对采集卡发出指令，启动采集卡，采集卡将模拟信号转换为数字信号，计算机对采集的信号数据进行存储、处理和显示。由计算机、采集卡、接口硬件和传感器组合在一起构成的系统称为虚拟仪器系统（即数据采集系统）。图 11-2 为虚拟仪器数据采集框图。

被测信号的数据采集实际上是对数据采集卡的编程过程。采集卡的设置包括数据采集卡的地址设置、被测信号的输入方式设置和被测信号的输入范围设置。多路开关将各路被测信号轮流切换到放大器的输入端，实现多参数、多路信号的分时采集。放大器将前一级多路开关切换进入待采集信号放大（或衰减）

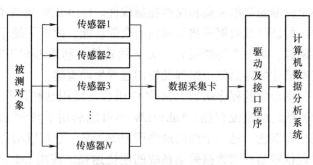

图 11-2　虚拟仪器数据采集框图

至采样环节的量程范围内。通常，实际系统中放大器采用增益可调的放大器，设计者可根据输入信号幅值的不同，选择不同的增益倍数。采样/保持器取出被测信号在某一瞬时的值（即信号的时间离散化），并在 A/D 转换过程中保持信号不变。如果被测信号变化很缓慢，可以不用采样/保持器。A/D 转换器将输入的模拟量转化为数字量输出，并完成信号幅值的量化。随着电子技术的发展，通常将采样/保持器同 A/D 转换器集成在一块芯片上。以上四部分都处在计算机的前向通道，是组成数据采集卡的主要环节，它们与其他有关电路，如定时/计数器、总线接口电路等，做在一块印制电路板上，即构成数据采集卡，完成对被测信号的采集、放大及 A/D 转换任务。

### 11.2.2 数据采集卡的性能指标

在选择数据采集卡构建虚拟仪器时，必须对数据采集卡的性能指标有所了解。数据采集卡的主要性能指标见表 11-1。

表 11-1　数据采集卡的主要性能指标

| 参　　数 | 性　能　指　标 |
| --- | --- |
| 模拟输入通道数 | 该参数表明数据采集卡所能够采集的最多的信号路数 |
| 信号的输入方式 | 被测信号的输入方式有：<br>单端输入即信号的其中一个端子接地；<br>差动输入即信号两端均浮地；<br>单极性信号幅值范围为 $0 \sim A$，$A$ 为信号最大幅值；<br>双极性信号幅值范围为 $-A \sim A$ |

（续）

| 参　　数 | 性 能 指 标 |
|---|---|
| 模拟信号的输入范围 | 根据信号输入方式的不同（单极性输入或双极性输入），有不同的输入范围，如对单极性输入，典型值为 0 ~ 10V；对双极性输入，典型值为 –5 ~ 5V |
| 模拟输入阻抗 | 模拟输入阻抗是采集卡的固有参数，一般不由用户设置 |
| 采集卡地址 | 指 CPU 分配给数据采集卡的内存使用空间，其选择范围为 200 ~ 3F8H，通常选择 280H 为数据采集卡的地址 |

### 1. A/D 转换部分

1）采样速率。采样速率是指在单位时间内数据采集卡对模拟信号的采集次数，是数据采集卡的重要技术指标。由采样定理可知，为了使采样后输出的离散时间序列能无失真地复原输入信号，必须使采样频率 $f_s$ 至少为输入信号最高有效频率 $f_{max}$ 的两倍，否则会出现频率混淆误差。实际系统中，为了保证数据采样精度，一般有下列关系：

$$f_s = (7 \sim 10) f_{max} N \tag{11-1}$$

式中，$N$ 为多通道数；$f_s$ 为采样频率；$f_{max}$ 为信号最高有效频率。

2）采样位数。位数是指 A/D 转换器输出二进制数的位数。如图 11-3 所示，当输入电压由 $U = 0$ 增至满量程 $U = U_H$ 值时，一个 8 位 A/D 的数字输出由 8 个"0"变为 8 个"1"，共计变化 $2^b$（$b$ 为转换位数，此处 $b = 8$）个状态，故 A/D 转换器产生一个最低有效位数字量的输出改变量，相应的输入量为

$$U_{min} = 1LSB = q = \frac{U_H}{2^b} \tag{11-2}$$

式中，LSB 为最低有效位；$q$ 为量化值；$U_H$ 为满量程输入电压，且 $U_H \geqslant A$，通常等于 A/D 转换器的电源电压。

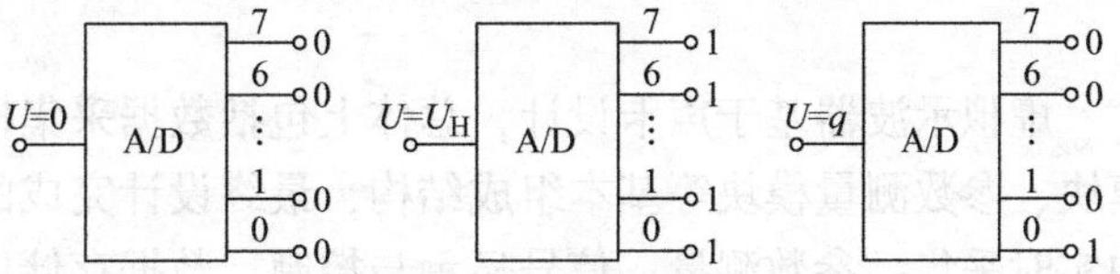

图 11-3　采样位数示意图

3）分辨率与分辨力。这两项指标指数据采集卡可分辨的输入信号最小变化量。分辨率一般以 A/D 转换器输出的二进制位数或 BCD 码位数表示；分辨力为 1LSB。

4）精度。精度一般用量化误差表示。量化误差 $e$ 为

$$|e| = \frac{LSB}{2} = \frac{q}{2} = \frac{U_H}{2^{b+1}} \tag{11-3}$$

### 2. D/A 转换部分

1）分辨率。分辨率是指当输入数字发生单位数码变化（即 1LSB）时所对应输出模拟量的变化量，通常用 D/A 转换器的转换位数 $b$ 表示。

2）标称满量程。标称满量程相当于数字量标称值 $2b$ 的模拟输出量。

3）响应时间。数字量变化后，输出模拟量稳定到相应数值范围内（0.5LSB）所经历的时间称为响应时间。

以上为数据采集卡的主要性能指标。对一些功能丰富的数据采集卡，还有定时/计数等其他功能。

### 3. 数据采集卡功能及应用

实验室中使用美国 NI 有限公司生产的 12 位 USB-6008 型数据采集卡来完成动态数据的

采集和控制信号的输出任务。这款数据采集卡为中速卡，其采样频率可达 10kS/s，它有 8
个单端模拟输入或 4 个差分模拟输入通道，单端模拟输入的范围为 – 10 ~ + 10V，差分模拟输入的范围为 – 20 ~ + 20V，两个模拟输出通道，输出电压为 0 ~ 5V。这款数据采集卡还具有 12 个 DIO 通道、1 个定时器和 2.5V、5V 的恒压输出。采集卡通过 USB 供电，不需要任何外接电源，其接线端子如图 11-4 所示。

| GND | 1 | 17 | P0.0 |
|---|---|---|---|
| AI 0/AI 0+ | 2 | 18 | P0.1 |
| AI 4/AI 0– | 3 | 19 | P0.2 |
| GND | 4 | 20 | P0.3 |
| AI 1/AI 1+ | 5 | 21 | P0.4 |
| AI 5/AI 1– | 6 | 22 | P0.5 |
| GND | 7 | 23 | P0.6 |
| AI 2/AI 2+ | 8 | 24 | P0.7 |
| AI 6/AI 2– | 9 | 25 | P1.0 |
| GND | 10 | 26 | P1.1 |
| AI 3/AI 3+ | 11 | 27 | P1.2 |
| AI 7/AI 3– | 12 | 28 | P1.3 |
| GND | 13 | 29 | PFI0 |
| AO 0 | 14 | 30 | +2.5V |
| AO 1 | 15 | 31 | +5V |
| GND | 16 | 32 | GND |

图 11-4　NI USB-6008 型数据
采集卡接线端子图

直流电动机带动转盘运转，通过光电传感器将电动机的转速信号转化为波形信号，波形信号的频率对应为转速，通过数据采集卡的模拟输入通道进行 A/D 转换将其转化为数字量，与设定转速相比较，计算出设定转速与实际转速的偏差值，在基于 LabVIEW 的虚拟仪器程序中对这些数字量进行处理，形成控制信号，供虚拟仪器控制系统使用。在数据采集卡的模拟输出通道中进行 D/A
转换，把经过 PID 控制运算输出的数字量转化为直流电动机的控制电压，送入控制电路，从而控制直流电动机的转速。

## 11.3　基于声卡的虚拟示波器设计

虚拟示波器基于声卡设计，总体上包括数据采集模块、频谱分析模块、波形显示和控制模块、参数测量模块等基本组成结构，最终设计完成的基于声卡的虚拟示波器可以实现数据的实时采集、参数测量、信号显示与控制、数据存储以及信号频谱分析等功能。

1. LabVIEW 环境下有关声卡信号采集的主要函数

LabVIEW 中提供了众多使用 Windows 底层函数编写、可以对声卡进行操作的函数。这些函数集中在 LabVIEW 函数选板的 Sound 子选板中，在虚拟示波器的设计过程中主要涉及 SoundInput 函数。图 11-5 为 LabVIEW2014 软件中的 SoundInput 函数子选板。

图 11-5　LabVIEW2014 软件中的 SoundInput 函数子选板

子选板包含 6 个节点，下面对各函数功能进行简单介绍。

声音采集函数（Acquire Sound Express VI）：从声音装置采集数据。该 Express VI 自动配置输入任务，采集数据并在采集完成后清除任务。

声音输入配置函数（Sound Input Configure VI）：对声音输入设备进行配置，对数据进行采集并将其发送至缓冲区。

启动声音输入采集函数（Sound Input Start VI）：启动数据采集设备。只有在停止声音输入采集函数被调用才需要使用此函数。

读取声音输入函数（Sound Input Read VI）：从声音输入设备读取数据。必须使用声音输入配置函数对设备进行配置。

停止声音输入采集函数（Sound Input Stop VI）：停止从设备中采集数据。

声音输入清零函数（Sound Input Clear VI）：停止数据采集工作，清空缓冲区，返回任务至默认状态，清除与任务相关联的资源并使任务无效。

2. 基于声卡的虚拟示波器功能设计

扩展应用的基于声卡的虚拟示波器的程序功能主要包括数据采集模块、波形显示模块、波形控制模块、触发控制模块、参数测量模块、频谱分析模块等，每个模块用以实现虚拟示波器的一项功能。下面结合程序框图对各模块进行介绍。

（1）数据采集模块的设计

数据采集模块主要用于驱动声卡进行数据采集并对采集所得的模拟数据进行 A/D 转换，图 11-6 为其程序框图。

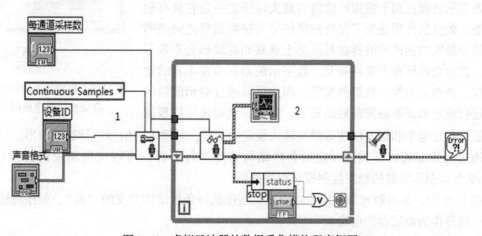

图 11-6　虚拟示波器的数据采集模块程序框图

图 11-6 中，"1"部分所示是 PC 声卡的输入参数配置部分，主要功能是进行声卡的参数配置以及声音的格式（如采样频率、采样模式、采样通道、采样比特等）的设定。声音的读入部分见图中"2"部分，其功能是根据任务的 ID 号读取声卡中的输入数据，并把任务 ID 号通过循环移位寄存器传给下次循环，从而实现程序的连续运行。

（2）虚拟示波器的显示控制模块

虚拟示波器的显示控制模块的功能是控制波形在前面板上的显示。该模块主要是通过前面板上的水平分度调节按钮盒垂直分度调节按钮实现对波形的调整，其功能的实现主要是通过对示波器的属性节点进行设定。虚拟示波器的显示控制模块程序框图如图 11-7 所示。

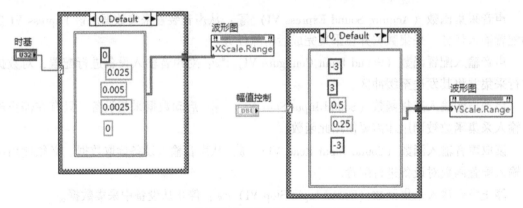

图 11-7　虚拟示波器的显示控制模块程序框图

（3）虚拟示波器的数据存储模块

文件存储功能的实现是通过 LabVIEW 软件的写入测量文件函数（Write To Measurement File Express VI）。按下文件存储按钮，波形存储模块开始工作，把声音信号存储到指定的文件中。波形存储模块的结构框图如图 11-8 所示。

本设计的虚拟示波器的信号保存格式为 lvm 格式，这种格式是 LabVIEW 软件默认的一种文件保存格式，其特点是信息全面，不仅包含数据信息，还包含数据的产生时间等内容。

（4）虚拟示波器的触发控制模块

数字示波器区别于模拟示波器的最大特征之一是它具有触发功能。触发的作用是为了保持扫描信号与被测信号之间的同步，缺少触发功能的示波器在显示屏上观察到的波形会非常不稳定，波形会在屏幕上来回抖动。数字示波器有非常丰富的触发功能，如边沿触发、高级触发等。用户可以通过对示波器的触发进行设定来观察触发前后的波形。触发控制模块可以根据

图 11-8　虚拟示波器的数据存储模块程序框图

触发源、触发电平和触发极性等触发输入设定的不同，对输入的信号进行选择输出。

通过触发源相应开关的设定对条件结构分支进行选择，可以实现相应的触发功能。图 11-9 为虚拟示波器的触发控制模块程序框图。

图 11-9 中，如果触发源设定为内触发，程序执行条件结构分支的"真"，程序将输入信号的一部分作为触发器的输出。

（5）虚拟示波器的参数测量模块

虚拟示波器的参数测量功能主要是使用振幅和电平测量函数（Amplitude and Level Measurements Express VI）以及时间和瞬态特性测量函数（Timing and Transition Measurements Express VI）两个函数来实现。该模块可以实现对信号频率、周期、方均根、占空比、峰峰值、正峰、负峰等参数的测量。图 11-10 为虚拟示波器的参数测量模块程序框图。

（6）虚拟示波器的频谱分析模块

基于声卡的虚拟示波器不仅可以显示原信号的波形，还可以实时显示信号的频谱以获得更多的信息。信号的频谱分析功能主要通过软件的频谱测量函数 Spectral Measurements Express VI 实现。图 11-11 为虚拟示波器的频谱分析模块程序框图。

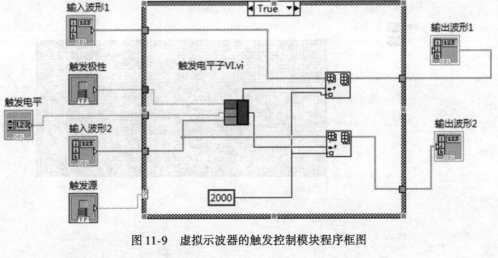

图 11-9　虚拟示波器的触发控制模块程序框图

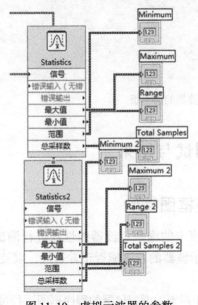

图 11-10　虚拟示波器的参数
测量模块程序框图

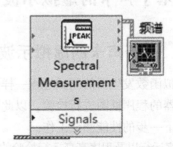

图 11-11　虚拟示波器的频谱
分析模块程序框

对所有程序模块进行整合，按照所需功能进行编程，并且使程序运行无误，相互运行之间互不影响。

**3. 基于声卡的虚拟示波器的前面板设计**

前面板是用户与虚拟仪器的接口，同时也是二者进行信息交换的通道，模拟传统仪器操作，实现对虚拟示波器的控制，并且显示数据处理结果。前面板的设计参考了传统数字示波器的操作面板，根据仪器的功能，在虚拟示波器前面板上设置实时图形显示窗口，包括波形图、频谱图、波形暂停截图：以及数据采集配置菜单，包括初始化配置、电压标定、基流频率、参数显示窗口、暂停按钮、保存按钮、停止按钮等。图 11-12 为本设计的虚拟示波器的前面板。

211

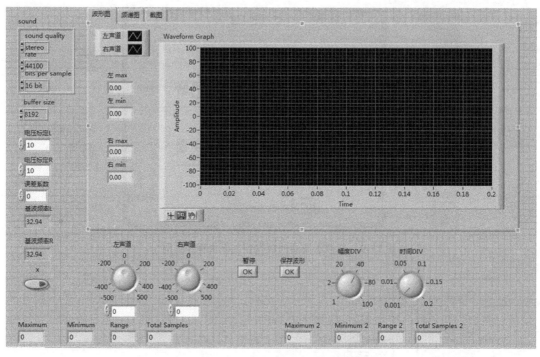

图 11-12　基于声卡的虚拟示波器的前面板

# 11.4　基于声卡的虚拟示波器性能测试与结果

## 11.4.1　基于声卡的虚拟示波器的程序框图检验

与虚拟函数发生器的测试过程一样，在对基于声卡的虚拟示波器的性能进行测试之前，需要对仪器的程序框图进行检验，以此来判定虚拟示波器的程序能否正常运行，以及可否对仪器进行下一步的性能测试工作。

在程序运行以及程序高亮运行检验的过程中，基于声卡的虚拟仪器的程序框图运行过程无故障，表明仪器的程序框图可以正常运行，因而可以对虚拟示波器进行进一步的性能测试工作。

## 11.4.2　基于声卡的虚拟示波器的功能测试

系统能测试到的最高频率与电路所选器件性能有关，本设计选用计算机自带的声卡作为声卡采集模块，最高采样频率为44.1kHz，由采样定理可知，所能测试的模拟信号的最高频率为22kHz。由于声卡的采集质量问题，在实际测试的过程中使用的模拟信号的最高频率为2.5kHz。

本设计的虚拟示波器以计算机的声卡作为数据采集硬件，用软件编程实现仪器相应功能，因此要求仪器能够采集经声卡传输的音频信号，完成该信号在虚拟示波器上的显示并对信号进行分析。

为测试虚拟示波器的各功能模块，可以选择将基于声卡的虚拟信号发生器产生的指定波形信号经声卡输出至虚拟示波器，然后观察虚拟示波器对各种信号的显示效果。

**1. 虚拟示波器的波形显示功能测试**

为了测试虚拟示波器能否正确地显示波形，在测试过程中选择300Hz的正弦波作为测试对象。图11-13为300Hz正弦波的显示效果图。

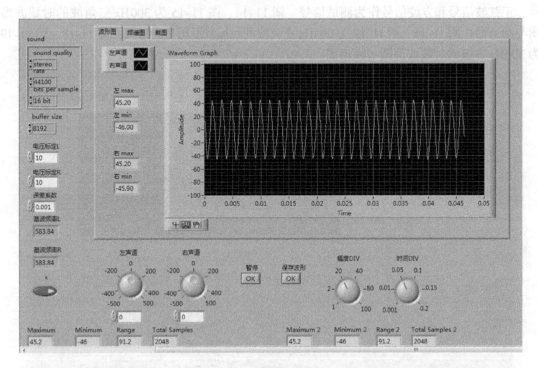

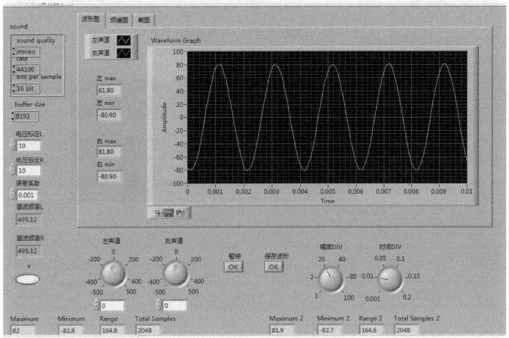

图11-13 300Hz正弦波的显示效果

213

### 2. 虚拟示波器的频谱分析模块功能测试

为了测试虚拟示波器的频谱显示模块功能，可以使用传统的标准信号发生器输出标准的测试信号至虚拟示波器。在测试过程中选择了相同频率的三种波形，即 300Hz 的三角波信号、正弦波信号和方波信号作为测试信号。图 11-14、图 11-15 为 300Hz 三角波的时域波形图与频谱图；图 11-16、图 11-17 为 300Hz 正弦波的时域波形图与频谱图；图 11-18、图 11-19 为 300Hz 方波的时域波形图与频谱图。

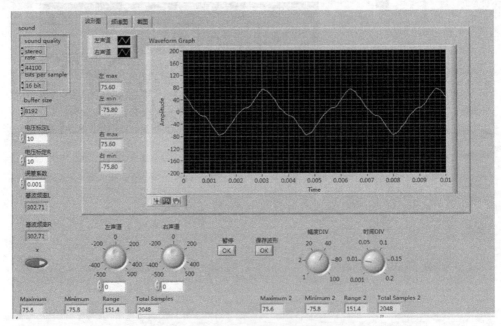

图 11-14　300Hz 三角波信号的时域波形图

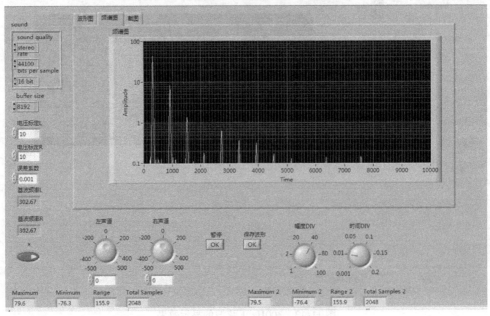

图 11-15　300Hz 三角波信号的频谱图

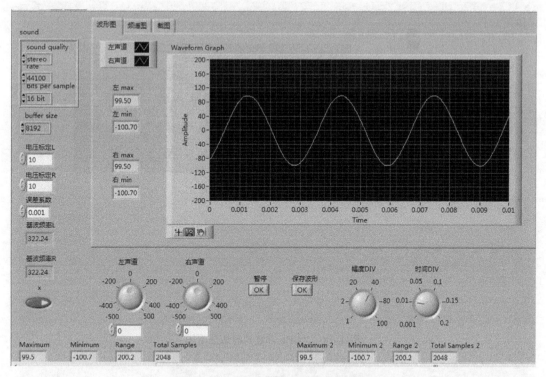

图 11-16　300Hz 正弦波的时域波形图

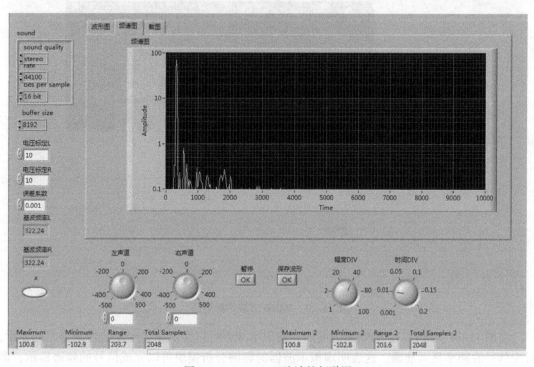

图 11-17　300Hz 正弦波的频谱图

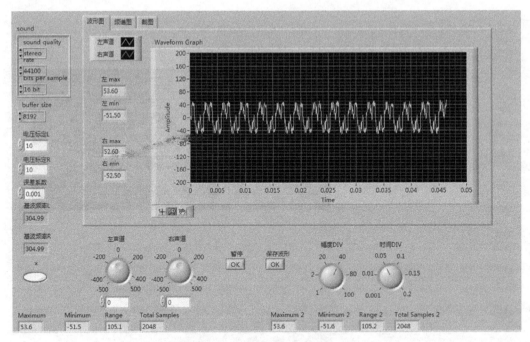

图 11-18　300Hz 方波的时域波形图

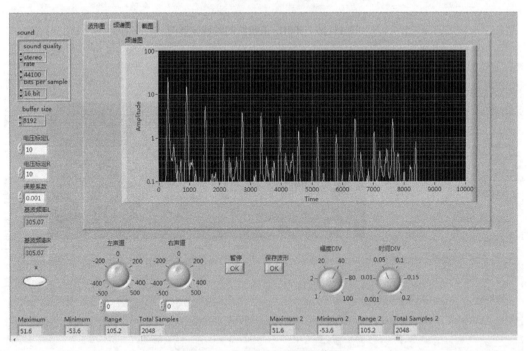

图 11-19　300Hz 方波的频谱图

由图 11-14 ~ 图 11-19 的效果图可知，虚拟示波器可以实现原信号与信号频谱图的显示，对应信号的频率显示准确。这表明虚拟示波器的频谱分析模块可以完成信号的频谱显示，虚拟示波器的频谱分析模块功能正常，达到了设计要求。

声音测试通过计算机声卡的 Line-in 输入声音信号的方法完成声音信号从外部物理设备

（在此采用手机播放器作为信号源）的输入和采集。图 11-20、图 11-21 为数据采集效果。

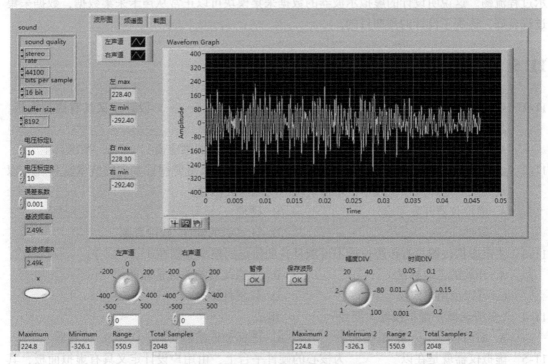

图 11-20 声卡采集的信号时域波形图

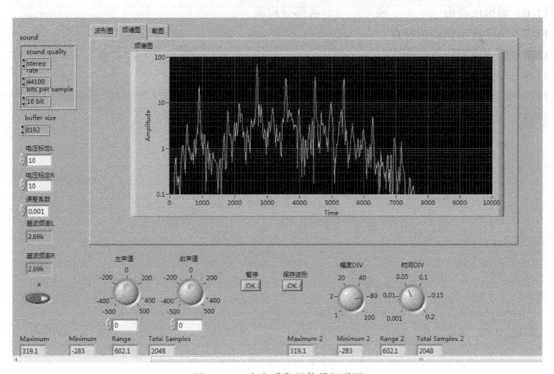

图 11-21 声卡采集的信号频谱图

测试结果表明虚拟示波器可以准确迅速地显示采集声音的变化，并显示其频谱，画面显示过程流畅。这说明设计的虚拟示波器的数据采集模块可以正常从声卡采集数据，数据采集过程良好，达到了设计的预期目的。

## 11.5 习题

11-1 虚拟仪器就是在以计算机为核心的硬件平台上，由（ ）设计定义具有虚拟面板，其测试功能由测试软件实现的一种计算机仪器系统。

    A. 用户        B. 生产厂家        C. 仪器设备的供应商        D. 系统自主

11-2 虚拟仪器技术最核心的思想是利用（ ），将本来需要硬件实现的技术软件化，以最大限度地降低系统成本，增强系统的功能与灵活性。

    A. 虚拟仪器开发平台                B. 硬件

    C. 软件                          D. 计算机的硬件/软件资源

11-3 决定虚拟仪器具有传统仪器不可能具备的特点的根本原因在于（ ）。

    A. 开放的工业标准                B. 虚拟仪器的关键是软件

    C. 可以由用户定义                D. 软硬件结合

11-4 （多项选择）虚拟仪器主要由（ ）组成。

    A. 前面板        B. 框图程序        C. 图标和连接器         D. 传感器

11-5 虚拟仪器就是在以_____为核心的硬件平台上，由用户设计定义具有虚拟面板，其测试功能由_____实现的一种计算机仪器系统。

11-6 虚拟仪器由_____和_____两部分构成。

11-7 简述虚拟仪器的特点。

11-8 简述虚拟仪器的构成。

11-9 简述选用数据采集卡需要考虑的主要因素。

11-10 简述基于虚拟仪器的数据采集实现方法。

11-11 虚拟仪器的主要设计步骤是什么？

# 第12章　检测系统工程案例分析

为使读者了解工业检测系统的体系结构、系统组成及设计方法，让读者对工业检测系统有一个完整的认识，本章选取了两个典型的检测系统的工程案例进行分析。在工业中，检测系统与自动控制系统往往是融合在一起的，检测系统为自动控制系统提供设备运行参数，从而构成完整的工业自动化系统。由于本书篇幅所限，本章所选取的工程案例侧重于传感器、检测技术及仪表相关内容的阐述。

## 12.1　计算机检测技术的应用实例

计算机技术已经渗透到人类生产、生活的各个方面，作为当今世界新技术革命的主要标志之一，它在传感器与检测技术中更是得到了广泛的应用，检测系统本身也借助计算机强大的功能发生着巨大的变化。传统检测系统中包含的信号调理、信号处理、显示与记录设备等组成部分，正逐步地被具有信号调理与处理功能的通用或专用电路板以及计算机所取代。由此而产生的计算机检测系统，以及由它进一步发展而来的智能仪器仪表和虚拟仪器等现代测试技术得到了迅猛的发展，目前已成为传感器与检测技术的主要趋势。

### 12.1.1　转轴等回转体转速的实时测量、数据处理

设计一个以8031单片机为核心组成的计算机检测系统，用于过程控制和工业设备中对转轴等回转体转速的实时测量、数据处理等，并可以作为智能仪表或集散型测控系统的子系统。

#### 1. 系统的主要性能

系统的测速范围为6～9999r/min。系统自动根据转速范围调整测速方法，使相对误差始终小于±0.1%，当转速超出设定范围时，系统将报警，且转速设定值可由小键盘输入。系统留有与上位机通信的软硬件接口，便于扩展使用功能。

#### 2. 测量方法分析

（1）转速测量原理

为了提高测速精度，系统采用了两种测速方法。高速时采用测频率法，低速时采用测周期法。测频率法是在一定的时间内，采集旋转角编码器发出的计数脉冲的个数，然后计算出转速；测周期法是利用单片机内部的定时器在旋转角编码器发出的计数脉冲的一个或若干个周期内定时测出其周期，然后计算出转速。

开机时，首先按低速测量，然后判别转速，低于360r/min时按测周期法进行测量；高于临界值时，则切换到测频率法测量，从而保证了各种转速下的测速精度。

转速测量可以采用接触式和非接触式两种方法，用于旋转体转速测量的传感器也较多，如圆光栅、旋转角编码器、自整角电动机，以及光电式非接触式测量用光敏元件等。其原理是利用传感器将转动转换为一定频率的脉冲。本系统采用360P/R的旋转角编码器，转速在

$360 \sim 9999 \mathrm{r/min}$ 之间时采用测频法。转速计算公式为

$$n = 60 \times \frac{N}{360 \times \Delta T}(\mathrm{r/min}) \tag{12-1}$$

式中，$N$ 为脉冲个数计算数值；$\Delta T$ 为定时周期（s）。

转速的量化误差为 $\Delta N = \pm 1$，因此相对误差为：$\frac{1}{N} \times 100\%$。显然，$N$ 越大，相对误差越小。因此，为了提高测速精度，应该加大每次采集到的计数脉冲个数 $N$，而加大 $N$ 势必加大定时周期 $\Delta T$，并将导致测速系统的动态特性降低。为解决这个矛盾，需要在不同的转速范围采用不同的定时周期。当转速在 $360 \sim 1800 \mathrm{r/min}$ 之间时，相当于 $6 \sim 30 \mathrm{r/s}$，每秒发出 $2160 \sim 10800$ 个计数脉冲，取 $\Delta T$ 为 $500 \mathrm{ms}$，则每次可采集到 $1080 \sim 5400$ 个脉冲，相对误差为 $1/1080 \times 100\% \sim 1/5400 \times 100\%$，即 $0.09\% \sim 0.018\%$；当转速在 $1800 \sim 9999 \mathrm{r/min}$ 时，取 $\Delta T = 100 \mathrm{ms}$，则每次可采集到 $1080 \sim 6000$ 个脉冲，对应的相对误差为 $0.09\% \sim 0.017\%$。采用两种不同的定时周期，既保证了相对误差小于 $0.1\%$，又保证了在高速时系统的动态响应速度。工作时，用 CPU 内部定时器实现 $100 \mathrm{ms}$ 的"基本定时"，再与软件计数器结合实现不同的采样周期。

在低速时应采用测周期法。测周期法是在脉冲的上升沿到来时开始定时，脉冲的下降沿到来时停止定时，计算出定时时间再乘以 2 即可得转轴旋转一周的时间）。MCS-51 单片机具有门控工作方式，通过指令使定时器工作在门控工作方式，并将旋转角编码器的计数脉冲引到 8031 单片机的外部中断输入引脚 INT0。这样，当计数脉冲上升沿到来时 INT0 为高电平，定时器开始定时；当计数脉冲下降沿到来时 INT0 转为低电平，定时器立即停止计数。读出定时器内的计数值再乘以单片机的机器周期即可得定时时间。转速计算公式为

$$n = \frac{60}{2 \times N \times T_1 \times 360}(\mathrm{r/min}) \tag{12-2}$$

式中，$N$ 为定时器计数值；$T_1$ 为单片机机器周期（s），如 8031 单片机的主频率为 $6 \mathrm{MHz}$，则 $T_1 = 2 \mu\mathrm{s}$。可以看出，单片机的主频率越高，测量精度越高。

由式（12-2）确定的转速的相对误差仍为 $\frac{1}{N} \times 100\%$，所以定时计数值 $N$ 越大越好。而且，转速在 $6 \sim 30 \mathrm{r/min}$ 之间时，采用单周期测量；转速在 $30 \sim 120 \mathrm{r/min}$ 之间时采用四周期测量；转速在 $120 \sim 360 \mathrm{r/min}$ 之间时采用八周期测量，以保证相对误差不大于 $0.1\%$。

例如，$n = 120 \mathrm{r/min}$ 相当于 $2 \mathrm{r/s}$，旋转角编码器每秒发出 720 个脉冲，脉冲周期为 $1388.8 \mu\mathrm{s}$，高电平时间为 $694.4 \mu\mathrm{s}$，采用四周期测量，采样周期为 $694.4 \mu\mathrm{s} \times 4 = 2777.6 \mu\mathrm{s}$，由于 $T_1$ 为 $2 \mu\mathrm{s}$，所以计数值为 $2777.6/2 \approx 1389$，其相对误差为 $\frac{1}{1389} \times 100\% = 0.07\%$。

（2）测量法的自动切换

测量法的切换由软硬件配合实现，是保证本转速测量系统测量精度的关键。图 12-1 为旋转角编码器计数脉冲切换的硬件控制电路原理图。

其中，74LS373 为 8D 锁存器，74LS151 为 8 选 1 多路模拟开关。当 74LS373 的输出 $Q_1$ 为 1 时，与门将计数脉冲引到 8031 定时/计数器通道 0 的外部脉冲输入端 $T_0$，系统采用测频率法测量。当 74LS373 的 $Q_1$ 为 0 时，系统选通数据选择开关 74LS151 的使能控制端 S，使计数脉冲通过 74LS151 有选择地输入到 8031 单片机的外部中断输入端 $\overline{\mathrm{INT0}}$，系统采用测周

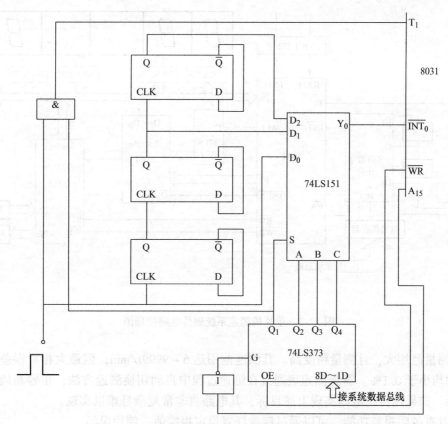

图 12-1  旋转角编码器计数脉冲切换硬件控制电路原理图

期法测量。

在测周期法中，74LS373 的 $Q_2$、$Q_3$、$Q_4$ 控制 74LS151 的数据选择端 A、B、C，切换 $Q_2Q_3Q_4$ 的数值为 000、100、010，可以选择将计数脉冲直接输入、4 分频输入、8 分频输入，即选择单周期、4 周期、8 周期。

软件在每次计算出转速后，立即与几个临界值比较，根据比较结果向锁存器中写入相应的控制值。

### 3. 系统组成

根据上述测量原理，可以设计如图 12-2 所示的系统硬件电路原理图。

单片机 8031、地址锁存器 74LS373 与程序存储器 2764 组成单片机最小系统。

单片机 8031、显示数据锁存器 74LS273 与数码管 LED 以共阴极方式构成静态显示模块。系统工作时，由 8031 先将显示数据进行软件译码，分 4 次将显示字数据写入锁存器。

并行接口 8155、命令输入键、声光报警器构成控制与报警模块。

旋转角编码器、计数脉冲输入通道选择电路、8031 计数器端口 $T_0$ 与外部中断INT0构成计数脉冲输入通道。

由单片机串行口构成与上位机的接口电路。

### 4. 系统功能评价

智能转速表与传统测速表相比具有多方面的优点，主要表现在以下几个方面：

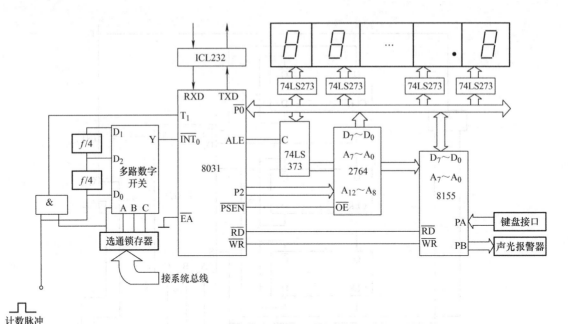

图 12-2　单片机测速系统硬件电路原理图

1）测量范用大，且测量精度高。其测速范用达 $6 \sim 9999 r/min$，但最大相对误差在任意速度段内均小于 $0.1\%$。智能测速表通过在测速过程中自动切换测速方法，很容易地实现了上述目标。如果用传统电路实现上述目标，其电路将非常复杂且难以实现。

2）具有越限报警功能，可以通过键盘任意设定报警值，使用灵活。

3）具有存储记忆功能，可以记录最大转速值、工作中越限次数等用户关心的重要数据。

4）可以通过修改控制软件而改变系统功能。如改变测频率法时的采集周期、改变测周期法时的分频数来改变测速精度或动态响应速度。

5）可以根据需要控制小型打印机、定时打印测速实验数据；也可通过串行接口与上位机通信，实现更复杂的控制功能。

6）扩展硬件的后向控制通道，增加软件的控制模块，可以很容易地扩展为闭环调速系统。

## 12.1.2　汽车万向节、传动轴扭转疲劳试验台计算机测控系统

### 1. 试验台对计算机测控系统的要求

该试验台用于汽车万向节、传动轴的扭转疲劳试验，图 12-3 为该试验台的结构示意图，图 12-4 为试件在试验过程中应承受的扭矩载荷示意图。下面简要介绍试验台的工作过程。

首先，试验人员用手工方法旋转预载臂上的双向螺母，通过杠杆臂及扭杆弹簧给被试件施加一静扭矩预载荷。当预载达到试验标准中规定的载荷值时，停止增加预载。然后，起动电机并缓慢升速。由于激振原理，激振器将产生一正弦变化的扭矩载荷，其与静扭矩载荷叠加到一起，作用于试件上。显然，叠加后的载荷峰值会随着电机转速的增加而增大。当载荷峰值达到试验标准规定的额定试验载荷时，停止电机升速，并使电机在当前转速下稳定连续运转。从此时开始，记录试件承受扭转疲劳载荷的循环次数。通常，试件在经受数十万次扭转疲劳载荷作用后将会疲劳或断裂，这时应停止电机运转。最后记录的试件所承受的总的扭

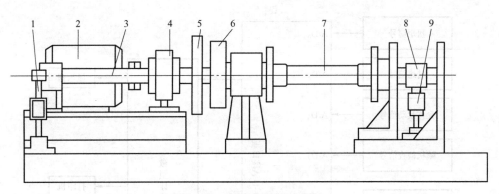

图 12-3　试验台结构示意图

1—预载臂　2—电机　3—扭杆　4—减速器　5—飞轮　6—激振器　7—试件　8—测试臂　9—力传感器

转疲劳载荷的循环次数将作为万向节或传动轴性能质量评估的重要技术指标。

　　根据该试验台的工作性质及特点，要求计算机测试控制系统应具有预载荷监测与报警、电机起动与调速、激振载荷测试与调节、试件承受扭转疲劳载荷循环次数记录、各测试参数的定时显示与打印、载荷波形曲线的定时绘制显示与复制、试件疲劳判断与停机、试验参数的定时存储等功能。

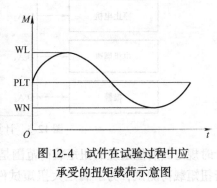

图 12-4　试件在试验过程中应承受的扭矩载荷示意图

　　2. 系统的硬件设计

　　计算机测试控制系统由以下几部分组成。

　　1）计算机系统：包括联想启天 M420 计算机系统一台，打印机一台，MS-1213 A/D-D/A 接口板，其被置于主机内 2 号外设插槽内。

　　2）电机调速与控制系统：包括直流调速电机、直流电机调速器、用于电机起停控制用的继电器及配套电路。

　　3）传感器放大系统：包括拉压传感器及与之配套使用的应变放大器、测速电机及分压电路、允许起动按钮、随机检查按钮。拉压传感器为应变式，安装在测扭臂与试验台底座之间，其所受拉压载荷与力臂乘积即为试件所受的扭矩载荷。测速电机安装在直流电机尾部，电机转速与时间的乘积可间接反映试件承受扭转疲劳循环载荷的次数。允许起动按钮安装在预载臂附近，用于和计算机进行联络以起动电机。随机检查按钮安装于试验台内便于操作的位置，用于和计算机进行联络以实现随机打印试验参数及复制载荷波形曲线。

　　4）报警系统：包括安装在试验台间的电铃及用于控制电铃启停的继电器和相应的控制电路，报警系统主要用于向试验人员提供有关指示信息。

　　上述各系统中，直接涉及计算机测试与控制的各部分相互之间的联系可由图 12-5 的结构框图加以简单描述。

　　3. 系统软件设计

　　众所周知，汽车万向节或传动轴根据车辆类型不同而有许多种不同规格。该试验台在设

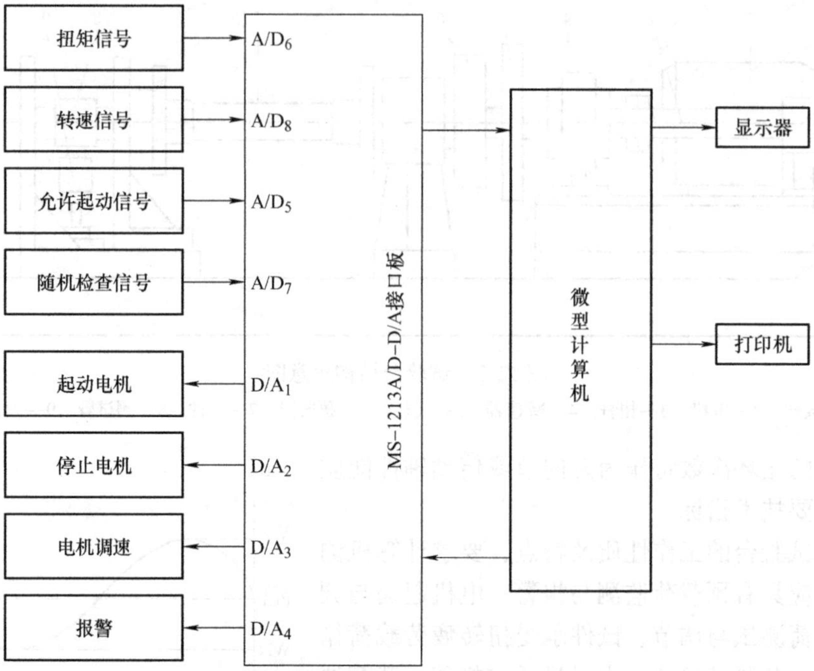

图 12-5　计算机测试与控制系统组织框图

计时规定其所能适应的扭矩载荷范围是 $300 \sim 5000\mathrm{N \cdot m}$。如果采用一个统一的拉压传感器进行扭矩载荷测试，为了满足大扭矩试件的测试要求，必然需要用大量程的拉压传感器。但是，如果用这种大量程拉压传感器测试小扭矩载荷试件，传感器的输出灵敏度将很低，其结果会造成较大测试误差。为了解决这个矛盾，该试验台配有两种不同量程的拉压传感器，其额定载荷分别为 3T 和 7T。由于不同规格的拉压传感器有不同的标定系统，所以在正式试验前，计算机软件应具有传感器规格选择功能。

另外，在屏幕绘制扭矩波形曲线时，由于各类试件额定最大试验扭矩相差悬殊，因此很难用一个统一的参数对曲线绘制进行比例调节。为了使各类不同试件的载荷波形在屏幕上绘制后比例适宜、便于观察，对不同类型的试件应提供不同的曲线绘制比例调节参数。

同时，对于不同规格试件，由于静预载值不同，使其开始扭振的直流调速电机的起始电压也不同，这就要求直流调速器的外控输入直流电压初始值也应不同。如果将该初始值定得很小以适应小型试件，则在进行大型试件时，将导致调速时间过长。反之，如果将该初始值定得较大，则对小型试件试验时，会导致电机转速急剧上升，从而使试件所受载荷超过其额定试验载荷。为了解决此矛盾，计算机测试控制软件应对不同规格的试件规定不同的控制参数。为此，将试件按其额定试验载荷大小分为小型、中型、大型、特大型四类，根据用户的指定，软件将能自动选择适宜的上述有关参数。

## 12.1.3　齿轮传动部件试验中的测量和控制系统

齿轮传动部件试验中的测量和控制系统如图 12-6 所示。在试验系统中，驱动转速和负载控制由工业控制计算机通过 RS-232 等串行接口控制直流或交流变频调速系统和耦合负载控制装置来实现。

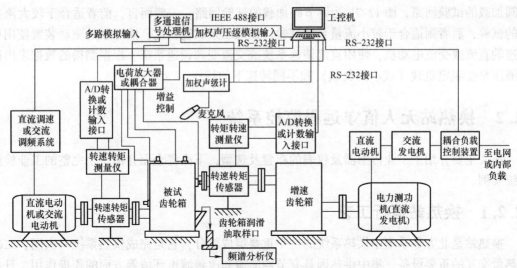

图 12-6 齿轮传动部件试验中的测量和控制系统

## 12.1.4 液压泵试验

液压泵试验在液压泵试验台上进行，试验台的基本回路如图 12-7 所示。图 12-7a 为溢

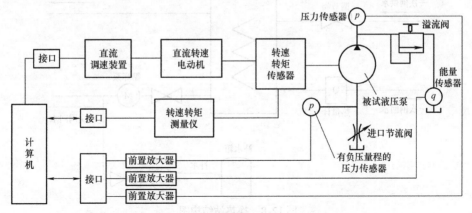

a) 溢流阀加载

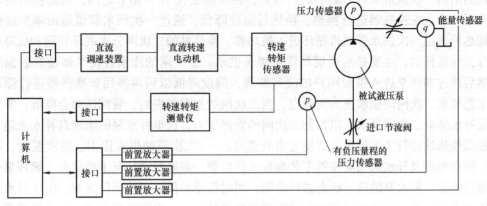

b) 调节阀加载

图 12-7 液压泵试验台的基本回路

流阀加载的试验回路，图 12-7b 为调节阀加载的试验回路。一般而言，前者适合于较大流量泵的试验，后者则适合于较小流量泵的试验。在液压泵试验台上，液压泵的驱动装置使用可调速的直流或交流电动机，使用直流调速系统或交流变频调速系统。根据测得的数据求出被试液压泵在额定负载（或不同负载）和不同转速下的特性。

## 12.2 换热站无人值守远程监控系统

前文主要介绍了工业传感器及仪表的布置及选型，下面将全面介绍一个完整的工业检测系统实例。

### 12.2.1 换热站运行工艺

换热站是北方冬季集中供热系统的一个重要组成部分，它是完成供热系统一次网、二次网热量交互的重要设备。集中供热因具有节约能源和改善城市环境等方面的积极作用，日益成为城市公用事业的一个重要组成部分，是国家大力推广的节能和环保措施。本项目实例中的换热站其工艺流程如图 12-8 所示。

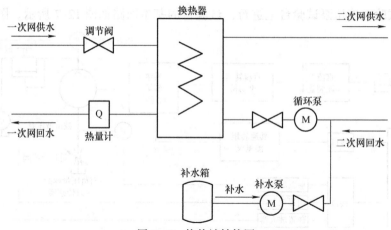

图 12-8 换热站结构图

换热站的一次供水来自于集中供热锅炉，供水温度在 70~90℃ 之间，锅炉供给的热水与二次网的冷水在换热器进行换热，换热后温度降低，通过一次回水管道返回锅炉继续加热，加热后通过一次供水管道再循环进入换热器。换热站的二次网分为高环管网和低环管网两部分，功能相同，主要是给高层和低层楼房供水。二次网的冷水经换热器换热后温度升高，然后通过循环泵进入供暖用户的暖气装置，温度降低以后再换回到换热器进行循环加热。工艺要求二次网的供水压力要稳定，当二次网的水有损失后，管网压力会降低，需要通过恒压补水泵对二次网补水，以控制二次网的管网压力。这里补水泵的水来自补水水箱。

根据换热站运行工艺要求，需要对室外温度、一/二次网的供水压力、供水温度、回水压力、回水温度及补水水箱液位等工艺参数进行监测；需要对循环泵工作状态、循环泵变频器的运行状态、补水泵的运行状态进行监测；同时需要对循环泵的运行频率、恒压补水泵的控制压力进行控制，以达到根据室外温度调整换热站一、二次网运行参数，保证供暖质量的目的。

## 12.2.2 换热站无线远程控制方案

在我国北方，冬季供暖问题一直是重要的民生问题，供暖质量影响着老百姓的生活质量，因此各级政府也非常重视供暖问题。目前，换热站作为影响供暖质量的重要环节，其控制水平普遍偏低，绝大多数换热站依靠人工看护、记录数据的方式，换热站运行参数不能实时调整，并且各站之间难以统一调度，容易造成热力失衡，导致供暖质量波动严重。为了监控供暖企业供暖情况，各级政府已经在各供暖换热站二次网供/回水回路强制安装温度监控系统，达不到供暖指标的企业将受到经济处罚，从而促使各供暖企业努力提高换热站的控制水平，稳定供暖质量。但由于供暖行业的特点，换热站的布置十分分散，各换热站之间距离数千米，且分布在居民区中，若通过有线通信的方式进行集中监控，通信电缆和布线的投资非常大，很多供暖企业在经济上无法承担。因此本例采用的是一种基于 GPRS 无线通信技术的、低成本的换热站无人值守远程监控系统，以更低的成本实现换热站的远程监控，提高供暖企业的供暖质量，提高企业经济效益、改善民生。实施方案的原理如图 12-9 所示。

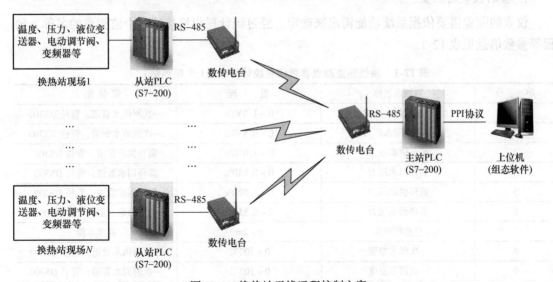

图 12-9 换热站无线远程控制方案

由图 12-9 可知，各换热站运行参数的检测和电气设备控制是通过西门子 S7-200 PLC 系统实现的。换热站 PLC 控制系统可独立完成本地控制。各个换热站利用通信系统将现场监测数据、运行状态数据传送给监控中心管理系统，同时接收监控管理软件进行的运行参数调整。各个换热站与监控中心采用 GPRS 通信方式，节省了布线和施工成本，只需每月缴纳一定的手机卡流量费用，使用成本低廉。

## 12.2.3 系统功能设计

系统设计的功能主要包括：

1. 上位机主要功能

1）显示各换热站的实时运行参数，包括各站每台泵的工作状态、过载状态、泵电流，各换热站一/二次网、供/回水压力、供/回水温度、补水箱水位等。

227

2）显示并记录下位机传来的报警信号，包括电源掉电、火警、盗警信号，变频器及循环泵、补水泵故障信号。系统对报警信号能发出声光报警。

3）远程开、关泵及变频器频率给定，补水压力设定操作。可分别对各换热站每台泵单独操作。

4）使用曲线图、表格方式显示实时数据和历史数据以及表格打印。

2. 下位机主要功能

1）现场数据采集和处理，发出执行动作信号，与上位机交换信息。

2）一/二次网供/回水温度、供/回水压力、补水箱液位等传感器信号的监测与转换。

3）二次网各水泵运行状态，变频器电流、频率监测及系统故障自动停泵。

4）二次网补水箱液位监测，超高、低限报警。

## 12.2.4 系统配置

1. 检测仪表的配置

仪表的配置需要依据系统功能需求来确定。经过统计得出换热站各个监测点的名称、量程等参数信息见表12-1。

**表 12-1 换热站监测点参数信息统计列表**（1 个换热站）

| 序　号 | 监测点名称 | 量　程 | 安装地点 |
|---|---|---|---|
| 1 | 一次网供水压力 | $0 \sim 1.0$MPa | 一次网供水管道，管径 DN300 |
| 2 | 一次网回水压力 | $0 \sim 0.8$MPa | 一次网回水管道，管径 DN300 |
| 3 | 高环供水压力 | $0 \sim 1.0$MPa | 高环供水管道，管径 DN300 |
| 4 | 高环回水压力 | $0 \sim 0.8$MPa | 高环回水管道，管径 DN300 |
| 5 | 低环供水压力 | $0 \sim 1.0$MPa | 低环供水管道，管径 DN300 |
| 6 | 低环回水压力 | $0 \sim 0.8$MPa | 低环回水管道，管径 DN300 |
| 7 | 补水箱液位 | $0 \sim 2$m | 补水水箱 |
| 8 | 一次供水温度 | $0 \sim 100$℃ | 一次网供水管道，管径 DN300 |
| 9 | 一次回水温度 | $0 \sim 100$℃ | 一次网回水管道，管径 DN300 |
| 10 | 高环供水温度 | $0 \sim 100$℃ | 高环供水管道，管径 DN300 |
| 11 | 高环回水温度 | $0 \sim 100$℃ | 高环回水管道，管径 DN300 |
| 12 | 低环供水温度 | $0 \sim 100$℃ | 低环供水管道，管径 DN300 |
| 13 | 低环回水温度 | $0 \sim 100$℃ | 低环回水管道，管径 DN300 |
| 14 | 室外温度 | $-50 \sim 50$℃ | 室外阴面，不受日光辐射处 |

根据各监测点的数量和参数，本项目所选用的仪表见表12-2。

**表 12-2 仪表选型列表**（1 个换热站）

| 序　号 | 仪表名称 | 规格型号 | 品牌及厂家 | 数　量 |
|---|---|---|---|---|
| 1 | 扩散硅式压力变送器（E + H 外形） | 1.0MPa，供电 DC 24V，输出 4~20mA，工作温度 70℃ | 淄博西创测控 | 3 |
| 2 | 扩散硅式压力变送器（E + H 外形） | 1.2MPa，供电 DC 24V，输出 4~20mA，工作温度 70℃ | 淄博西创测控 | 3 |

（续）

| 序　　号 | 仪表名称 | 规格型号 | 品牌及厂家 | 数　　量 |
|---|---|---|---|---|
| 3 | 投入式液位变送器 | 供电 DC 24V，输出 4～20mA，测量深度 3m | 淄博西创测控 | 1 |
| 4 | Pt100 热电阻 | $L=150mm$（0～100℃） | 锦州精微仪表 | 6 |
| 5 | Pt100 室外温度传感器 | -50～+50℃ | 锦州精微仪表 | 1 |

表 12-2 中的仪表为 1 个换热站配置的仪表，各仪表的数量根据监测点的数量确定，各仪表的量程根据现场工艺参数的范围确定，热电阻的长度根据管道的管径确定。

**2. 变频器的配置**

本例中 1 个换热站需要使用的补水泵共 2 台，功率为 7.5kW，采用一拖二方式，一工一备；需要补水变频器 1 台；二次网高环循环泵 2 台，低环循环泵 2 台，功率均为 18.5kW，同样采用一拖二方式，一工一备；需要循环泵变频器 2 台。选用的变频器型号见表 12-3。

**表 12-3　系统变频器配置**

| 序　　号 | 名　　称 | 规格型号 | 品牌及厂家 | 数量/台 |
|---|---|---|---|---|
| 1 | 补水变频器 | CHF 100-7R5G/011P-4 | 英威腾 | 1 |
| 2 | 循环泵变频器 | CHF 100-018G/022P-4 | 英威腾 | 2 |

**3. PLC 监控系统软硬件配置**

PLC 软硬件的配置需要根据系统监测及控制点的数量确定。经统计，系统模拟量输入 AI 点数为 18 点，其中电流信号输入 11 点，电阻信号输入 7 点；模拟量输出 AO 点数为 3 点。数字量输入 20 点；数字量输出 8 点。考虑到系统扩充的需要上位机组态软件，点数选为无限点。PLC 系统软硬件配置见表 12-4。

**表 12-4　PLC 系统软硬件配置**

| 序号 | 名　　称 | 规　格　型　号 | 品牌及厂家 | 数量 | 单位 |
|---|---|---|---|---|---|
| 1 | S7-200PLC | 6ES7 216-2BD23-0XB8 | 西门子 | 1 | 个 |
| 2 | DP 头 | 6ES7 972-0BA12-0XA0 | 西门子 | 1 | 个 |
| 3 | EM235（4 入 1 出） | 6ES7 235-0KD22-0XA8 | 西门子 | 3 | 个 |
| 4 | Profibus 电缆 | 6XV1830-0EH10 | 西门子 | 20 | m |
| 5 | EM231（4RTD） | 6ES7 231-7PC22-0XA0 | 西门子 | 2 | 个 |
| 6 | 直流电源 | 明纬，24V，5A | 明纬电源 | 2 | 个 |
| 7 | GPRS 模块 | WG-8010（485 接口） | ComWay | 1 | 个 |
| 8 | SIM 卡 | 中国移动（每月 100MB GPRS 流量） | 中国移动 | 1 | 个 |
| 9 | 配电器 | 1 输入（4～20mA），2 输出（4～20mA），24V 供电 | 百特 | 11 | 个 |
| 10 | 组态王 | 无限点开发 | 亚控科技 | 1 | 套 |
| 11 | 组态王 | 无限点运行 + Web5 用户 | 亚控科技 | 1 | 套 |
| 12 | 工控机 | IPC610L | 研华 | 1 | 台 |
| 13 | 以太网转换器 | ETH-PPI | 大连嘉德国际 | 1 | 个 |
| 14 | UPS | 3kV·A | 山特 | 1 | 台 |

由于篇幅所限，系统所需低压电气开关及其他辅助材料不再详述。PLC 系统的模块排列及与 GPRS 通信模块连接示意图如图 12-10 所示。

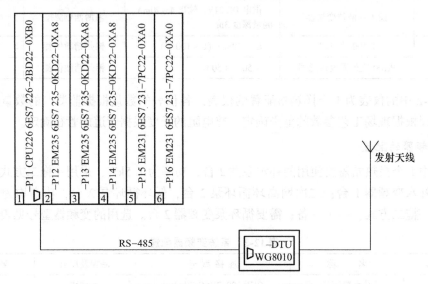

图 12-10　PLC 系统的模块排列及与 GPRS 通信模块连接示意图

## 12.2.5　参数检测硬件电路及软件程序

1. 温度的检测

（1）硬件电路

换热站的温度监测采用 Pt100 热电阻传感器，由于供／回水管路的管径为 DN300，所以选择 Pt100 的有效测量长度为 150mm。热电阻传感器采用三线制传输，信号直接接入西门子 S7-200PLC 系统的热电阻采集模块 EM231（RTD）。EM231（RTD）的具体功能说明请查阅西门子 S7-200PLC 硬件说明书。

这里以低环供水温度的检测为例进行说明。温度检测的硬件电路如图 12-11 所示。

由图 12-11 可知，低环供水温度传感器通过三芯电缆接入 PLC 的模拟量模块 AIW24 所对应的端子上，因此，在 PLC 程序中只需要对 AIW24 进行变换即可获得低环供水温度。

（2）软件程序

西门子 S7-200PLC 中，只需要将 AIW24 的值除以 10 即可将 Pt100 信号转换成实际的低环供水温度。为了编程调用方便，本项目编写了 Pt100 信号转换函数，同时为了方便传感器信号的矫正，函数中添加了温度零点及增益补偿功能。Pt100 信号转换函数的输入输出结构如图 12-12 所示。

图 12-12 中，AIW_n 为检测到的模拟信号输入，由于低环供水温度的硬件地址为 AIW24，所以这里填写 AIW24。此传感器有 1℃ 的零点偏差，因此在零点补偿输入端 Zero 处填写数字 -1.0，由于没有增益偏差，增益输入端 Gain 处填写数字 1.0。T_Value 为转换结果输出，这里输出信号送给 VD48，VD48 中的实数即为低环供水温度。

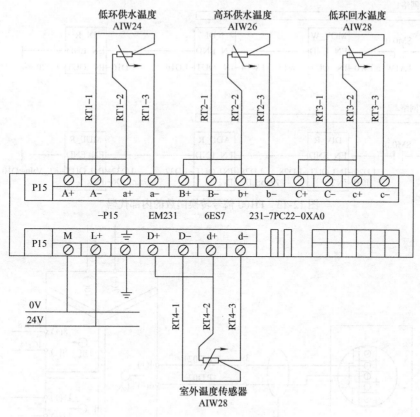

图 12-11　温度检测的硬件电路

Pt100 信号转换函数的内部代码如图 12-13 所示。

**2. 压力的检测**

**（1）硬件电路**

换热站各管道供/回水压力的检测是通过扩散硅式压力变送器实现的。扩散硅式压力变送器输出信号为两线制 4～20mA 电流信号或 0～5/10V 电压信号（EM235 模块的详细功能和拨码开关的设置方法请查阅西门子 S7-200PLC 硬件说明书）。压力信号的检测必须使用配电器。这里以一次供水压力的检测为例进行说明，其硬件电路连接图如图 12-14 所示。

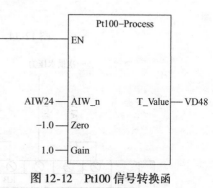

图 12-12　Pt100 信号转换函数的输入输出结构

由图 12-14 可知，压力变送器输出的两线制 4～20mA 电流信号接入配电器的输入端，配电器将其转换为四线制 4～20mA 电流信号后接入 EM235 模块的 AIW8 模拟量输入地址。EM235 模块的接线如图 12-15 所示。

**（2）软件程序**

西门子 S7-200PLC 可以接收的电流信号为 0～20mA，对应的模拟量数值为 0～32000。接收 4～20mA 仪表电流信号时，对应的模拟量数值为 6400～32000。可按下面的公式将 6400～32000 之间的信号转换成实际的物理信号：

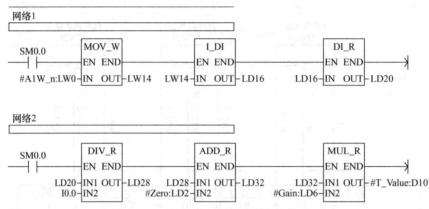

图 12-13　Pt100 信号转换函数的内部代码

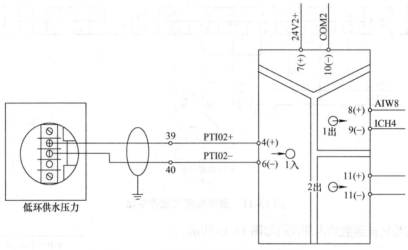

图 12-14　低环供水压力变送器接线图

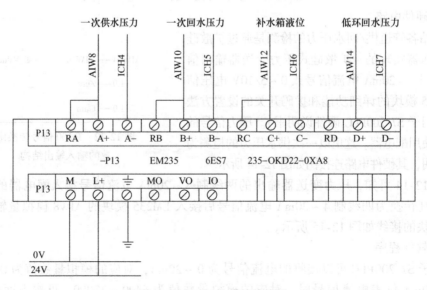

图 12-15　EM235 模块接线图

$$Value = \frac{PIW\_n - 6400}{32000 - 6400} \times Scale - Zero \qquad (12\text{-}3)$$

式中，Value 为实际的转换输出；PIW_n 为传感器信号对应的模拟量数值；Scale 为待检测物理量的取值范围。

为了编程调用方便，本设计编写了 AI 信号转换函数，同时为了方便传感器信号的矫正，函数中添加了温度零点及增益补偿功能。AI 信号转换函数的输入输出结构如图 12-16 所示。

图 12-16 中，AIW_n 为检测到的模拟信号输入，由于低环供水压力的硬件地址为 AIW8，所以这里填写 AIW8。由于所选传感器的量程为 0～1.2MPa，所以 Scale 处填写 1.2。由于传感器比较准确，没有进行温度零点和增益的补偿，所以零点补偿输入端 Zero 处填写数字 0.0，增益输入端 Gain 处填写数字 1.0。Result 为转换结果输出，这里输出信号送给 VD20，VD20 中的实数即为低环供水压力。

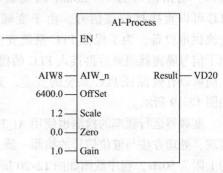

图 12-16　AI 信号转换函数的输入输出结构

AI 信号转换函数的内部代码如图 12-17 所示。

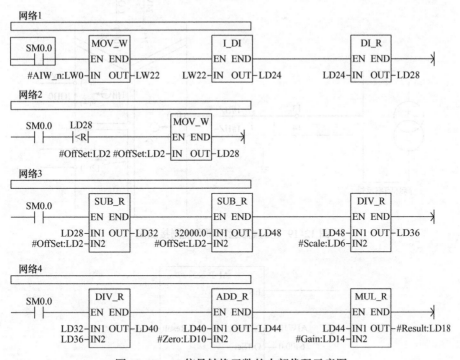

图 12-17　AI 信号转换函数的内部代码示意图

233

### 3. 液位的检测

换热站补水箱的液位通过投入式液位计检测。投入式液位计的输出信号为 4～20mA 的两线制电流信号，硬件电路的接法与压力信号检测的接法一致；信号的处理方法与压力信号的处理方法一致，都是调用 AI 信号转换函数，需要注意的是补水箱的实际高度为 2m，补水箱实际液位为 0 ~ 2m。但由于本项目选取的液位变送器量程为 0 ~ 3m，在 PLC 中计算实际的液位值时，AI_Process 函数的 Scale 输入的数字应为 3000（单位为 mm），以实际的传感器量程为准，AI 信号转换函数的输入输出结构如图 12-18 所示。

### 4. 变频器运行频率的检测

变频器运行频率来自于变频器的模拟量输出端口，输出信号为 4 ~ 20mA 四线制电流信号。PLC 可以直接接收该信号。由于变频器是 380V 交流供电设备，为了保证 PLC 系统安全，这里使用了信号隔离器隔离后再接入 PLC 的模拟量模块，从而可以有效保证 PLC 系统的安全。其电路接线如图 12-19 所示。

变频器运行频率的检测也使用 AI_Process 函数实现，处理方法与液位信号的检测一致，运行频率的上限为 50Hz，程序截图如图 12-20 所示。

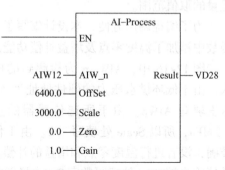

图 12-18　液位检测 AI 信号转换
函数的输入输出结构

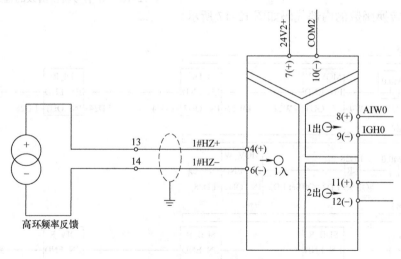

图 12-19　变频器运行频率检测接线图

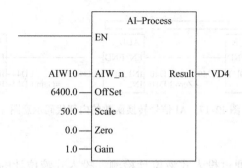

图 12-20　变频器运行频率检测 AI 信号转换函数的输入输出结构

## 12.2.6 PLC信号的无线GPRS传输

本项目采用无线GPRS传输方式将PLC检测到的现场运行参数传送至供暖锅炉房的监控计算机的组态画面上。GPRS模块的功能相当于一条无限延长的通信电缆，只要有手机信号，换热站与锅炉房的距离将不受限制。GPS通信系统原理如图12-21所示。

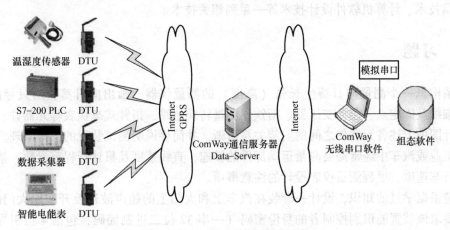

图12-21 GPRS通信系统原理图

图12-21中，通信服务器由ComWay公司提供。将无线终端设备（Data Transfer Unit，DTU）的RS-485接口与PLC的RS-485接口通过Profibus通信电缆相连（每一块DTU具有唯一的识别码），然后将监控计算机接入Internet，运行ComWay自带的软件，将本项目中所使用的DTU添加到软件中，然后将DTU设备映射到计算机的虚拟串口上，如图12-22所示。

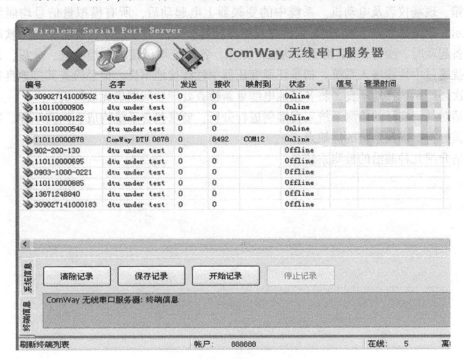

图12-22 DTU设备虚拟串口映射示意图

图 12-22 中有两块 DTU 设备，通过识别码进行区别，每个 DTU 对应着一个换热站。例如，名称为 ym-gzt（识别码唯一，名称可以自定义）的 DTU 映射到计算机的虚拟串口 9 上，在组态软件上，只需要对串口 9 中的数据进行读写，就可以完成该换热站运行参数的监控。

以上内容为读者展示了一个完整的工业检测系统。总之，要构建一个完整的工业检测系统，需要设计者掌握传感器技术、仪表技术、检测技术、PLC 软硬件设计技术、电气制图技术、通信技术、计算机软件设计技术等一系列相关技术。

## 12.3　习题

12-1　请构思一个测量向日葵生长量（高度）的测量仪器。画出向日葵、两只导向滑轮、细线及固定点、差动变压器、衔铁、测量转换电路、指针式毫伏表等元器件，要求设计图中上述各元器件之间的安装关系清晰，并简要说明测试装置的工作原理。

12-2　工业或汽车中经常需要测量运动部件的转速、直线速度及累计行程等参数。请简述自行车速度、里程测量仪表设计的注意事项。

12-3　请根据学过的知识，设计一套装在汽车上和大门上的超声波遥控开车库大门的装置。要求该装置能识别控制者的身份密码（一串 32 位二进制编码，包括 4 位引导码、24 位二进制码以及 4 位结束码，类似于电视遥控器发出的编码信号），并能有选择地放大超声信号，从而排除汽车发动机及其他噪声的干扰（采用选频放大器）。

12-4　请根据下面 12T 蒸汽锅炉监控系统现场情况的问题介绍，提出抗干扰方面的解决方案。

12T 蒸汽锅炉监控系统，包括受电柜、变频柜、低压配电柜、操作台、PLC 柜及操作箱、现场仪表及电动机。系统中的变频器上电起动后，所有模拟量信号均能稳定显示，但是操作台上的 220V 指示灯均频繁闪烁，无法正常工作。而非变频的软起动设备起动时，所有 220V 指示灯均正常工作，各系统均已接地。经检查、分析，得出干扰通过中性线进入系统。初步怀疑变压器中性线接地不良，但经检查其接地良好。其次怀疑系统接地不良，将各接地电缆重新检查处理后问题仍无法解决。

12-5　请对某一实际的检测系统工程案例进行分析，要求包含系统构成、检测原理、数据误差分析，以及系统的优缺点。

12-6　请介绍几种前沿的检测系统。

# 第13章　检测技术在物联网中的应用

物联网 (Internet of Things, IOT) 是将所有物品通过各种信息传感设备, 如基于光声电磁的传感器、射频识别装置、激光扫描器、3S 技术等各类装置与互联网结合起来, 实现数据采集、处理、融合, 并通过操作终端实现智能化识别和管理。

我国农业产业相对落后, 要实现从传统农业向现代农业的顺利过渡, 必须依赖信息化, 以农业信息化发展带动农业产业发展。应用物联网技术, 组建针对农业的生产、加工、储运、销售、消费全方位的信息采集和管理网络, 为用户提供综合的信息服务和技术支持。

农业物联网技术既能改变粗放的农业经营管理方式, 也能提高畜牧林业等疫情疫病防控能力, 确保农产品质量安全, 引领现代农业发展, 实现未来大到一头牛、小到一粒米都将有自己的身份, 人们可以随时随地通过网络了解它们的地理位置、生长状况等一切信息, 实现所有农牧产品的互联。图 13-1 为农牧业物联网的网络架构。

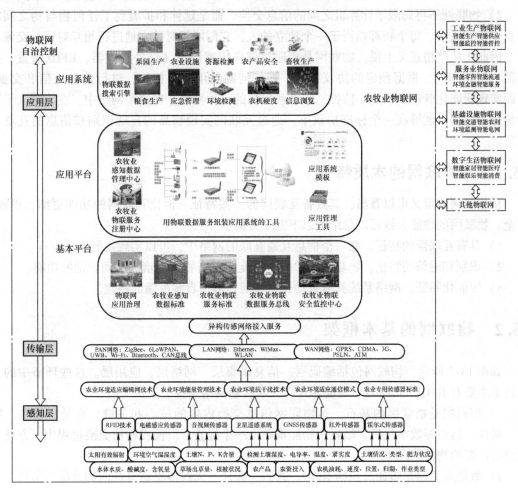

图 13-1　农牧业物联网的网络架构

237

## 13.1 物联网的基本概念

随着网络的普及，人们不禁要问，既然无处不在的网络能够成为人际间沟通的无所不能的工具，为什么不能将网络作为人与物品交流的工具，物品与物品交流的工具，乃至人与自然交流的工具？现在这一切正在逐渐变成现实。通过装置在各类物品上的电子标签——射频识别（Radio Frequency Identification，RFID）技术、传感器等技术经过无线网络与接口相连，从而给物品赋予智能，可以实现物品与人的沟通和对话，也可以实现物品与物品互相间的沟通和对话。这种连接物品的网络称为物联网。

### 13.1.1 物联网的定义

物联网即物与物相连的互联网，是指在物体中布设具有一定感知能力、计算能力和执行能力的智能芯片和软件，使之成为"智能物体"，通过网络设施实现信息传输、协同和处理，从而实现任何物体之间、物与人之间的互联。它有两层含义：

1）物联网的核心和基础仍是互联网，它是在互联网基础上延伸和扩展的一种网络。

2）物联网不再局限于计算机之间的信息交换，而是延伸和扩展到了任何物与物之间的信息交换和通信。每个物都相当于一个独立的人，它们能相对独立地进行相互对话、交流。

因此，从严格意义上说，物联网是指通过信息传感设备（红外感应器、RFID 装置、扫描器、GPRS 等），根据预定的协议标准，把任何物品用网络相连，进行信息通信和交换，从而实现智能化管理、识别、监控、跟踪和定位的一种网络。在这个网络中，在无需人干预的情况下，物品能够在一个标准协议下，通过互联网实现物品的自动识别和信息的互联与共享。

### 13.1.2 物联网的本质特征

从物联网的定义可以看出，其具备互联网的一些特征，但比互联网的功能更细、更强、更全。物联网的性能大致可以总结为以下三个方面：

1）具有互联网的特征。在一个信息互通互联的网络中，可以实现物的互通互连。

2）识别和通信的特征。物联网的"物"一定要具有物物通信和自动识别的功能。

3）智能化特征。网络系统具有自动化、智能控制与自我反馈的特点。

## 13.2 物联网的基本框架

如图 13-2 所示，物联网包括编码层、信息采集层、网络层、应用层。这些环节中的关键技术主要有 RFID、传感器、智能芯片、无线传输网络系统。

1）编码层是物联网的基石，是物联网信息交换内容的核心和关键。它是将设备、物品、属性、地点等数字化后，给每个物品都贴上一个标签，以便在物物交换过程中，方便查到自己需要的物的信息。

2）数据采集层是指通过包括 RFID、条码、蓝牙、无线传感器等在内的近场通信技术与自动识别技术获取物品编码信息的过程。也就是说，在交换相关信息之前，要先扫描即将交换的物的相关信息，对物的编码信息进行采集、校对、确认后，为下一步的信息交换做好准备。

3）网络层即进行信息交换的通信网络，包括 Internet、WiFi 网络以及无线通信网络等。网络层为物的信息交换提供了一个良好的交易平台，以此来实现互联网的互联互通特性。

4）应用层是构建在物联网技术架构之上的应用系统，包括物流、商业贸易、农业、军事等不同的应用系统。在网络层的基础上，应用层达到智能、快速、准确的高效率交易系统。

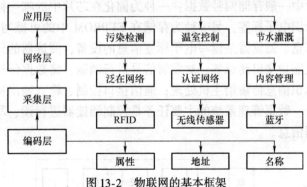

图 13-2　物联网的基本框架

## 13.3　物联网的核心技术

物联网的核心技术主要包括传感器、RFID 技术和无线传感器网络。传感器侧重于将被测量按照一定的规律转换成可用信号输出；RFID 技术侧重于识别，能够实现对目标的标识和管理；而无线传感器网络侧重于组网，实现数据的传递，具有部署简单，实现成本低廉等优点。因此，RFID 技术与无线传感器网络的结合存在很大的契机，RFID 技术与无线传感器网络的融合给物联网带来了极大的发展动力。本文已在前述章节对传感器技术进行了详细的介绍，下面分别介绍 RFID 技术和无线传感器网络。

### 13.3.1　RFID 技术

#### 1. RFID 技术及其特点

RFID 技术俗称电子标签，RFID 技术是一项利用射频信号通过空间耦合（交变磁场或电磁场）实现无接触信息传递，并通过所传递的信息达到自动识别目的的技术。RFID 技术可以对信息进行标识、登记、储存和管理。RFID 技术理论在社会生活实践中早有应用，如在汽车防盗、门禁系统、畜牧业管理中等。随着该技术的不断发展完善，适应高速移动物体的 RFID 技术与产品正在成为现实并走向应用。

RFID 技术具有以下特点：电子标签的小型化和多样化；数据的读写功能；可重复使用；耐环境性；穿透性；数据的记忆容量大；系统安全。

#### 2. RFID 系统的构成和工作流程

典型的 RFID 系统由电子标签、阅读器和数据管理系统三大部分组成，如图 13-3 所示。电子标签由芯片和标签天线或线圈组成，通过电感耦合或电磁反射原理与阅读器进行通信。电子标签是 RFID 系统中存储被识别物体相关信息的电子装置，通常贴在被识别物体表面或者嵌入其内部，标签存储器中的信息可由阅读器进行非接触式的读和写。电子标签由天线、控制模块、存储器、收发模块四部分构成。阅读器是读写电子标签信息的设备，有时也称为查询器、读写器或读出装置，主要由天线、射频模块、控制模块、接口模块四部分组成。芯片中一般存储两种数据：一种为固化在芯片中的唯一标识码（User Identification），用来唯一标识电子标签；另一种为存储在 EEPROM 中的可擦写数据，用来记录与被识别物体相关的信息。阅读器是读写电子标签信息的设备，阅读器的任务是控制射频模块发射载波信号以提供能量来启动标签；对发射信号进行调制，将数据传送给标签；对标识信息进行解码，并将标识信息传输给主机处理；通信接口控制、输入输出检测和控制；产生、发送、接收射频信号。数据管理系统的主要任务是控制阅读器进行读、写卡的操作，以及存储和处理相应的数据信息。

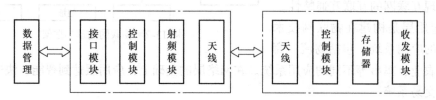

图 13-3　RFID 的基本原理框图

RFID 系统的工作流程如下：

1）阅读器通过发射天线发送一定频率的射频信号，当电子标签进入发射天线工作区时产生感应电流，电子标签通过从阅读器获得的能量自动处于激活状态。

2）电子标签将存储在其自带的存储器上的 RFID 编码等信息通过标签内置发射天线发送出去。

3）系统接收天线对接收的信号进行解调和解码，然后送到后台主系统进行相关处理。

4）主系统根据逻辑运算判断该标签编码的完整性、合法性，针对不同的应用业务逻辑做出相应的处理和控制。

## 13.3.2　无线传感器网络

### 1. 无线传感器网络基本概念

（1）基本定义

无线传感器网络（Wireless Sensor Network，WSN）是由大量静止或移动的传感器节点通过无线通信方式形成的一个多跳的自组织无线网络，其目的是协作地感知、采集、处理和传输网络覆盖地理区域内被感知对象的信息，并最终把这些信息发送给网络所有者。它是传感器技术、自动控制技术、数据网络传输、存储、处理与分析技术集成的现代信息技术。

（2）结构

WSN 的系统结构如图 13-4 所示，整个网络结构主要由三部分组成：传感器节点、汇聚节点和管理节点。分布在监测区域内的大量传感器节点主要用于感知并实时监测和采集监测区域的数据变化，并将监测结果通过卫星或互联网发送至远处的汇聚节点（网关或基站）。汇聚节点是整个 WSN 的枢纽，是保证传感器网络与外部网络协调工作以完成更强大功能的关键。它将接收到的来自传感器节点的各种数据综合处理后通过互联网或卫星发送到管理节点，并接收管理节点转发的命令，监测和控制整个 WSN 的健康运行。用户可以对管理节点接收到的数据信息进行分析和处理，从中得到数据包含的隐藏消息，以便用户根据该消息做出判断或决策。

WSN 中传感器节点是部署在监测区域内的组成 WSN 的基本单元。传感器节点之间可以相互通信，通过自组织形成节点网络。网络中相邻节点组成簇，簇中每个节点将采集到的数据发送至簇首，由簇首经过数据融合后再将压缩得到的数据发送给汇聚节点。各节点位置可通过 GPS 定位或节点自身定位算法得到。它们根据任务管理节点发来的指令采集信息，融合数据，然后发送给对应的汇聚节点。

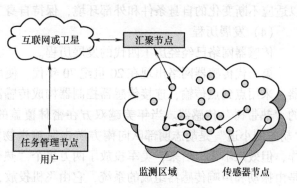

图 13-4　WSN 的系统结构

汇聚节点的处理能力、存储能力和通信能力相对较强，一般由能力较强的传感器节点或者只有无线网关能力的路由器构成。汇聚节点接收传感器节点发送来的数据，然后进行数据筛选和整理后，通过互联网或者通信卫星发送给任务管理节点。汇聚节点同时担负着任务管理节点和传感器节点通信的任务。

任务管理节点是 WSN 的数据和指令管理中心，一般由若干台服务器组成。用户对 WSN 的配置和管理操作通过任务管理节点实现，此外，任务管理节点还可以进行监测任务的发布和监测数据的搜集，以及分析和存储采集到的信息，并可以实时对传感器节点发布指令。

（3）特点

与传统的网络相比，WSN 是一种更加智能化的网络，不仅有 Internet 技术和 Ad-Hoc 路由技术的结合，而且存在很多协议和算法应用于传统的 Ad-Hoc 路由。WSN 主要有以下鲜明特点：

1）微型化、低功耗、低价格、高度集成的传感器节点。WSN 并不能简单地理解为"将现有传感器通过无线方式进行组网"。微机电系统（Micro-Electro-Mechanical System，MEMS）技术和低功耗电子技术的发展，使得开发低功耗、低价格、小体积、同时集成微传感器、执行器、微处理器和无线通信等多种功能部件的无线传感器节点成为可能。相对于传统传感器，一般所指的 WSN 节点更强调节点的低价格、高度集成、微型化、低功耗等特征。

2）节点密集分布。在监测区域内密集部署大量相同或不同类型的传感器节点是 WSN 的一个重要特征。通过节点密集布置，可以获取密集的空间抽样信息或针对同一现象的多角度信息，对这些信息进行分布式处理之后，可以有效提高监测的精确度，并降低对单一传感器节点的精度要求。通过节点密集布置，可以在同一区域内存在大量冗余节点，节点的冗余性可以使系统具有很强的容错性能，由此降低对单一传感器节点的可靠性要求。另外，通过节点密集布置并对节点进行合理的休眠调度，也是延长网络生命周期的重要途径。

3）自组织网络。无线传感器的诸多特点决定了其采用自组织工作方式的必要性。首先，在 WSN 的许多工作场合通常没有固定网络设施支持。其次，传感器节点常采用随机部署的方式，节点的位置和相互邻居关系不能预先确定。再次，传感器节点可能由于能量耗尽或受到环境因素影响而失效，一些节点又可能为了弥补失效节点或增加监测精度而被补充进来，再加上节点可能移动以及采用休眠调度机制，网络拓扑往往处于动态变化之中。鉴于以上因素，WSN 必须能够通过节点之间的协商、协同与协调，自动进行配置、管理与调度，

241

以适应不断变化的自身条件和外部环境，保持自身工作的连续性和高效性。

（4）发展历程

传感器网络已经经历了四代的发展历程。

第一代传感器网络出现在 20 世纪 70 年代，使用具有简单信息信号获取能力的传统传感器，采用点到点传输，连接传感器控制器构成传感器网络。典型的应用是在越战中美军使用的"热带树"传感器。当年美越双方在密林覆盖的"胡志明小道"进行了一场血腥较量，"胡志明小道"是胡志明部队向南方游击队输送物资的秘密通道，美军对其进行了狂轰滥炸，但效果不大。后来，美军投放了两万多个"热带树"传感器。"热带树"传感器实际上是由振动和声响传感器组成的系统，它由飞机投放，落地后插入泥土中，只露出伪装成树枝的无线电天线，因此称为"热带树"。只要对方车队经过，传感器探测出目标产生的振动和声响信息，自动发送到指挥中心，美机立即展开追杀，总共炸毁或炸坏 4.6 万辆卡车。

第二代传感器网络具有获取多种信息信号的综合能力，采用串/并联（RS-232/RS-485）与传感控制器相连，构成综合有多种信息能力的传感器网络。

第三代传感器网络出现在 20 世纪 90 年代后期和 21 世纪初，用具有智能获取多种信息信号的传感器，采用现场总线连接传感控制器，构成局域网络，成为智能化传感器网络。例如，美军研制的分布式传感器网络系统、海军协同交战能力系统、远程战场传感器系统等。这种现代微型化的传感器具备通信能力、感知能力和计算能力。因此在 1999 年，商业周刊将传感器网络列为 21 世纪最具影响力的 12 项技术之一。

第四代传感器用大量的具有多功能、多信息信号获取能力的传感器，采用无线自组织接入网络，与传感器网络控制器连接，构成 WSN。

2. WSN 的关键技术

WSN 技术是一门综合学科，其中涉及多方面学科的交叉领域，需要众多关键技术支撑。现阶段 WSN 研究中的关键技术主要有以下几个方面：网络拓扑控制、路由协议、节点定位技术、数据融合技术、时间同步、网络安全技术等。

（1）网络拓扑控制

网络拓扑结构对于 WSN 起着至关重要的作用，良好的网络拓扑结构不仅可以促进网络中数据融合处理、目标定位、时钟同步等关键技术的解决，而且在很大程度上可以提高路由协议和 MAC 协议的运行效率。网络拓扑结构的主要任务是在网络覆盖能力和连通程度达到一定要求的基础上，控制能量消耗，有利于延长整个网络的生存周期。目前拓扑控制主要分为节点功率控制和层次型拓扑结构两方面。

（2）路由协议

路由协议的目的是将分组从传感器源节点发送到目的传感器，路由协议的应用主要是为了选择合适的优化路径将监测到的数据信息正确转发出去。目前已经出现了多种路由协议，例如，基于能量感知的路由协议、基于查询的路由协议、基于地理位置的路由协议、基于协商的路由协议、基于服务质量的路由协议等。为了延长网络的生存周期，路由协议在执行过程中不仅要考虑每个传感器节点的能量消耗，而且还要考虑整个 WSN 中的能量均衡消耗。WSN 的特点和通信需求要求路由协议在设计过程中必须考虑节能问题，使用户在延长网络存活时间和提高网络吞吐量、降低通信延迟之间做出选择，并且减少冗余数据，减少发送时延。

（3）节点定位技术

复杂环境中信息数据的采集关键在于能否准确定位发生位置，对 WSN，采集数据过程中位置信息的确定是必不可少的。当监测到事件发生时，如森林火灾监测，天然气管道泄漏检测等，最关键的问题就是该事件的发生位置，对于那些没有定位节点位置的数据采集信息在实际应用中是没有丝毫意义的。WSN 的定位技术通常需要具备以下重要特征：自组织特性；能量高效性，尽量采用简易的定位算法；分布式计算特性，各个节点都计算自己的位置信息；良好的容错性。节点位置的确定通常采用三角测量法或极大值估算法。目前的定位技术有基于距离的定位算法和与距离无关的定位算法。

（4）数据融合技术

由于 WSN 的应用环境通常规模较大，并且部署的传感器节点数目较多，可能会存在同一个监测区域同时被几个传感器节点监测到的情况，如果直接将监测到的数据信息发送至基站节点，会造成大量重复数据，不仅浪费了大量的通信带宽，而且也消耗了一部分能量，影响监测区域信息采集的及时性，不利于 WSN 功能的发挥。因此，在 WSN 中，数据融合技术起着十分重要的作用。WSN 中的数据融合过程可以通过多个协议层来实现：网络层可以通过路由协议来减少数据的传输量；数据链路层可以通过减少 MAC 层的发送冲突和头部开销节省整个网络的能量消耗。WSN 的数据融合技术只有面向应用需求进行设计，才会真正得到广泛应用。

（5）时间同步

在 WSN 中进行协同工作时往往要用到时间同步技术，许多基于时间信息交换的时间同步协议已被提出。协作同步技术基于新颖的空间平均而非传统的时间平均的思想，为 WSN 时间同步提供了一个新的解决方案。目前，对时间同步问题的研究主要集中在两方面：一方面是尽量减少同步算法对时间服务器及信道质量的依赖，缩短可能引起同步误差的关键路径；另一方面是从耗能的角度，研究节能、高效的同步算法。

（6）网络安全问题

同其他无线网络一样，网络安全问题也是 WSN 中的关键问题，在大规模的网络应用中显得更加重要。网络传输过程中信息被篡改、窃听或者恶意路由的现象可能是由 WSN 中通信机制采取无线传输信道所引起的。因此，需要解决传输信息被非法用户获知、网络中个别传感器节点遭到破坏、如何向已有网络中添加传感器节点等问题。

目前 WSN 中面临和潜在的网络安全问题以及相应的对策分析如下：

攻击者通过传感器节点的安全漏洞获取其中的机密信息并且修改其程序代码以使传感器节点具有多个 ID，从而在传感器网络中以多个身份进行通信。另外，攻击者还可以通过控制传感器网络中的部分节点发动多种攻击，这种攻击是通过获取传感器节点中密钥、代码等信息从而伪造成合法节点加入传感器网络中。例如，监听传感器网络中传输的信息、向传感器网络中发布假的路由信息或传送假的传感信息、进行拒绝服务攻击等。

对策：传感器网络中存在无法避免的安全问题，究其原因是传感器节点容易被物理操纵。所以为了提高传感器网络的安全性必须使用其他技术方案。例如，可以在通信前进行节点间的身份认证；也可以设计新的密钥协商方案使攻击者不能或很难通过获取的节点信息推导出其他节点的密钥信息；另外认证传感器节点软件的合法性的方法也可以提高节点本身的安全性能。

攻击者根据无线传播和网络部署的特点，通过节点之间的传输很容易获得私密的信息。例如，在使用 WSN 监控室内温度和灯光的场景中，部署在室外的无线接收器可以获取室内传感器发送过来的温度和灯光信息；同样，通过监听室内和室外的节点间信息的传输，攻击者可以获知室内的信息。

对策：密钥管理是对传输信息进行加密的有效措施，可以解决窃听问题，且这种方案容易部署，相对适合传感器节点资源有限的情况。另外当部分节点被操纵后，整个网络的安全性不会被破坏。在传感器网络中对跳-跳之间的信息进行加密，虽然可以使传感器节点与邻居节点实现共用密钥，被操纵范围减小，但还是存在影响整个网络的路由拓扑的危险性。具有鲁棒性的路由协议和多路径路由是解决此问题的最佳方案。

传感器网络的主要目的是搜集信息，通过窃听以及加入伪造的非法节点等方法，攻击者可以获取一些敏感信息。如果攻击者熟悉了从多路径信息中获取有限信息的相关算法，就可以推算出有效的信息。此外，攻击者是通过远程监听 WSN 获取的大量信息推算出私有性问题，而不是通过传感器网络获取。远程监听是一种不需要攻击者物理接触传感器节点、低风险、匿名并且还可以是单个攻击者同时获取多个节点的私有信息的方式。

对策：保证私有性问题的最佳方法是保证网络中只有可信实体的传感信息，这可以通过实现加密数据和控制访问达到目的；由于信息越详尽，私有性问题越容易被攻击者获取，所以还可以通过限制网络所发信息的粒度来进行保护。例如，为达到数据匿名化，一个簇节点可以对从相邻节点接收到的大量信息进行汇总、处理并传送。

## 13.4　物联网的应用

物联网使用大量的传感器节点构成监控网络，通过不同的传感器搜集信息，以达到发现问题并且找到问题发生位置的目的，从而向以信息和软件为中心的生产模式转变，便于大量自动化、智能化、远程控制生产设备的使用。

### 13.4.1　林业信息采集

物联网用途极其广泛，遍及交通、安保、家居、消防、监测、医疗、栽培、食品等多个领域。作为第三次信息革命的推动者和下一个经济增长点，物联网必将成为"数字林业"建设中的决定力量。纵观林业信息化全局，展望信息技术发展前景，物联网将在林业信息化方面发挥以下作用。

#### 1. 林业资源监测

森林资源管理站在监测点周围选择有代表性的树干粘贴有监测点情况、树龄、树种、胸径、树高等信息的电子标签；在空气和根部土壤放置有数据处理能力的传感器，自动监测温度、水分、养分等，并在网络上对这些信号自动处理；在监测点上方安装高清晰度的摄像头，并利用 GPRS 等信息传感设备与信息计算中心联网，定期对林木生长情况和林区环境进行扫描和监控，建立一个准确的林业资源物联网，实现实时监测、视频监控、生产报警、远程自动控制等，解决人与森林、森林与气候、森林与未来等的关系。例如，在运行的系统中进行特定设置，对在某一区域内的森林在生长不正常，或温度、水分、养分达不到林木正常生长的临界值，或进入了不法分子，或侵袭了珍稀动物时，系统会自动提醒，相关部门及时发布监测动态，制定措施，及时向相关人员提醒，相关人员根据自己的职责和需要开展特定的工作。

**2. 森林防火监测**

森林防火指挥部在观测点周围选择有代表性的地段放置传感器，自动监测温度、湿度、干燥度、蒸发量、风向、风力等气候因子；安装高清晰度的摄像头，定期对周围环境进行扫描；树干上粘贴有地点、树种等信息的电子标签，并与信息计算中心联网，实现森林火灾自动监测、自动分析、自动制定策略。例如，在运行的系统中进行特定设置，对在某一区域内的森林生长反常或温度、湿度达到接近火灾的临界值时，系统会提醒，防火指挥部及时发布监测动态，制定预防和防治措施，并通过短信、微信等及时向护林员和相关人员提醒，防止森林火灾发生。

**3. 森林病虫害监测**

森林病虫害防治站利用红外感应器、GPRS、360度监视器等信息传感设备与信息计算中心联网，对在某一区域内的病虫害发生情况和活动范围进行动态跟踪和监控，或者自动检测空气温度、湿度等环境因子，自动预测可能发生的病虫害，及时发布监测动态，制定预防和防治措施，并通过短信等信息设备及时向林农和相关人员提醒，防止病虫害大面积发生，避免给森林造成巨大损失。

**4. 物联网在林业工程中的应用**

我国林业重点工程主要有退耕还林工程、天然林保护工程、长江防护林工程、三北防护林工程等，对这些工程从立项、启动、计划、执行等全过程的运作进行监督管理，不仅是"智慧林业"的需求，也是物联网技术必须解决的问题。对这些重点工程以小班为单位，对造林小班设置重点工程名称、建设年度、立地类型、造林树种、造林密度、造林时间、造林方式等静态属性，并直接存储在电子标签中；降雨量、温度、湿度、养分等动态属性运用RFID等技术，由传感器实时探测；管护、病虫害防治、小班的成活保存情况、林木的生长状况等安装摄像头直接监控。识别设备完成对工程小班属性的读取，在运行的系统中进行设置，即时监管它们的生长情况和动态变化，并将信息转换为适合网络传输的数据格式，建立相应的数据库，通过网络传输到信息处理中心，进行智能处理，实现生长可测、管理可控、质量可溯，实现林业重点工程管理智慧化。

## 13.4.2 木材干燥物联网总体框架设计

**1. 木材干燥物联网分层设计**

木材干燥监测是物联网潜在且重要的应用领域，物联网的互联互通、实时、智能等特点非常适合大型木材加工企业的干燥生产。木材干燥物联网示意图如图13-5所示。

根据木材干燥工艺及物联网分层原理，本设计将木材干燥物联网系统划分为感知层、接入层、互联网层、应用层四部分。在这种分层的网络结构中，同一层提供相似或相关的服务，并为上一层提供技术支撑，各层功能如下。

（1）感知层

感知层负责信息的采集，在本设计中主要有两类信息：木材干燥窑环境信息和木材储运信息。干燥窑环境信息包括窑内温湿度、木材含水率、控制设备状态等，通过在窑内布置微

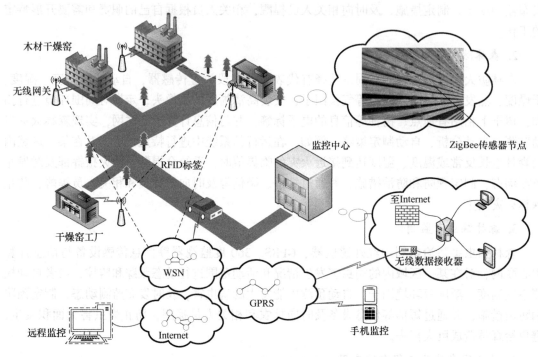

图 13-5　木材干燥物联网

型传感器节点来获取。木材储运信息包括入窑、出窑、仓储、运输等各个生产环节的木材状态信息。通常在固定地点如干燥窑或仓库的门口设立阅读器,当木材经过时,阅读器会自动扫描附着在木材上的 RFID 电子标签,获取木材的信息。

（2）接入层

接入层的主要功能是通过现有的移动通信网络 GPRS/GSM 将感知层信息汇总到监控中心。由于感知层信息量大,干燥窑分布范围广,需要采用无线组网技术将各窑传感器节点连通组成一个完整的 WSN。感知信息经多跳无线传输到达基站,由基站统一转发至 GPRS 网络,再由后者存档于控制中心的数据库服务器,信息传递过程如图 13-6 所示。基站作为 WSN 和 GPRS 网络的桥梁,内置有 ZigBee 无线通信模块和 GPRS 芯片。采用基于 GPRS 的接入技术,有利于信息传递的实时性和整个系统的实时监控及调度。

图 13-6　物联网信息传递

（3）互联网层

监控中心的服务器联通 Internet,将整个网内的信息整合成一个可以互联互通的大型智能网络平台。现场用户可以利用 PDA 设备直接访问网络,而身处异地的木材干燥专家也能够通过 Internet 远程访问物联网,及时了解干燥进度,在线会诊干燥过程中出现的问题。

（4）应用层

应用层作为木材干燥物联网系统的顶层，面向用户提供干燥监测的实际应用，具有友好的人机交互界面、窑内实时监测、木材含水率分析预测、干燥专家系统等丰富功能。在本设计中，应用层功能主要通过信息处理子系统来实现。

2. 功能模块设计

信息处理子系统是木材干燥物联网的重要组成部分，进一步细化了物联网应用层的功能。信息处理子系统主要由四部分功能模块组成：信息采集模块、数据存储模块、数据处理模块、决策模块。信息采集模块负责感知层采集节点的基本系统设置，如根据木材种类及厚度等合理设置传感器节点的工作模式、节点采样时间间隔、干燥基准。数据存储模块主体上是监控中心的一台数据库服务器，负责存储原始采集数据，备份系统日志文件，响应系统查询等。数据处理模块主要负责对所接收的原始数据进行智能化处理，如数据融合、带外噪声滤波、空时相关性分析、木材含水率预测等，从而产生能准确反映窑内环境的信息，以供辅助决策模块评估。决策模块通过综合分析和评估各类数据，供操作员随时了解干燥生产状况，并按照木材干燥专家系统的要求对窑内各种电气设备下达控制指令，如控制加热阀、喷蒸管来调节窑内温湿度、木材含水率。

## 13.4.3　农业环境监测

1. 农作物生长环境监测

通过在农作物生长环境中投放大量的微型传感器节点，由传感器节点将接收到的农田环境因子通过多跳路由方式将融合后得到的数据传送到汇聚节点，实现对农作物生长环境区域内感知对象的信息采集、量化、处理融合和传输应用。与传统的环境监测手段相比，具有快速感知、降低成本、网络感知、提高抗毁性的优势。表13-1列出部分适合生态系统检测的传感器。

表 13-1　生态传感器举例

| 类　　型 | 举　　例 | 备　　注 |
|---|---|---|
| 物理类 | 温度 | 价格低到中等，性能可靠，耗电量低 |
| | 相对湿度 | 价格低到中等，性能可靠，耗电量低 |
| | 叶子湿度 | 价格便宜，性能可靠，耗电量低 |
| | 土壤湿度 | 价格低到中等，需要测量校正，耗电量低，选择很多 |
| | 总辐射 | 价格中等，测量校正后可靠，耗电量低 |
| | 风速风向 | 价格低到中等，低能耗，微风敏感度差 |
| | 分贝仪 | 中等价格，可靠性低，能耗高 |
| | 热线风速仪 | 价格中等偏高，高可靠性，中等电耗 |
| 化学类 | 大气 $CO_2$ | 价格高，可靠，中等耗电，需要仔细校准 |
| | 土壤 $CO_2$ | 价格中等，可靠，低耗电，需要校准 |
| | 土壤 $CO_2$ 含量 | 价格高，可靠，中等耗电，需要仔细校准 |
| | 氮传感器 | 价格高，正在开发用于陆地生态系统的仪器 |
| | 磷传感器 | 还没有用于陆地生态系统的仪器 |
| 生物类 | 数字成像仪 | 价格中等，可靠，中等耗电，高带宽，需要相关软件 |
| | 根系成像仪 | 价格高，耗电差异较大 |
| | 汁流传感器 | 价格中等，需要控制系统，需要校准 |
| | 声音传感器 | 价格中等，可靠，中等耗电，高带宽，需要相关软件 |

加利福尼亚大学在南加利福尼亚某农区建立了可扩展的 WSN 系统，主要用于监测局部环境条件下小气候和植物甚至动物的生态模式，它还可以监测牧场种牛的活动，以防止两头牛的争斗。

日本北海道国家旱作农业研究所利用无线局域网建立了覆盖大型试验区域的信息系统。通过该系统可以在半径 1.5km 的范围内将田间的实验数据、温室环境数据等直接上传到研究所，同时还可以下载各种遥感地图、气象资料等的数据和信息。此外，不论田间的固定还是移动设备都可以接入互联网，不仅克服了有线局域网的局限性，而且还方便了信息的利用和服务。

Intel 公司率先于 2002 年在俄勒冈州建立了无线葡萄园的环境监测系统，将传感器节点分布于葡萄园中，定时监测葡萄园中土壤的温度、湿度以及其他影响葡萄生长的农业信息，对葡萄的增收具有重要指导作用。

### 2. 土壤环境监测

全球对 $CO_2$ 和养分通量的管理需要改进人们对土壤和大气的碳、氮交换机制的理解。人们对于在陆地生态系统中的存储植被捕获的 $CO_2$ 的土壤根系过程至今都没有很好地理解。但是通过传感器网络技术检测土壤中的交互作用和动态过程便可实现对土壤根系呼吸过程的理解，并且还可以了解土壤自氧和异氧呼吸的时间动态。研究者还使用土壤内部成像技术获取了土壤根系种植物微根逐日生长动态，并且还利用传感器网络实现对 $CO_2$ 通量、土壤文理、土壤温度、湿度、硝酸以及氮氢化合物等的浓度检测。安装土壤传感器之所以需要先对土壤下部的环境（包括岩石、水位、植物粗根等）进行探测，是因为在不能直接看到土壤下部的结构的情况下，要求土壤传感器对土壤环境的干扰达到最小（尽可能小）。将传感器连接起来构成土壤观测网站，从而搜集土壤成像和通量数据将成为今后的发展趋势。

### 3. 水环境监测

传统水质监测经过两步实现监测，即先采集水样，然后在实验室对其进行测定。水质监测的内容包括能够反映水的物理、化学、生物学特性的沉积物、悬浮物、叶绿素 a、溶解有机物、溶解氧、盐分、氮、磷等养分含量等。能够通过遥感实时测量的内容包括有色溶解有机质浓度、叶绿素 a、沉积物以及水体的一系列内在的光学特性。此外，水体的物理特性如温度、水深、流速、流向等也能实时定点获得。近些年，基于 WSN 的水体物理性质和水质状况的监测装置逐步发展起来。在我国太湖，已经架设了水质测量仪器，设计者设计了一种可以实时测量湖水的化学性质并实时传输到岸上的数据接收站的半自动实地水化学测量系统。这种系统由安装在固定浮标上的传感器和搭载在自动水下潜水器（AUV）中的传感器联网组成。传感器包括水质探头和温度计，以及能够测量甲烷等溶解代谢气体和常规气体的 NEREUS 水下质谱仪。水下数据传输通过声学调制解调器实现，水上数据通过使用 IEEE 802.1lb 协议的无线网络实时传送到岸上数据接收站。

美国纽约港及上游河道和河口海域架设了多个定点 WSN 节点，并构建了一个纽约港观测与预测系统（NYHOPS）。该系统把定点测量、模拟和常规预测模型结合起来，在线实时显示纽约港周围的海面风速风向、水位、水温、盐度、浪高和波浪周期等水情信息。

海岸带和珊瑚礁生态系统管理需要及时获得相关的环境数据及环境变化趋势。生态科学家提出澳大利亚大堡礁海域管理和决策需要使用环境传感器网络技术。因此，发展大堡礁生物监测点的海水水质测量、水循环格局和洪水与海水混合水质、混浊度、光合作用有效辐射、叶绿素 a 等环境参数的测量，并建立统一的监测标准。

一般液体深度测量探测仪实现探测需要把探头放置在液体当中。研究者制作了一种可以用于洪水水位涨落测量的塑料光纤探头，与传感器节点（MIC2DOT）连接实现非接触液体水平测量。

## 13.4.4　气象监测

各种自然灾害，如干旱、洪涝、台风、暴雨、冰雹，不仅危及人民的生命安全和农业财产安全，而且也使国民经济受到了严重的损失。所以对于暴雨暴雪、雷暴、冰雹、沙尘暴、高低温、干旱、洪涝等天气，气候的提前检测与预报能够有效地减少自然灾害所带来的生命与财产的损失。

气象灾害监测系统如图 13-7 所示，系统由各个监测点的现场数据采集部分、通信网络传输部分和监控中心组成。

现场数据采集监测点主要由传感器、采集器、系统电源、通信接口与外围设备等组成，通过相关传感器实时监测风向、风速、雨量、气压、气温、相对湿度、太阳辐射、土壤温度、土壤湿度等气象信息。

数据采集器主要功能是数据采样、数据处理、数据存储，然后通过通信接口将数据传输到指定的地方。采集到的气象数据通过 GSM 公共网络、卫星通信、Internet网络等方式传送到监控中心。

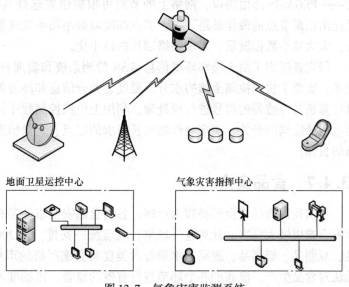

图 13-7　气象灾害监测系统

在监控中心，由相关专业人员对数据进行分析，根据采集到的数据判断监测点是否有气候灾害发生，并做出相应的预报，提前做好预防的准备。

## 13.4.5　温室控制

利用 WSN 组成温室测量控制区，用以测量土壤的光照强度、pH 值、温度、湿度等物理量来获得作物生长的信息，使温室中传感器、执行机构标准化、数据化，利用网关实现控制装置的网络化。例如，在温室环境监测中采用小规模网络的分簇自适应路由协议 LEACH，将接收到的数据进行融合后再发送，减少数据通信量；在温室监测中基于 CSMA 的随机访问比较适合传感器网络，节点采用侦听与睡眠相互交替的无线信道侦听机制，在传感器节点没有任务时，节点能够自动关闭无线通信模块，大大减少能量的消耗；在西北农林科技大学甜瓜示范基地采用 ZigBee 通信技术、ARM9 微处理器、WinCE5.0 嵌入式系统对基于 WSN 的温室环境信息的嵌入式监测系统进行了测试，传感器节点每隔 10min 进行一次采样，能够对温室环境因子进行实时采集、传输、监测，完成数据采集、发送之后，自动进入休眠状态，直至下一个采样周期唤醒。

### 13.4.6　节水灌溉

目前我国的农业滴灌管理仍然存在很多问题，大部分依靠人工经验进行操作，灌溉节水率低下、随意性较大。利用大量土壤墒情无线传感器构成的节水滴灌 WSN 对土壤进行实时监测，并向灌溉控制设备发送控制信息，可将田间控制信息通过网关发送至互联网，实现精细农业中节水灌溉的准确性、智能性与灵活性。

典型案例是巴西研制的用于监测 1500 公顷大面积农田灌溉的基于 WSN 的中央远程控制与监测系统。我国在这方面也有研究，例如，设计了将采集土壤湿度、土壤温度、空气湿度和空气温度的传感器构成无线网络的节点，将农田分成多个区域，每个区域的节点自成一簇，节点采用无须测距的自身定位算法确定位置，通信上采用一种功耗自适应性聚类路由算法——PEGASIS 路由协议，网络上的节点可根据位置选择其所在的簇，簇头按照位置关系优化出汇聚节点的最佳链路。每个节点都能以最小功率发送数据分组，并完成必要的数据融合，大大减小数据流量，实现网络功耗的最小化。

研究者提出了由土壤和环境信息 WSN 检测系统和滴灌自动控制系统所组成的精准滴灌技术，实现了快速检测土壤的水分、温度、养分信息和环境的温度、湿度、光照强度等，通过计算机对传感器的信号进行预处理，利用上位机控制程序计算出相应的灌溉数据，自动控制电磁感应阀的开关，实现对作物生长需求的定点、定量精准灌水，实现了节水、增产、生态的目标。

### 13.4.7　食品安全

目前我国食品安全形势较为严峻，各类食品安全事件屡有发生，对人民群众的生命和健康安全造成极大危害。针对这一现象，政府统一安排，从 2009 年 1 月 1 日起，对肉及肉制品、豆制品、奶制品、蔬菜、水果等六类食品实施严格的市场准入。但由于管理手段落后，无法对食品生产、流通的各个环节进行有效的监管，市场准入制度的落实受到严重制约和影响。农业物联网应用于食品供应链的体系可解决以上问题，实现食品的追根溯源。

以花生油为例，RFID 标签卡可以存储花生油从原料、加工到成品运输等全过程的信息，通过 RFID 技术对标签卡实现读写内部数据信息的功能。RFID 标签卡不同于条形码，RFID 标签卡里的信息可以进行实时更新，可以通过无线电波实时传输信息，从而可以在简单的 Web 服务组件中查找相应的食品安全追溯信息，使食品安全生产管理者能够在出现食品安全问题时迅速召回有害食品，防止有问题产品的快速流散，从而通过物联网技术解决生活中的食品安全问题。

## 13.5　农业物联网关键技术的发展趋势预测

物联网产业的发展，为实现农业、畜牧业的信息化、产业化提供了前所未有的机遇。同时，农业、畜牧业也为物联网产业的发展提供了最为广阔的应用平台。

物联网技术在工业控制和电子商务等领域已经有较快的发展，而在农业领域，因其行业特点和其他条件所限正处于起步阶段，但已有一些探索和应用的成功案例。这些应用包括农业环境监测、温室控制、节水灌溉、气象监测、产品安全与溯源、设备智能诊断管理等方面。

中国农业科学院孙忠富等以实现农业环境远程监控与诊断管理为主要目标，在国内较早地开展了基于 M2M（Machine-to-Machine）技术和物联网理念的研究开发，目前初步形成的网络化技术和产品可应用于各类农业环境监测和诊断，已经在设施农业、农田作物、野外台站、工厂化养殖等领域示范应用。为了形成农业环境监控物联网，不断扩大应用范围，进一步完善相关技术，针对大规模农业园区、设施农业和野外农田，可采用农业环境监控物联网，离散部署无线传感器节点，组建 WSN，对作物生长环境、农业气象要素，如空气温湿度、土壤温湿度、光照强度等进行动态实时采集，并通过 GPRS/CDMA/3G 移动通信网络将信息实时传输至远程中心服务器，中心服务器接收存储数据，结合对应的诊断知识模型对数据解析处理，以达到分布式监测、集中式管理。

在全球范围内，物联网技术应用市场正快速增长。随着通信设备、管理软件等相关技术的深化，物联网技术相关产品成本的下降，物联网业务将逐渐走向全面应用。我国政府也将 M2M 相关产业正式纳入国家《信息产业科技发展"十一五"规划及 2020 年中长期规划纲要》重点扶持项目。我国无线通信网络已经覆盖了广大城乡，实现物联网必不可少的基础设施是无线网络，它随时随地、无处不在地为农业物联网技术在农业信息化中的应用推广奠定了基础。可以看出，农业无疑是物联网应用的重要领地，但在实际生产应用中尚面临诸多亟待解决的问题，如数据安全、传感器安装分布、系统维护、偏远恶劣环境下的电源问题等。表 13-2 为农业物联网关键技术发展趋势预测。2020 年后将实现以生物能电池、纳米电池提供能源的微型化农业传感器网络，以及基于 DNA 识别技术的农业物联网技术。

表 13-2　农业物联网关键技术发展趋势预测

| 关键技术 | 2010～2015 年 | 2015～2020 年 | 2020 年以后 |
| --- | --- | --- | --- |
| 身份识别技术 | 统一 RFID 国际化标准<br>RFID 器件低成本化<br>身份识别传感器开发 | 发展先进动物身份识别技术<br>高可靠性身份识别 | 发展动物 DNA 识别技术 |
| 物联网架构技术 | 发展物联网基本框架技术<br>广域网与广域网架构技术 | 高可靠性物联网架构<br>自适应物联网架构 | 认知型物联网架构<br>经验型物联网架构 |
| 通信技术 | RFID、WiFi、ZigBee、Bluetooth | 低功耗射频芯片<br>片上天线<br>毫米级芯片 | 宽频通信技术<br>宽频通信标准 |
| 传感器技术 | 生物传感器，低功耗传感器 | 农业传感器小型化，<br>农业传感器可靠性技术 | 微型化农业传感器 |
| 电源与能源存储技术 | 超薄电池，<br>实时能源获取技术<br>无线电源初步应用 | 生物能源获取技术<br>能源循环与再利用<br>无线电源推广 | 生物电池纳米电池 |

据美国某研究机构预测，物联网所带来的产业价值要比互联网大几十倍，巨大的经济利益必然驱使激烈的技术竞争。全球科技大国先后都提出了物联网发展战略，掀起了新一轮物

联网的浪潮。2009 年，国务院指出要着力突破传感网、物联网关键技术。国内各大著名高校和研发机构竞相跃跃欲试。许多省份也都陆续提出了相应的发展战略，并纷纷兴建示范工程。农业物联网作为国家物联网发展战略的重要部分，一定要紧抓机遇，有所作为，要结合我国农业特点和国情，尽早谋划未来，凝练发展重点，实现关键核心技术和共性技术的突破和创新，在国际舞台上占有一席之地。同时也需要指出，我国农业物联网的建设一定要注重脚踏实地，打好基础，在做好顶层设计的同时，要抓好示范应用和实际案例的培育。以应用促进步，切实推动我国农业物联网稳健发展。展望未来，国家和政府已经明确提出了发展物联网"感知中国"的宏伟战略目标，同时也为构建农业物联网"感知农业"指明了方向。通过发展农业物联网打造物联网农业，一定能在农业现代化建设中实现全面感知、稳定传输、智能管理的目标。

## 13.6 习题

13-1 说明物联网的体系架构及各层次的功能。

13-2 说明物联网的各层次的关键技术。

13-3 说明无线网与物联网的关系。

13-4 说明物联网与传感器网络的关系。

13-5 简述 RFID 的分类。

13-6 简述 RFID 的基本工作原理，以及 RFID 技术的工作频率。

13-7 简述传感器网络的特点。

13-8 设计物联网体系结构应该遵循哪些原则？

13-9 说明物联网的主要应用领域及应用前景。

# 第14章 检测技术在林业中的应用

木材含水率是木材重要的特性参数，在一定环境下会导致木材尺寸不稳定。因此，对木材含水率的实时无损准确检测，对提升木材加工业的生产率和加工技术具有重要的促进作用。

最传统的木材含水率测量方法是烘干法，即 GB/T 1931—2009《木材含水率测定方法》，该方法测量准确，但无法满足实时、快速、连续测量的要求。因此电测法成为含水率的主要测量方法，其中，电阻法的缺点是对被测木材具有破坏性，而电容法、电磁波法测量到的数据并不准确，并且存在精度不高的问题。

无损检测（Non-Destructive Testing，NDT）又称非破坏性检测，是利用材料的不同物理、力学或化学性能，在不破坏目标物体内部和外观结构与特性的前提下，对物体相关特性（如形状、位移、应力、光学特性、流体性质、力学性能等）进行测试与检验，尤其是对各种缺陷进行测量，借以评价其连续性、完整性、安全可靠性及某些物理性能。无损检测的最大特点是既不破坏材料的原有特性，又能在短时间内连续获得检测结果。无损检测可以实现在连续生产线上在线检测，操作人员可根据反馈的数据及时调整工艺参数，提高了产品质量和生产率。

目前对木材无损检测的方式有应力波检测和光谱法检测两种。

## 14.1 应力波检测

### 14.1.1 基本原理和特点

木材中应力波传播是直接与木材物理和力学性能有关的动态过程。应力波法检测木质材料的原理是利用木质材料受撞击后，在其内部产生机械波的传播，并根据木质材料的弹性模量 $E$、应力波速度 $C$ 和木质材料密度 $\rho$ 之间存在的关系：$E = C^2\rho$，通过测量应力波传播速度确定木质材料的弹性模量，最终估算出木质材料的力学强度。

应力波检测法属于机械波行为，对人体无危害。该方法不受被测木材形状和尺寸的限制。在传感器和被测木材之间无须用耦合剂，且携带方便，被广泛应用于立木品质评估、木结构建筑部件现场检测及各种木制品的力学性能评估。

### 14.1.2 理论模型

在木材干燥过程中，当含水率高于纤维饱和点时，含水率的变化对木材性质变化影响较小，即木质部分的性质稳定在纤维饱和点状态下，不随含水率的增加而发生改变。当含水率低于纤维饱和点时，随着含水率的变化木材性质会发生较大幅度的改变，即水分的变化会改变木质部分的性质。

因此，假设：

1）在木材纤维方向木材的密度均匀。

2）当木材含水率发生变化时，沿木材纤维方向各部分的变化均匀。

3）含水率在纤维饱和点以下时，木材的宏观组成为含水率在纤维饱和点时的木质体。

4）含水率在纤维饱和点以上时，木材的宏观组成为含水率在纤维饱和点时的木质体和自由水。

基于以上假设，应力波在木材纵向上传播速度的假设模型为

$$v_m = \sum_{r=1}^{n} Q_r f_r v_r \sqrt{\rho_r} / \sqrt{\rho_m} \tag{14-1}$$

式中，$v_m$ 为应力波在含水率为 0 的木材中的传播速度；$Q_r$ 为各混合组分的校正参数；$f_r$ 为木材中各混合组分的含量；$\rho_r$ 为各混合组分的密度；$v_r$ 为各混合组分中应力波的传播速度；$\rho_m$ 为含水率为 0 时木材的密度。

当含水率在纤维饱和点以下时，不考虑木材中可能存在的少量自由水，因此认为水分的变化直接影响木材的性质，即水分变化只影响纯木质部分的应力波纵向传播速度。此时 $n=1$，木材中只有木质体存在。

假设校正参数 $Q$ 为

$$Q = (f_0^2 + f_{s0}^2)^{-\frac{3}{10}}$$

在纤维饱和点以下，含水率为 $m\%$ 时的传播速度理论模型为

$$v_m = Q \frac{f_0 v_0 \sqrt{\rho_0}}{\sqrt{\rho_m}} \tag{14-2}$$

其中

$$f_0 = \frac{100}{100+m}$$

$$f_{s0} = \frac{m}{100+m}$$

则

$$Q = \left[ \frac{100^2 + m^2}{(100+m)^2} \right]^{-\frac{3}{10}}$$

当木材含水率在纤维饱和点以上变化时，木材体积基本不发生变化。当木材含水率低于纤维饱和点时，湿材因干燥而缩减尺寸或体积称为干缩。此时，有

$$V_m = [1 - K(30-m)\%] V_n \tag{14-3}$$

式中，$V_m$ 为含水率在 $m\%$ 时的木材体积；$V_n$ 为含水率高于 $m\%$ 时木材的生材体积；$K$ 为木材的体积干缩系数。

其中

$$\rho_m = \frac{G_m}{V_m}$$

$$G_m = (1 + m\%) G_0$$

则

$$\rho_m = \frac{(1 + m\%) G_0}{1 - K(30-m)\% V_n}$$

$$\rho_0 = \frac{G_0}{(1 - 0.3K) V_n} \tag{14-4}$$

式中，$G_m$ 为含水率为 $m\%$ 时的木材质量；$G_0$ 为木材的绝干质量。

因此当含水率低于纤维饱和点时，传播速度理论模型求解为

$$v_m = v_0 \left[ \frac{100^2 + m^2}{(100+m)^2} \right]^{-\frac{3}{10}} \sqrt{\frac{1 - K(30-m)\%}{(1-0.3K)(1+m\%)^3}} \tag{14-5}$$

由此可知，当含水率在纤维饱和点以下时，应力波纵向传播速度是与在木材绝干时的传播速度、含水率以及体积干缩系数有关的函数。

当含水率高于纤维饱和点时，水分的变化是自由水在细胞腔中的增减，对木材本身除质量外的物理性能没有影响。此时 $n = 2$，木材的组成为含水率在纤维饱和点时的木质体和自由水。此时无论水分怎么变化，纤维饱和点以上的木质部分都不受影响，因此这部分的校正参数为1。

假设自由水部分的校正参数为 $Q_1$，且

$$Q_1 = (f_1^2 + f_s^2)^{-\frac{4}{3}}$$

由式（14-1）可得，在纤维饱和点以上，含水率为 $m\%$ 时的传播速度理论模型为

$$v_m = \frac{f_1 v_{fsp} \sqrt{\rho_{fsp}} + Q_1 f_s v_s \sqrt{\rho_s}}{\sqrt{\rho_m}} \tag{14-6}$$

式中，$Q_1$ 为含水率在纤维饱和点以上时的校正参数；$f_1$ 为含水率为 $m\%$ 时木材中除自由水外木质部分的含量；$v_{fsp}$ 是含水率为纤维饱和点时的木材中的应力波传播速度；$\rho_{fsp}$ 为木材在纤维饱和点时的密度；$f_s$ 为含水率为 $m\%$ 时木材中自由水的含量；$v_s$ 为声波在纯水中的传播速度；$\rho_s$ 为纯水的密度。

当含水率在纤维饱和点（30%）时，有

$$v_{fsp} = 0.77 V_0 (1-0.3K)^{-\frac{1}{2}}$$

其中

$$f_1 = \frac{130}{100+m}$$

$$f_s = \frac{m-30}{100+m}$$

$$V_m = V_n$$

$$\rho_m = \frac{G_m}{V_m} = \frac{(1+m\%)G_0}{V_n}$$

$$\rho_{fsp} = \frac{G_{fsp}}{V_n} = \frac{1.3G_0}{V_n}$$

式中，$G_{fsp}$ 为含水率在纤维饱和点时的木材质量。

因此当含水率低于纤维饱和点时，传播速度理论模型求解为

$$v_m = \frac{\frac{114.13}{100+m}(1-0.3K)^{-\frac{1}{2}}\left(\frac{G_0}{V_n}\right)^{\frac{1}{2}} v_0 + 47434 \left[\frac{130^2+(m-30)^2}{(100+m)^2}\right]^{-\frac{4}{3}}}{(1+m\%)\frac{G_0}{V_n}} \tag{14-7}$$

由此可知，当含水率在纤维饱和点以上时，应力波纵向传播速度是与在木材绝干时的传

播速度、含水率、体积干缩系数以及木材基本密度有关的函数。

## 14.2 近红外检测

近红外光（Near Infrared，NIR）是指波长介于可见光区与中红外光区之间的电磁波，其波长范围为 780～2500nm。NIR 光谱的产生主要是由于分子振动的非谐振动从基态向高能级跃迁，NIR 光谱记录了分子化学键基频振动的倍频和合频信息，包含了绝大多数有机物类型的组成和分子结构的丰富信息，不同的基团和同一基团在不同化学环境中的吸收波长有明显差别，可以作为获取组成成分或性质信息的有效载体。

### 14.2.1 基本原理

近红外光谱主要是反映 C-H、O-H、N-H、S-H 等化学键的信息，因此分析范围几乎可覆盖所有的有机化合物和混合物，能够迅速、准确地对固体、液体和粉末进行无损检测。

### 14.2.2 技术路线

近红外光谱分析流程如图 14-1 所示，它兼备了可见光分析信号容易获取与红外光区光谱分析信息量丰富两方面的优点，但由于 NIR 谱区自身具有的谱带重叠、吸收强度较低的特点，需要化学计量学方法提取信息，而应用化学计量学方法建立被测样品的成分模型直接影响 NIR 分析的准确度，因此这一步骤成为 NIR 光谱分析的最关键和最核心的部分。目前建立被测样品成分模型时，主要用到的化学计量学方法有多元线性回归（MLR）、主成分分析（PCA）、偏最小二乘法（PLS）、人工神经网络法（ANN）、小波分析法和模拟退火法等。

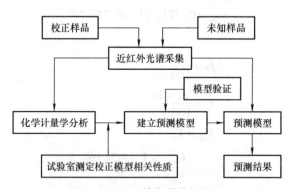

图 14-1　近红外光谱分析流程

NIR 光谱技术与其他用于木材无损检测的技术相比具有独特的优点：

1）与 X 射线相比，NIR 光谱对人体没有伤害，保障了检测人员的安全。

2）与超声波相比，NIR 光谱技术在检测过程中不需要耦合剂，易于进行野外检测。

3）与核磁共振相比，NIR 光谱采集仪体积小，携带方便，适合野外作业。

4）与机械应力波相比，NIR 光谱技术操作简单，测量结果精度高。

5）NIR 光谱技术能够对样品采集一次光谱便能预测样品的化学性能、物理性能等多项指标，这是其他检测手段无法做到的。

## 14.3 习题

14-1 目前对木材无损检测的方式有_____和_____两种。

14-2 木材无损检测技术在木材加工业的主要应用有_____、_____、_____。

14-3 最传统的木材含水率测量方法是_____，即 GB/T 1931—2009《木材含水率测定方法》，该方法测量准确，但由于无法满足实时、快速、连续测量的要求，因此_____成为含水率的主要测量方法，其中，_____的缺点是对被测木材具有破坏性。

14-4 NIR 光谱技术用于木材无损检测与其他用于木材无损检测的技术相比具有的独特优点是什么？

14-5 简述无损检测的概念。

14-6 简述近红外检测的基本原理。

14-7 简述应力波检测的基本原理和特点。

14-8 常见的无损检测方法都有哪些？请举例。

14-9 目前无损检测技术在林业中的应用有哪些？请举例。

14-10 简要展望检测技术在林业中的应用发展。

# 参 考 文 献

[1] 常健生. 检测与转换技术 [M]. 3 版. 北京：机械工业出版社，2001.

[2] 梁森，黄杭美. 自动检测与转换技术 [M]. 3 版. 北京：机械工业出版社，2007.

[3] 唐文彦. 传感器 [M]. 4 版. 北京：机械工业出版社，2007.

[4] 张玉莲. 传感器与自动检测技术 [M]. 北京：机械工业出版社，2007.

[5] 赵勇. 传感器与检测技术 [M]. 北京：机械工业出版社，2010.

[6] 刘传玺，王以忠，袁照平. 自动检测技术 [M]. 北京：机械工业出版社，2014.

[7] 张佳薇. 检测与转换技术 [M]. 哈尔滨：哈尔滨工程大学出版社，2011.

[8] 陈杰，黄鸿编. 传感器与检测技术 [M]. 2 版. 北京：高等教育出版社，2010.

[9] 周真，苑惠娟. 传感器原理与应用 [M]. 北京：清华大学出版社，2011.

[10] 俞志根. 传感器与检测技术 [M]. 北京：科学出版社，2011.

[11] 宋雪臣，单振清，郭永欣. 传感器与检测技术 [M]. 北京：人民邮电出版社，2011.

[12] 黄继昌，程金平，王芳，等. 传感器检测及控制集成电路应用 210 例 [M]. 北京：中国电力出版社，2013.

[13] 张培仁. 传感器原理、检测及应用 [M]. 北京：清华大学出版社，2012.

[14] 余成波. 传感器与自动检测技术 [M]. 2 版. 北京：高等教育出版社，2009.

[15] 李道亮. 农业物联网导论 [M]. 北京：科学出版社，2012.

[16] 马修水. 传感器与检测技术 [M]. 杭州：浙江大学出版社，2012.

[17] 胡向东，彭向华，李学勤，等. 传感器与检测技术学习指导 [M]. 北京：机械工业出版社，2009.

[18] Wilson Jon S. Sensor technology handbook [M]. Oxford：Butterworth-Heinemann，2004.

[19] 森村正直，山崎弘郎. 传感器技术 [M]. 黄香泉，译. 北京：科学出版社，1990.

[20] 常超，鲜晓东，胡颖. 基于 WSN 的精准农业远程环境监测系统设计 [J]. 传感技术学报，2011，24（6）：879-883.

[21] Díaz-Cabrera J M，Fernández P JI，Morales CR. Virtual instrument for automatic low temperature plasmas diagnostic considering finite positive ion temperature [J]. Measurement，2014，55：66-73.

[22] Atzori L，Iera A，Morabito G. The internet of things：a survey [J]. Computer Networks，2010，54（15）：2787-2805.

[23] Kang H，Booker R E. Variation of stress wave velocity with MC and temperature [J]. Wood Science and Technology，2002，36（1）：41-54.

[24] Watanabe K，Kobayashi I，Kuroda N，et al. Predicting oven-dry density of Sugi（Cryptomeria japonica）using near infrared（NIR）spectroscopy and its effect on performance of wood moisture meter [J]. Journal of Wood Science，2012（58）：383-390.

[25] LIN W S，WU J Z. Study on application of stress wave for nondestructive test of wood defects [J]. Applied Mechanics and Materials，2013，401～403：1119-1123.